+α의 영역, 경관디자인

+α의 영역, **경관디자인**

1판 1쇄 인쇄 2016년 1월 25일
1판 1쇄 발행 2016년 1월 30일

지은이 배현미
발행인 김병계
발행처 도서출판 보문당
등 록 1990년 6월 15일(제1-1066호)
주 소 서울시 마포구 토정로 15길 32(신수동)
전 화 02. 704. 7025/ 02. 704. 0635
팩 스 02. 704. 2324
이메일 bmdpub@naver.com
홈페이지 www.bomoondang.co.kr

값 22,000원

ISBN : 978-89-8413-207-8 (93520)

이 도서의 국립중앙도서관 출판예정도서목록(CIP)은
서지정보유통지원시스템 홈페이지(http://seoji.nl.go.kr)와
국가자료공동목록시스템(http://www.nl.go.kr/kolisnet)에서
이용하실 수 있습니다. (제어번호: CIP2016001333)

본 저서는 2013학년도 목포대학교 교내연구비 지원에 의해 수행되었음

+α의 영역, 경관디자인

배현미 지음

普 文 堂

머리말

2007년에 국토경관의 보전과 형성, 관리를 위한 제도적 장치 즉 경관법이 마련되었다. 그리고 경관법 제정 이후에는 빠르고 적극적인 변화가 일어났다. 각 지자체에서 서둘러 경관기본계획을 수립하고 지역경관에 대해 높은 관심과 경관관리를 중시하는 움직임 등이 바로 그것이다. 그 덕택에 경관에 대한 대중들의 인식도 관심도 눈에 띄게 높아졌다고 생각한다. 우리의 아름답고 귀중한 국토경관을 지키고 만들어간다는 의미에서 매우 반갑고 고마운 일이다.

그러나 경관에 대해 조사와 분석을 하고, 새로운 또는 더 바람직한 방향으로 경관계획을 수립하고 관리하는 일은, 조금은 낯설고 또 복잡하고 어려운 작업이다. 그런 까닭에 지금까지 출판된 경관관련 서적에서는 주로 개별적인 사안을 다루는 경우가 많았다. 이렇게 각론으로 들어간 책들은 해당분야 전문가들에게는 더할 나위 없이 유용한 책이다. 그런데 경관을 어떻게 이해해야 하는지 또 경관계획을 수립하는 경우 그 대상범위를 어디까지 해야 하는지, 목표는 어떻게 정해야 하는 것인지, 또 좋은 평가를 받기위한 경관계획수립을 위해서는 어떻게 해야 하는지 등에 대해 소개하고 있는 책은 찾아보기 어렵다.

필자가 대학에서 경관관련 강의를 시작한 것이 벌써 19년째가 되며, 흥미를 갖고 지속적인 연구를 해왔으니 이제 학문적으로 정리가 된 것 같다. 하지만 경관이라는 학문 특성상 너무도 다양한 전문영역과 연계되어 있으며, 다루어야 할 범위도 지식도 넓기만 하고 또 이론보다는 실제 적용이 더 중요하다는 것을 잘 알기에 집필을 차일피일 미루어왔다. 그런데 이제는 머릿속을 정리해서 경관서적을 써도 될 것 같다는 생각이 든다.

왜냐하면 그동안 시·군·도의 도시계획위원회, 건축위원회, 경관위원회, 공원위원회 등을 거치면서 관련분야 전문가들과 많은 지식을 공유할 수 있는 소중한 기회를 가졌으며, 산림청, 영산강유역환경청, 국토관리청, 수자원공사 등 중앙위원회의 경관심의위원으로 활동하면서 행운에 가까운 귀중한 경험을 쌓았다. 아울러 시·군의 경관기본계획을 수립하면서 체계적인 계획수립과 전개방식에 대해서도 많은 고민을 해왔다고 생각하기 때문이다. 게다가 기회가 있을 때마다 해외답사를 시행하여 서로 다른 역사, 문화, 환경 등과 어우러진 그 나라와 지역의 경관 이미지와 경험을 통해 터득한 내용 등을 사진에 담아왔다.

지난 20여 년간의 경관관련 연구와 경험 등을 정리한 것이 바로 "+α의 영역, 경관디자인"이다. 그리고 이 책을 집필하면서 가장 중요하게 생각한 것은, 경관에 대한 올바른 이해와 경관보전·관리를 위해 필요하고 실제 적용 가능한 경관디자인의 방법이다.

책의 구성은 크게 두 편으로 되어 있다. 우선 전공서적이 갖는 딱딱함을 해소하기 위해, 제Ⅰ편에서는 지금 왜 경관에 대한 관심이 높아지게 되었으며 왜 필요하게 되었는지, 어떻게 이해하고 해결해야 하는 것인지에 대해 필자의 경험을 쉬운 잡담과 같은 이야기로 시작해보았다. 그래야 이 책을 읽는 독자들이 경관에 대해 조금 더 쉽게 이해하고 오랫동안 기억하게 되지 않을까 하는 생각에서이다.

제Ⅱ편에서는, 경관디자인의 구체적인 방법에 대해, 전문지식의 습득을 목표로 소개하였다. 경관을 분석하고 경관디자인으로 이어지는 진행과정과 수법에 대해 설명하고, 계획안의 예측과 구체적인 평가방법에 대해서도 다루었다. 쉽게 이해할 수 있도록 가능한 한 많은 사례사진과 그림 등을 활용하였으나 미흡한 부분이 많을 것으로 생각한다. 독자들의 넓은 이해와 따뜻한 조언을 부탁드린다.

끝으로 이 책의 출판을 흔쾌히 승낙하고 지원해주신 보문당의 김병계 사장님과 김태우 실장님 그리고 200장이 넘는 사례사진과 복잡한 그림들을 수록하느라 여러 번의 까다로운 작업을 진행해주신 편집부 박대환 과장님께 감사드린다.

아울러 이 책이 지루해지지 않도록 흥미로운 삽화를 그려주신 예·솔·재 조경설계디자인 이민수 대표님께도 깊은 감사의 말씀을 전한다.

2016년 1월

저자 배현미

목 차

I 경관에 관한 경험의 조각들 • 9

II 경관계획의 기초지식과 적용기법 • 53

CONTENTS

I 편
경관에 관한 경험의 조각들

Pieces of My Experience in the Landscape

경관이란 무엇인가?

경관에 대한 해석의 차이는 왜 생겨나는가?

경관전공은 존재하는가?

사회가 요구하는 경관전문가란?

100점짜리 경관만들기는 가능할까?

남의 의견, 귀 기울여 들어주고 수용하고 조정하기,

모두가 힘을 모아 함께 그려내는 그림이 바로 경관계획이랍니다

경관위원회에서는 무엇을 해야 하나요?

우리에게 아름다운 경관형성이 필요한 까닭은?

경관에 대한 이해와 평가는 어디까지?

I

경관에 관한 경험의 조각들

이제는 본인의 생각을 정리해도 좋은 단계

필자가 경관에 대해 관심을 갖게 된 것은, 아직 우리나라에서는 경관이라는 용어가 정착되기 전의 일이다. 1987년 일본 도쿄대학(University of Tokyo)에서 공부를 시작하면서 연구실에서 이루어지고 있는 연구들에 자연스럽게 관심을 기울이게 되었다. 그러나 당시는 그것이 경관에 관한 연구라는 사실조차 인식하지 못한 상태였었다.

필자가 소속되어 있던 대학의 연구실에서는 산림경관예측에 관한 연구가 진행 중이었다. 물론 현재와 같은 컴퓨터의 보급이나 웹 환경은 조성되어 있지 못한 상황이었으나 3D Digital

Map, GIS 및 초기단계의 메쉬(250m Mesh)기법을 이용한 산지 지형분석이 이루어지고 있었다. 그리고 영국의 연구기관과 공동으로 AMAP-Micro(Unite´ de Node´lisation des Plantes)라는 수목별, 수목 식재환경별 차별화된 성장예측프로그램을 사용하여 10년, 100년 후의 변화모습을 예상하는 작업 역시 동시에 진행되고 있었다. 앞으로 산림이 어떻게 바뀌어갈 것인가에 대해 자연 그대로의 산림과 인공조림을 실시한 경우로 나누어, 기존의 자연경관에 조화되는지 혹은 이질적인 경관으로 조성되는지 등에 대해 경관개선을 위한 방안모색을 목적으로 예측분석하는 연구였다.

당시 한국에는 초기단계의 도스(DOS) 컴퓨터만이 존재하는 상태였으며, 대학에서 그리고 사회생활을 하면서도 열심히 손으로 도면을 그리는 환경 속에서 생활해왔었다. 그래서 컴퓨터는 전자공학과 전공자들만의 전유물이었던 것으로 기억한다. 물론 일본에서도 아주 크고 무겁고 전혀 빠르지 않은 컴퓨터를 사용해 몇 주 혹은 몇 달 간에 걸쳐 분석하는 시스템을 사용하는 상황이기는 했다. 그러나 미래의 모습을 예측하는 작업과 그것들이 시각적인 형태로 제시된다는 것은 매우 매력적이며 흥미로운 연구였다. 아니 연구가 아니라 컴퓨터를 이용해 미래 예측에 대한 게임을 하고 있는 것 같았다.

이러한 연구는 산림을 대상으로 한 자연환경지역뿐만 아니라 도시지역을 대상으로도 이루어졌다. 건축물과 도로 등을 모형으로 만들어 도시의 모습을 재현해 놓고, 이 도시에 사는 사람들에게 도시의 여러 가지 시설, 건축물, 토목시설, 녹지 등 조경시설 등이 어떻게 보이며 새로운 변화를 줄 때 어떻게 달라져 보이는가를 살펴보는 시도 역시 이루어졌다. 사람의 눈높이로 레벨을 맞춘 극소형 비디오를 탑재한 미니카가 도시모형 속의 이곳저곳을 이동하면서 실제의 체험영상을 만들어내는 작업이 진행되었다. 그리고 그 비디오로 촬영된 영상을 보면서, 도시내부의 시설배치나 건물형태를 바꾸어 가면서 도시공간의 현상과 변화될 계획안에 대한 평가를 하고 있었다. 마치 놀이와 같은 연구로 이러한 시도가 경관형성에 관련된 실제적인 연구라는 사실을 깨닫게 된 것은, 부끄러운 일이나 아주 많은 시간이 지나서였다.

이렇게 시작하게 된, 아니 옆에서 훔쳐보게 된 경관관련 연구는 우리들의 생활환경과 매우 밀접한 것이어서 필자에게는 대단히 매력적인 학문이었다. 그리고 그쪽을 바라보면서 연구에 참여할 기회를 가졌다는 것은 큰 행운이었다는 생각이다.

그 이후 세계적인 추세라 하겠으나 한국에서도 경관에 관한 관심과 연구는 매우 활발하게 이루어지기 시작했고, 필자는 경관연구에 관심과 매력을 느끼고 있었던 까닭에 공부를 마치고 귀국한 1993년 이후 경관관련 전문서적과 보고서 등을 열심히 번역했던 것 같다. 이제 번역서 말고 저서를 쓰라던 조언도 있었으나, 경관이라는 학문특성상 너무도 다양한 전문영역과 연

계되어 있으며, 다루어야 할 범위도 지식도 넓기만 해서 계속 망설여 왔었다.

그런데 올해로 필자가 대학에서 경관계획 강의를 시작한 지가 어언 19년째가 된다. 같은 이야기를 19번이나 계속해왔으니, 이제는 머릿속이 정리된 것 같기는 하다. 그런데 사실 경관학의 특성상 이론적인 부분보다는 실제적인 적용이 더 중요하다는 것을 잘 알기에, 자신이 없어 집필을 차일피일 미루어왔던 것 같다.

하지만 대학에 있는 19년간 각종 도시계획위원회, 건축위원회, 경관위원회 등을 거치면서 관련분야의 전문가들과 많은 지식을 공유할 수 있는 소중한 기회가 주어졌다. 특히 중앙산지관리위원회의 산지경관심의위원회 활동과 영산강환경청의 자연환경평가위원, 국토관리청, 수자원공사 등의 경관심의위원을 하면서 행운에 가까운 귀중한 경험을 쌓았다. 아울러 시·군의 경관기본계획수립도 수행하면서 체계적인 계획수립과 전개방식에 대해서도 많은 고민을 해왔다고 생각한다.

그래서 이제는 머릿속을 정리해서 경관관련서적을 써도 될 것 같다는 생각이 든다. 아니 꼭 써야 한다는 의무감으로 본서를 써내려가고자 한다. 그리고 이번에는 일반적인 전공서적과는 조금 다른 접근을 해보고 싶다. 교과서 같이 첫 페이지에 개념, 역사, 유형 등에 대한 설명은 조금 뒤편으로 미루어 놓고, 지금 왜 경관에 대한 관심이 높아지게 되었으며 왜 필요하게 되었는지, 어떻게 이해하고 해결해야 하는 것인지에 대해 필자의 경험을 쉬운 잡담과 같은 이야기로 시작해보고자 한다. 그래야 이 책을 읽는 독자들이 경관에 대해 조금 더 쉽게 이해하고 오랫동안 기억하게 되지 않을까 하는 바람에서이다.

경관에 대한 해석의 차이

최근 경관이라는 말이 자주 사용되고 있다. 그런데 이상하게도 경관이란 용어는 그것을 이야기하는 사람에 따라 혹은 전공분야에 따라 그 의미와 내용이 서로 다르다. 이러한 특이한 성향은 전문영역의 세계에서는 매우 드문 불가사의한 현상이라 볼 수 있다.

한 예를 살펴보기로 하자. 도시계획·설계분야에서 경관은 도시에 건축물이 늘어서 있는 가로의 모습과 도시전체의 분위기를 의미하는 한편, 건축분야에서 경관은 주요 건축물의 보전과 재개발, 그리고 광장 등에서 느껴지는 즉 건축물들에 의해 형성되는 건축물 중심의 경관을 뜻한다. 조경분야에서의 경관은 자연경관을 중심으로 한 녹지공간과 배후 및 주변 환경의 풍경계획을 의미하며, 토목에서의 경관은 도로와 대형 댐, 터널, 교량 등 사회기반시설 등에 의해 이루어지는 토목경관을

의미하는 것이라 생각된다. 반면 디자인분야에서의 경관이란 생활 속에서 발견되는 여러 시설물과 조형물 등에 의해 연출되는 모습, 혹은 조명 등을 통해 만들어지는 환경디자인을 의미하는 것으로 보인다.

이렇듯 경관이라는 용어는 다양한 분야에 도입되어 산발적으로 사용되고 있으며, 경관에 대한 해석과 적용범위는 각 전문분야에 따라 차이가 있는 것으로 보인다. 그래서 경관개념의 의미도 불명확해 보이며 조작영역 역시 분야에 따라 제한되어 버리는 듯한 성향이 나타나고 있다. 그렇다면 각각의 전문분야에서 서로 다른 방향과 내용으로 다루고 있는 그 경관이라는 것은 과연 무엇을 의미하는 것이며, 또 어떤 분야에서 누가 다루는 것이 가장 적합한 것일까 생각해보기로 하자.

경관이란 무엇인가?

최근 경관이란 말을 쉽게 접할 수 있다. 그 뿐만 아니라 경관이란 단어는 남녀노소를 불문하고 누구나 사용한다. 주말저녁 방송에서는 더 더욱 많이 나오는 것 같다.

"이번 주말에는 무엇을 했나요?" 하는 리포터의 질문에, 아이들은 거침없이 이야기한다. "날씨가 좋아서 엄마랑 아빠랑 야외로 놀러갔었는데, 주변경관이 아주 아름다웠구요, 맛있는 것도 먹어서 좋았어요."라고 …….

그렇다. 확실히 경관이란 단어는 유행어인 것 같다. 그래서인지 필자가 어렸을 때 사용했던 "풍경이 아름다워요"라는 말을 요즘 사람들은 잘 사용하지 않는다. 가을풍경이 어쩌고 저쩌고

했던 말들은 어쩐지 촌스럽게 들리기까지 한다.

그렇다면 「풍경」과 「경관」은 어떻게 다른 것일까?

경관이란 새로운 용어에 대한 학술적 개념이나 법적정의에 대해서는 II편의 전문영역에서 자세히 다루도록 하고, 우선은 쉽게 생각해보기로 하자.

풍경과 경관은 작은 차이가 있기는 하나 거의 유사한 의미로 확연히 구분할 필요는 없다고 생각한다. 이미지 상으로 생각해보면 말이다. 물론 기존의 관련서적에는 그 차이를 설명하는 다양한 내용들이 소개되어 있다. 그러나 필자는 경관과 풍경의 차이를 각 단어가 갖는 한자 뜻으로 쉽게 구분해보고자 한다.

우선 풍경과 경관이라는 단어가 갖는 한자 뜻을 살펴보자.

풍경(風景)이란, 바람의 뜻을 가진 風(풍)과 볕·햇살의 의미를 갖는 景(경)으로 이루어진 단어로, 자연적인 요소만으로 구성되어 있다. 이에 비해 경관(景觀)은 빛·햇살의 뜻을 가진 景(경)과 보다·보이다의 의미인 觀(관)으로 구성된 단어로, 어떤 행위의 주체가 포함되어 있는 것을 알 수 있다. 즉 경관에는 사람이 본다는 의미가 내재되어 있다. 따라서 풍경과 경관은 유사한 의미로 쓰이는 개념인 듯 보이나, 풍경(風景)이 자연중심의 개념이라면, 경관(景觀)이란 인간이라는 주체를 중심으로 생각하는 경치·풍광인 것이다. 그래서 인간중심으로 모든 사물을 바라보는 현대인들에게 쉽게 받아들여지는, 마음에 드는 용어가 바로 경관일지도 모르겠다.

결국 우리들이 눈으로 보고 체험할 수 있는 환경이 바로 경관이다. 그리고 그러한 경관은 아주 긴 시간동안 자연이 천천히 만들어낸 것도 있고, 인간이 의도적으로 단시일에 만들어낸 것도 있다. 그 다종다양한 환경을 우리 인간들이 일상 속에서 생활하면서 또는 잠시 방문하여 눈으로 보고 체험하게 되는 환경이 바로 경관이라 생각하면 될 것이다. 그래서 경관에 대한 해석도, 전문영역의 범위도 광범위해질 수밖에 없는 것 같다.

사실상 경관이란 용어 그 자체에는 「경관 전체」 또는 「전체적으로 파악된 경관」이라는 의미가 함축되어 있다고 보아야 한다. 이는 우리들의 눈에 들어오는 경관(풍경)이란 어떤 형태 하나만으로 만들어지는 것이 아니라 주변 것들과 어우러진 전체적인 모습으로 인지되는 것이기 때문이기도 하다.

원래 경관이란 용어는 독일어의 랜드샤프트(Landschaft)에서 유래된 것이다. 이것을 지리학이나 생태학분야에서 경관(景觀)으로 번역해 사용하면서 통용되게 되었으며, 당시는 일정한 범위의 식생이나 지형 등 토지의 전체적인 형상을 나타내는 개념으로 널리 사용되었었다.

영어로 경관은 Landscape이며, 현재 우리나라에서 그리고 세계적으로 사용되고 있는 용어이다. 그런데 조경학분야에서는 조경의 영문표기가 Landscape Architecture인 까닭에 경관은 조경학분야만의 영역이라 주장하는 사람이 있기는 하나 절대 그건 아니다. 하지만 현재 경관에 관한 교육은 실제로 조경학과에서 가장 많이 이루어지고 있기는 하다.

경관전공은 존재하는가?

경관학이란 전문영역은 존재하는가?

최근에는 구인구직 정보도 인터넷을 통해 이루어지는 경우가 많다. 취업이 어려운 지금 경관전문가, 경관분석, 경관계획

수립이 가능한 경력자를 모집한다는 구직정보 등은 자주 접할 수 있다. 그 중 공통적으로 요구하는 항목은 경관전공자를 모집한다는 내용이다.

그렇다면 경관학을 교육하는, 경관전공자를 양성하는 경관학과는 존재하는 것일까?

이미 주지하고 있는 바와 같이 경관학과는 없다. 물론 우리나라 뿐 아니라 전 세계 어느 나라에도 경관학과는 존재하지 않는다. 그렇다면 도대체 어디에서 경관에 대해 배워야 하는 것이며, 이 세상 어디에도 없는 경관전공자를 우리 사회는 왜 필요로 하는 것일까?

그에 대한 해답은, 경관학이란 학문은 우리들의 생활환경을 형성하는 건설관련학문의 통합적인 분야로, 본서의 제목에 제시되어 있는 바와 같이 +α의 영역이기 때문이라 할 수 있다. 즉 경관학이란 경관에 관련된 다양한 학문의 전문지식을 기초로 그 영역을 발전 또는 통합시켜가는 전문영역이기 때문에 경관전공이 별도로 존재하지 않는 것이다.

따라서 아이러니하게도 경관학과와 경관전공자는 없어도,

경관전문가는 존재한다.

사회가 요구하는 경관전문가란?

그렇다면 어떤 분야의 사람을 경관전문가라 칭하고 있는 것일까?

현재 경관전문가로 제시되고 있는 영역은 건설업 관련분야에 해당하는 건축학, 도시학, 조경학, 토목학 등을 들 수 있다. 그러나 이러한 건설업 관련 또는 앞서 언급한 「우리들이 눈으로 보고 체험할 수 있는 환경」을 만들어내는 해당전문분야에 종사하는 사람들 모두가 경관전문가가 되는 것인가 하면 그건 결단코 아니다.

실제로 각각의 전문분야는 세부전공으로 나뉘어져 있으며, 이러한 전문역역의 세분화, 전문화는 현대에 이르러 점점 심화되고 있는 추세이다. 그런 까닭에 동일한 전공분야라 하더라도 세부전공이 다르면 전혀 무지한 영역이 되어버리고 마는 것이 현실이다. 이러한 점을 고려해본다면 21쪽의 그림에 나타난 바와 같이 경관전문가라고 하는 범주에 해당하는 영역이란, 각각의 전문성이 상호 공존하는 영역 즉 교집합이 되는 영역이 바로 경관학의 전문분야라 할 수 있을 것이다.

일례를 들자면, 건축학분야는 건축시공, 건축구조, 건축사, 건축계획, 건축설계, 건축환경, 건축재료 등으로 나누어지나 그 세부분야 전문가 중 건축물의 주변 환경 즉 경관분야에 관심을 갖고 있는 전문가집단이 그에 해당될 것이며, 조경학분야에서 보면 조경식물, 조경사, 조경시공, 조경계획, 조경설계, 조경관리 등의 세부분야 중 역시 주변 환경 즉 경관측면에 관심을 갖고 지속적인 연구를 해오고 있는 전문가 집단이 바로 경관전문가가 될 것이다. 그 외의 분야 역시 일일이 열거하지는 않겠으나 마찬가지일 것이다.

따라서 각 관련분야의 전문가이면서 연계 가능한 인접 전문분야와의 관계에 포괄적인 관심을 기울여온 전문가들이 경관전문가라 하는 것이 적절할 것 같다. 물론 앞으로 경관전공이라는 장기과정을 필요로 하는 새로운 학과가 생겨날지는 모르겠으나, 현재로서는 여러 분야에서 경관이라는 공통부분에 관심을 갖고 지속적인 연구를 해오고 있는 필자와 같은 사람이 경관전문가가 아닐까 생각한다.

그렇다면 이번에는 좀 더 구체적으로, 현재 법적으로 경관전

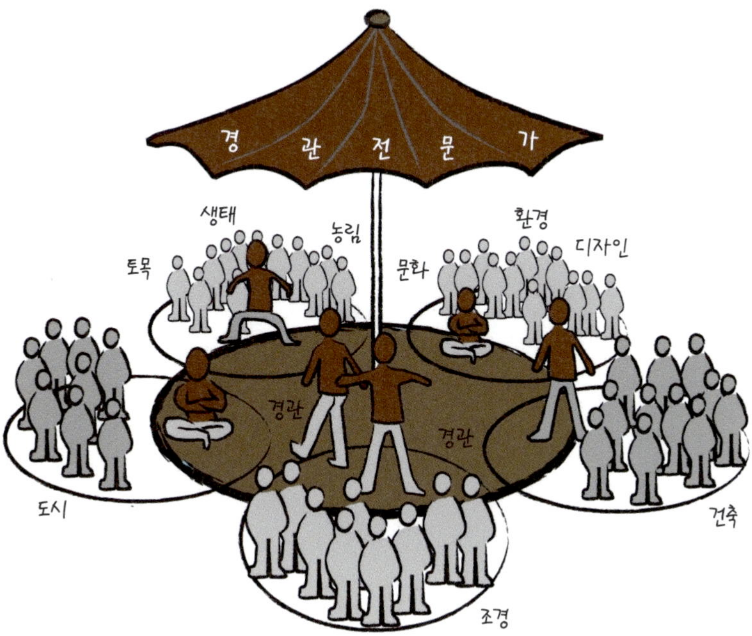

문가라 규정되어 있는 사람들은 누구일까에 대해 살펴보기로 하자.

법적으로 규정되어 있는 경관전문위원은, 경관, 도시계획, 건축, 토목, 조경 등 경관심의와 관련된 분야에 관한 학식과 경험이 풍부한 자이며(국토교통부 훈령 제496호), 경관위원회의 위원은, 건축, 도시, 조경, 토목, 교통, 환경, 문화, 농림, 디자인, 옥외광고 등 경관계획 관련 분야에 관한 학식과 경험이 풍부한 사람(국토교통부 고시 제99호)으로 정하고 있는 것으로 나타난다.

아울러 자연경관심의위원은, 조경, 도시계획, 건축, 환경, 농림, 산림자원, 생태 등 자연경관의 보전·관리·평가 등에 관한 학식과 경험이 풍부한 자(환경부 자연경관심의위원회 규정 제791호)로 정하고 있어, 현재 법적으로 규정되어 있는 경관전문가의 범위 역시 매우 포괄적인 것을 알 수 있다.

참고로 이에 관련된 규정을 정리하여 이하에 제시하였다.

국토교통부 훈령 제496호(개정 2015.03.05)의 경관심의 운영규정에 보면,「국토의 계획 및 이용에 관한 법률」제111조에 따른 중앙도시계획위원회에 두는 전문위원 중 1인을 경관심의를 위한 전문위원(경관전문위원)으로 둘 수 있으며, <u>경관전문위원은 경관, 도시계획, 건축, 토목, 조경 등 경관심의와 관련된 분야에 관한 학식과 경험이 풍부한 자</u> 중에서 국토교통부장관이 임명한다고 규정되어 있다.

또한, 국토교통부 고시 제99호 경관심의 운영지침(2014.2.27. 제정) 및 경관법시행령(대통령령 제25751호, 2014.11.19. 타법개정)에서는, 경관심의 대상건축물 및 시설물 등이 주변의 경관과 조화를 이루어 아름답고 지역성 있는 경관을 형성할 수 있도록 경관에 관한 검토·심의를 수행하는데 필요한 사항을 정하여 품격있는 국토경관을 조성하는데 기여함을 목적으로 경관위원회를 설치하며, 경관위원회의 위원은, 건축,도시, 조경, 토목, 교통, 환경, 문화, 농림, 디자인, 옥외광고 등 경관계획 관련분야에 관한 학식과 경험이 풍부한 사람으로 정하도록 되어 있다.

환경부 자연경관심의위원회 규정(제 791호 2008.7.30)에서는, 심의위원회는 자연경관영향 협의대상 개발사업 등이 자연경관에 미치는 영향 및 보전방안을 심의한다. 자연경관심의위원은 조경, 도시계획, 건축, 환경, 농림, 산림자원, 생태 등 자연경관의 보전·관리·평가 등에 관한 학식과 경험이 풍부한 자 중에서 지방환경관서의 장이 위촉한다.

다만, 자연경관심의의 대상이 되는 개발사업이 산지관리법 규정에 의한 산지경관심의의 대상(산지관리법 시행령 별표4의 규정에 의한 30만 제곱미터 이상의 산지전용, 별표8의 규정에 의한 채취면적 7만 제곱미터 이상의 토석채취)이 되는 경우에는 산림청에서 추천한 전문가 1인을 포함한다.

최근 관공서 및 전문연구기관에 경관과 및 경관부 등이 생겨나고 운영되고 있다는 점을 고려한다면 경관전문가를 배출하는 경관학과가 생겨나야 하는 것이 당연한 일이라 하겠다. 그러나 필자의 단편적인 생각으로는 경관학과의 창설은 그리 바람직한 것은 아니라 판단된다. 왜냐하면 경관이란 분야의 통합적인 특수성을 고려해본다면 너무도 광범위한 교육이 필요하기 때문이다.

그래서 경관에 관련된 전문지식을 교육하고 있는 곳은 어디일까 살펴보았다(2015년 3월 현재). 전국 각 대학의 교과과정을 조사해본 결과, 경관이라는 단어가 들어간 수업은 조경학과, 건축학과, 도시공학과, 토목학과 등에서 이루어지고 있는 것으로 나타났다. 특히 우리나라의 경우 조경학과에서 경관관련 수업이 가장 활발하게 이루어지고 있으며, 경관에 관련된 연구를 하고 있는 학자가 소속되어 있는 대학과 학과에서 시험적으로 이루어지는 것으로 나타났다.

단 조경학과의 경우 실제 교과제목에 Landscape(경관)라는 용어를 사용하고 있기는 하나 실제로는 Landscape Architectural(조경)의 의미로 교육되고 있는 경우도 눈에 뜨였다. 그 외에 경관계획, 경관분석, 경관디자인론, 경관영향평가, 경관구성론, 자연경관계획 및 관리, 도시경관계획 및 관리, 경관평가모델기법 등 경관에 관한 교과과정이 다수 개설되어 교육이 이루어지고 있는 것을 알 수 있었다.

건축학과의 경우에는 도시경관계획론, 경관론, 경관 및 리모델링 계획, 건축경관 분석론, 도시경관론 등이 대학원 과정을 중심으로 교육이 이루어지고 있으며, 도시공학과에서는 도시경관, 경관계획, 도시경관분석, 도시경관계획 및 설계, 도시경관학, 경관과 문화 등이, 토목학과의 경우에는 최근 대학원 과정에 도시경관구성특론이 개설되어 운영되고 있는 것으로 나타났다.

한편 대학에서 기초이론을 배우게 되면 그것으로 끝나는 것이 아니라, 졸업 후 실무에 종사하면서 실제 응용하는 방법을 습득해가며 해당분야의 전문가로 성장하는 것이 일반적인 과정이다. 그러나 경관의 경우에는 새로운 접근이자 통합적인 분야다보니 상황이 조금 다른 것 같다. 다행히 학계에서는 경관계획과 경관디자인에 관한 기초이론과 분석기법 등에 대해서는 어느 정도 교육이 이루어지고 있다. 그러나 실제적인 업무를 통해 기술을 습득·발전시켜 나갈 단계에는 아직 이르지 못하고 있는 것 같다.

실제로 경관심의에서 문제점을 지적받고 재검토를 받고자 찾아온 어느 유명 전문용역업체에 근무하는 사회초년생의 질문에서 경관계획에 관한 실무교육의 필요성을 절감했었다.

"이 대상지에서는 경관분석을 어떻게 해야 하나요?", "학교에서 기초이론을 배운 것 같기는 한데, 실제로 어떻게 적용해야 하는지 모르겠어요", "뭐가 잘못된 것인지 잘 모르겠어요", "어디가서 배워야 하나요?", "이거 경관분석을 위해 경관시뮬레이션만 하는 CG전문업체에 맡겨서 돈 많이 주고 작업해 온 건데요. 더 이상 무엇을 어떻게 해야 하나요?" 등등.

경관이란 학문은 학자로서의 근성, 자기주장이 조금은 부족한 사람이 해야 하는 분야랍니다

그런데 각기 다른 영역의 전문가들이 머리를 맞대어 가며 공동연구를 한다는 것은 대단히 어려운 일이다. 독자들도 전문가 몇 명이 모여 좌담을 하는 방송이나 글을 본적이 있을 것이다. 필자도 잡지나 전문서적 등에서 그러한 글을 읽어본 기억이 있다. 다른 분야의 전문가들은 어떠한 생각을 하고 있을까 궁금하기에 관심을 갖고 살펴보게 된다. 하지만 언제나 후회를 하며 책을 덮게 된다. 불행하게도 필자가 선택한 글들만 그랬는지는 알 수 없으나, 하나의 주제를 가지고 이야기를 시작하게 되면 어느 정도 모아진 결론이 나온 상태에서 이야기가 끝나야 하는데, 전문가들의 좌담은 대부분 그렇지 못하기 때문이다.

그들은 각각의 분야에서는 매우 실력있는 전문가임에 틀림이 없다. 그러나 서로의 의견을 듣고 수용하고 조정하는 과정이 나타나는 것이 아니라, 각자 서로의 주장만을 반복하고 있는 경우가 많기 때문이다. 아마도 공통되는 전문영역이 부족해서 그랬었는지 모르겠으나, 늘 느끼는 것은 최종적으로 그러한 내용들을 능숙하게 정리하여 마무리하는 사회자 혹은 편집자의 뛰어난 능력에 존경심을 표하고 싶을 뿐이다.

그런데 안타깝게도 현대의 각 전문영역은 지나치게 다양화, 세분화되어 있어 전문성 부분에서는 매우 탁월하다고 하겠으나, 깊이있는 연구를 계속 진행을 하다보면 당연 시야가 제한되게 되고 연구방법은 분석적이 되며 세밀함이 요구될 수밖에 없다. 따라서 종합적인 사고를 하는 훈련은 부족해질 수 밖에 없으며, 또한 주변의 것들을 어떻게 통합시켜야 하는 가에 대한 방법론에의 접근 역시 미숙하다고 하겠다. 그래서 토론회를 보면 각 전문영역에 대해서는 매우 깊이있고 중요한 이야기들이 자주 언급되기는 하나, 통합된 결론을 만들어내는 것은 현실적으로 어려운 것이 아닐까 생각한다. 어쩌면 각 분야의 전문가들은 본인들의 세부 전문분야 이외의 다른 영역에 대해서는 별로 흥미가 없기 때문일지도 모르겠다.

그러나 우리들의 생활환경인 경관의 범위는 물리적인 영역뿐만 아니라 사회문화적인 측면에서도 광범위한 존재이다. 이와 같은 거대한 공간을 대상으로 경관을 이야기하는 경우에는, 매우 세분화된 전문분야의 우수한 연구자보다는, 통합적인 일명 개론적인 전문지식과 안목을 가진 인재가 필요한 상황이라 하겠다. 그래서 불행하게도 다양한 분야의 전문가들이 참여하게 되는 경관분야의 특성을 고려해본다면, 경관계획과 경관디자인에 관한 작업은 매우 어려워질 수밖에 없을 것 같기는 하다. 즉 지금까지 이루어져왔던 것처럼 각자의 전문영역에 대해 자신들의 주장만을 펼쳐간다면, 아무리 유능한 사회자가 좌담을 진행한다 하더라도 마무리하는 것이 불가능해질 것이란 생각에서이다.

필자를 포함해 학자들의 특성은 자기주장이 강하다는 것이다. 물론 학문의 세계에서는 반드시 필요한 매우 중요한 근성이기도 하다. 그런데 포괄적인 전문영역의 공존이 요구되는 경관분야의 특수성을 고려한다면, 조금은 전문영역에 대한 색이 중간톤을 가진 전문가집단이나, 아니면 학자로서의 근성이 조금은 부족한 사람, 아주 좋게 표현하자면 타 분야에 대한 수용력을 가진 원만한 성격의 학자가 경관전문가로 활약하는 것이 바람직하지 않을까 감히 생각해본다.

분명 경관이라는 학문으로서의 가치라고 할까, 전체적인 계

획을 만들어내고 원칙을 정하고 하는 이론적인 연구를 진행하는 것은 매우 흥미롭고 매력적이다. 방향제시 및 실행방법 역시 얼마든지 독자적으로 타 영역과의 협력 없이도 잘 만들어낼 수 있다. 그런데 이 계획들을 실제로 우리사회에 적용하려 하면, 환경을 조성하는 각기 다른 전문분야와의 조정 작업 그리고 그곳에서 생활하는 사람들의 이익관계 등에 뒤엉켜 계획했던 이상적인 이론 그대로의 실현은 불가능한 경우가 많다.

우리들이 눈으로 보고 체험하는 환경 즉 자연적인 경관과 인공적인 경관들 가운데 스스로 쾌적하다고 느끼는 공간이 있을 것이다. 그런데 그것들을 잘 살펴보면 자연발생적으로 완성되어진 것이든 인공적으로 만들어진 것이든 그 지역의 자연환경과 사회·문화환경 등이 미묘한 균형과 조화를 취하고 있는 경우가 많다. 그 이유는 경관을 만들어내는 경관계획이란 인간과 환경의 관계성을 디자인하는 것이기 때문이다. 건설관련 기술자들이 다루게 되는 공간들은 그 지역의 자연환경 및 사회환경에 밀접하게 관계되는 공공성이 높은 것으로, 최종적으로는 토지와 인간들의 생활공간을 연결하는 작업인 것이다.

따라서 인간과 환경과의 관계성을 디자인하는 경관전문가가 되기 위해서는 계획 및 디자인의 과정을 논리적으로 만들어내고 구성해내는 기술, 자연환경을 통합적으로 이해하는 기술, 공간을 자유롭게 조작하는 기술을 터득하여야 한다. 아울러 인공적인 시설이 도입되는 경우에는 기존 지형과 주변 환경을 이해하고 조화롭고 흥미롭게 만들어 넣는 기술과 그것들을 상호 적절하게 다루는 기술, 그리고 지역의 커뮤니케이션을 수용하고 주민과 협동으로 생각들을 모아가는 기술까지도 습득하여야만 할 것이다. 그리고 전문기술자의 자기주장이 강한 감성적 디자인의 전개는 이러한 경관계획의 방향성이 확립된 이후에 반드시 필요시 되는 과정이 될 것이다.

과거 한때 박사란 이 세상의 모든 것을 다 아는 사람으로 인식되었던 시대가 있었다. 경관전문가는 이처럼 우리 주변의 모든 것들을 다 수용하고 이해하는 만물박사가 되어야만 할 것 같다.

경관과 경관계획은 공동작업으로 완성되는 그림과 같은 것입니다

우리들이 눈으로 보고 체험하는 환경이 경관이라면, 경관을 계획한다는 것은 환경 즉 풍경, 경치를 만들어내는 작업이 된다. 그런데 우리를 둘러싸고 있는 환경이란 이미 존재하고 있는 것이기 때문에, 무언가를 새롭게 창초해내는 일반적인 계획과는 다른 방식으로 진행하여야 할 것이다.

경관계획이란 마치 우리들의 주변 환경을 묘사하는 그림을 그려내는 작업이라 생각된다. 단 하얀 캠퍼스에 새롭게 그림을 그리는 것이 아니라, 이미 밑바탕에 그림이 그려져 있는 캠퍼스에 추가로 덧칠을 하거나 일부 수정해가며 다시 완성시켜가는 그림이라 생각하면 될 것이다. 물론 그 그림은 지역환경에 관계되는 사람들이 공동으로 참여하는 작업이 된다.

그림그리기는 아니 그림을 완성 혹은 수정하는 작업은 전문가집단에 의해 시작되게 된다.

우선 새로운 그림그리기에 자신있는 건축가와, 바탕색 칠하기 혹은 배경그림 그리기에 능숙한 조경가, 기준이 되는 선긋기와 공간배치 등 구도잡기에 능숙한 도시계획가, 그것들을 서로 균형있게 연결해가는 토목가가 그림을 그려가게 될 것이다.

물론 경관계획이라는 그림그리기에 참여하는 경관전문가들은 바탕색이나 배경그림을 고려하면서 새로운 그림을 그릴 줄 아는 건축가들 일 것이며, 이미 그려진 혹은 앞으로 그려지게 될 그림을 고려해가면서 바탕을 칠해가는 조경가들 일 것이다. 또한 그려지게 될 전체 그림이나 주변지형 등의 배경을 살펴가면서 공간을 배치하는 도시계획가와 전체맥락의 연결을 조율할 줄 아는 토목전문가의 참여가 동시에 이루어져야 한다.

아울러 주변과 잘 어우러지며 때로는 흥미를 유발시키는 포인트를 만들어내는 공공디자인 및 공공조명 전문가들과, 그림 뒤에 담겨질 의미나 역사 등이 잘 표현될 수 있는 도구와 종이 그리고 그림 뒷면(밑바탕 혹은 숨겨진 뒷면)에 기초색을 칠할 역사, 문화, 인문, 사회관련 학자들 그리고 개성있는 그림으로 완성될 것인가를 혹은 잘 팔려나갈지, 모두가 보고 싶어하는 매력적인 그림이 될 것인지를 판단하고 관리할 행정 및 경제관

경관만들기는 계획가, 공공기관, 대중 그리고 자연 모두가 함께 해야 하는 공동작업이다.

련 전문가, 관광, 지역개발학자들의 참여도 필수적이다. 아울러 그려진 그림이 계속 유지될 수 있는 것인지, 지속력과 생명력이 있는 것인지를 살펴보는 생물, 지리 등 생태관련 학자 또한 있어야만 한다.

이후 이렇게 완성된 그림을 감상하고 공유하는 사람은 단순히 그림의 형태만을 보는 것이 아니라 내면적인 부분 즉 그림에 담겨있는 가치와 의미를 공유하게 되는데, 이는 그 지역에서 생활하는 혹은 생활하게 될 지역주민들의 몫이 될 것이다.

이와 같이 경관이라는 하나의 그림을 완성하기 위해서는 긴 시간과 상호협력이 필요한 어려운 작업임에 틀림이 없으나, 그와 반대로 그림을 망쳐버리는 행위는 어느 누구든 가능하며, 한순간에 일어날 수 있는 일이기도 하다. 이는 경관에 대해 지역주민들의 합의와 협조를 얻어낸다는 것이 현실적으로는 매우 어려운 일이기 때문이기도 하다.

그러나 이러한 마이너스적인 부분까지 모두 포함시킨 상황하에서 최선의 그림을 완성시켜가는 것이 경관계획 본연의 목표이자 의의라 하겠다. 이렇듯 함께 마음을 모아 그려내야 하는 공동의 그림이 경관계획이기에 어렵고 복잡한 작업이 될 수밖에 없는 것이라 생각한다.

경관심의위원회의 진풍경

대학에 있다보면 그 지역의 전문가로서 각종 위원회에 참석할 기회가 많다. 여성전문인력의 활용이라는 명목 하에 필자는 여기저기 위원회에 참석할 기회가 유난히도 많았다. 위원의 역할은 해당분야의 전문가로서 공적인 성격의 일이 진행되는 경우 그것이 그 지역사회에 어떠한 영향을 미치는가를 파악하고 전문지식을 제공하여 보다 나은 결과 및 성과품을 만들어내는 데 있다고 하겠다.

물론 전문가로서 참가하기에 심의 및 자문위원 본연의 역할을 어느 정도 수행하고 있다고 하겠으나, 학계에 있는 사람으로서 위원회를 통해 얻게 되는 이득도 많다. 대학에 있다보면 전문 기초지식을 쌓게 될 기회는 얼마든지 있다. 최근에는 연구환경도 현저히 개선되었고, 필요한 자료나 관련 최신의 정보들도 인터넷을 통해 얼마든지 얻을 수 있다. 본인만 부지런하다면 연구비가 없어 수행하지 못하는 연구는 거의 없다.

그런데 하루가 다르게 발전해가는 시대를 살면서 늘 불안한 것은, 대학에 있으면 역시 실무에 대한 경험이 줄어든다는 점이다. 조금이나마 이러한 실무관련 지식을 접하게 되는 것은 역시 전문위원회를 통해서이다. 업계에서 이루어지고 있는 다양한 프로젝트나 기술 등의 흐름을 파악할 수 있기 때문이다. 정확한 최신의 정보들과 접할 수 있기에 회의시간은 매우 귀중하다고 생각한다. 게다가 전공전문 지식뿐 아니라 관련된 다양한 분야의 지식을 접할 수 있어 더 더욱 유용하다. 타 분야 전문가들의 지적을 듣고 있다보면, 관련지식이 점점 넓혀져 가는 듯한 착각도 든다. 이기적인 발상이기는하나, 이곳에서도 내가 이야기를 하는 시간보다는 남의 이야기를 듣는 시간이 본인 스스로에게는 더 유용한 것 같다.

그런데 심의 및 자문위원회를 거쳐야만 하는 업계사람들에게 있어 위원회는 대단히 어려운 과정이다. 하지만 대한민국 업계의 기술수준은 세계적으로도 탁월한 것이며 하루가 다르게 발전하고 있어, 과거의 공법이나 동향 등 어설픈 지식을 가지고 이야기하다가 창피를 당하는 경우도 간혹 있다. 즉 업계 역시 전문가라는 의미이다.

회의를 하다보면 예상치 않게 당황스러운 상황에 직면하기도 한다. 이곳저곳 다니면서 참석연륜과 경험을 쌓다보면 인접학문에 대한 지식이 몸에 베개 된다. 그래서 좋은 의도로 시작하긴 하지만, 불필요한 발언을 하는 경우도 간혹 있다. "제 전공이 아니어서 잘은 모르겠지만, 이거 잘못된 것 같습니다."라고 한마디 하게 되면, 심의를 받으러 온 사람은 그에 대한 답변을 반드시 해야 하기 때문이다. 회의 현장에서 뿐만 아니라 서면상으로 말이다. 그런데 비전공자의 지적에는 허점이 있기 마련이어서, 때때로 부적절한 지적이 되기도 하며 혹은 업체의 계획설계자에게 맡겨두는 것이 더 바람직하다고 판단되는 경우도 있다. 결국 이러한 지적은 불필요한, 심의 본연의 목적에 벗어난 것이라 생각한다. 본인의 전공이 아니라면 회의석상에서의 의견제시는 삼가야 할 것이다. 왜냐하면 각 기관의 공무원들이 이미 전공분야별 전문가를 애써 선정해서 참석시키고 있기 때문이다.

그런데 그렇지 않은 경우도 있다. 바로 경관분야이다.

경관심의에는 다양한 분야의 전문가들이 참석한다. 그리고 각자의 전문영역에서 바라본 의견제시를 하게 된다. 그런데 앞에서 제시한 바와 같이 경관전공이라는 전문영역은 없다. 따라서 경관위원회의 회의에서는 각각의 전문영역에서 바라본 경관에 대한 의견제시가 필요하다. 그런 까닭에 앞에서 불필요하다고 말한 심의의원의 발언은, 꼭 있어야만 할 필수적인 의견으로 바뀌어야 할 것이다.

"제 전공이 아니라 잘은 모르겠지만 ……,"이 아니라, "제 전문영역에서 바라본 경관에 대한 검토의견은 이렇습니다."로 말이다.

경관디자인 심의, 그때 제가 부족했었습니다

또 하나의 예를 들어보자. 최근에 와서 깨닫게 된 본인의 무지한 발언에 대한 반성이다.

요즘은 각 시·도·군에 경관위원회가 존재한다. 이 경관위원회에서 경관디자인 심의가 열렸다. 경관전문가로 참석한 본인은 매우 당황스러운 상황에 직면했다. 경관디자인 심의를 받고자 가져온 서류 중 일부 안건에 제시된 공공시설물이 기성품으로 계획되어 있었던 것이다. 기성품을 도입하고자 하는 서류와 회사에서 생산되고 있는 해당 시설물의 도면이 그대로 복사되어 심의를 위한 검토자료로 제공되었다.

'기성품을 심의할 필요가 있는 것인가', '너무 무성의한 것이 아닌가', '주변경관에 어울리는 새로운 디자인을 해 와야 하는 것이 아닌가' 하는 생각에 그 안건은 심의할 필요가 없다는 판단을 내리고 안건을 돌려보냈었다.

그런데 지금 다시 생각해보니 그건 본인의 무지함에서 비롯된 것이란 생각이다. 그 이유는 그 회의는 경관디자인 심의였기 때문이다. 물론 개별 시설물 자체에 대한 디자인 심의였다면 문제는 달랐을 것이다. 그런데 경관디자인 심의였으니, 디자인 자체에 대한 검토가 아니라 비록 기성품이긴 하나 그 기성품이 주변경관과 잘 어울리는 디자인인지, 적절한 위치에 배치되어 있는지, 사용된 재료나 색채 등이 주변경관에 친화적이며 조화된 형태로 계획되어 있는지를 검토하면 되는 일이었기 때문이다.

이미 늦은 감이 있지만, 그때 제가 많이 부족했었습니다. 죄송합니다.

아름다운 경관만들기란, 우리의 환경을 100점짜리로 만드는 것이 아닙니다

모든 것이 완벽한 사람이 존재하지 않는 것과 마찬가지로, 완벽한 환경이란 존재하지 않는다. 예를 들어, 우리가 관광지 등 어딘가를 방문하여 그곳에서 '만족할 만한 인상을 받았다', '좋았다' 고 느끼게 되면, 기억에 남기기 위하여 사진을 찍게 된다. 즉 본인의 마음에 드는 장소에서 사진을 찍거나 때로는 사진찍는 곳(Photo Zone)에서 사진을 찍고, 아름다운 경관사진이 완성되면 그것을 보면서 그 장소의 이미지를 기억하고 타인에게 보여주며 설명하기도 한다. 그런데 잘 생각해보면, 방문자는 그 장소 모든 곳을 보고 체험한 것도, 사진이나 비디오에 그 곳의 모습 전부를 샅샅이 담아오는 것도 아니다.

세계적으로 손꼽히는 우수한 경관을 가진 명승지라 하더라도 그 곳의 모든 장소가 아름다운 것은 아니며, 사람들이 이동하면서 체험하게 되는 통과동선 혹은 몇몇 장소에서 아름다운 모습을 경험하게 되는 경우가 대부분이다. 그리고 그러한 아름다운 경관들이 자주 경험되는 곳이라면, 차후의 평가는 '아름다운 장소이다' 로 기억되게 된다. 반면에 아름답지 못한 모습들이 자주 나타나, 그곳을 보면서 불쾌감이나 부조화에 대한 기억이 많다면 당연히 경관에 대한 평가는 낮아지게 된다.

우리들이 무언가를 보고 그것을 평가하고 느끼게 되는 과정은, 경관에서 뿐만 아니라 사람에 대해서도 동일하다. 좋은 기억과 밝은 인상이 많이 남아있다면 좋은 사람인 반면, 불편하고 어두운 기억이 많이 남아있으면 만나고 싶지 않은 사람으로 평가될 것이다.

그렇다면 좋은 평가를 받을 수 있는 경관 즉 높은 점수의 경관을 만들기 위해서는 무엇을 어떻게 하는 것이 좋을까 생각해 보기로 하자.

우리를 둘러싸고 있는 환경이란 이미 존재하고 있는 것이기에, 바람직한 경관을 만들어간다는 것이 반드시 무언가를 새롭게 만들어내야만 한다는 것을 의미하는 건 아니다. 계획의 첫 단계는, 현재의 주어진 상황을 정확하게 파악하여 나쁜 부분은 가리거나 개선시켜주고, 약한 부분은 강화 또는 보호하는 방안을 찾아내고, 바람직한 부분은 유지·강조시켜 가는 것이 살아있는 생명체인 우리들의 생활환경을 계획하는 기본적인 사고이자 방법이 될 것이다.

그러므로 경관만들기를 시행함에 있어서는, 우선 그 곳의 장단점을 파악한 후, 장점은 잘 보이도록, 단점은 잘 안보이도록 하는 계획을 수립하는 것이 중요하다. 장점 및 단점이 나타나는 장소를 각각 플러스(+)와 마이너스(−)로 표시하고, 계획의 초기단계 즉 지역구분, 공간배치, 동선계획의 단계에서 마이너스적인 요소는 피하거나 안보이도록, 혹은 눈에 잘 안 띄게 계획하도록 한다. 물론 플러스적인 요소는 그 장소의 특성으로 활용할 가치가 있으므로 잘 보이도록 배치하거나, 부각되도록 연출하는 테크닉도 필요할 것이다. 아울러 생태적으로 유지·보전해야 할 지역이 있다면 계획의 초기 조사 단계에서 위치 및 현상 등을 파악, 표기하여 적절한 관리가 이루어지도록 하는 것이 생태환경의 지속성 유지 차원에서 매우 중요하다.

이러한 접근방법은, 경관계획(경관만들기)이란 인간이 새롭게 만들어내는 것이 아니라 이미 지구상에 존재하고 있는 환경

즉 생명체를 다루어야 하는 기술이라는 점에서 인간 그 자체의 관리와 유사하다고 하겠다.

필자는 경관계획이란 최근 우리나라에서 성행하고 있는 성형수술과 유사하다고 생각한다. 인간은 자신의 얼굴을 보다 예쁘게 만들기 위해서 성형수술을 선택하기도 한다. 예쁜 얼굴이란 물론 본인 스스로의 기준도 있겠으나 대다수의 사람들이 예쁘다고 평가하는 어떤 경향이 반드시 존재하며, 이를 반영하여 시대변화에 따라 생겨나는 나름의 이상향을 제시하고 요구하는 것이 일반적이다. 그런데 이 단계에서, 새롭게 무언가를 만들어 집어넣는 것은 불가능하다. 그래서 대부분의 사람들은 본인이 이미 가지고 있는 얼굴에서 가장 자신이 없는 부분에 손을 대게 마련이다(물론 지금 눈이 예쁘니까 이것을 더 예쁘게 해 주세요 라는 요구도 있을 수는 있으나, 효과를 생각하면 같은 돈을 들이고 하기는 아까운 상황이라 하겠다).

결국 현 상태에서 가장 부족하다고 느끼는, 보여주고 싶지 않은 부분을 개선시키게 되면 미인이 될 가능성이 높아지게 될 것이다. 사람에 따라서는 성형이라는 방법을 선택하기보다는 화장이나 옷차림을 통해 자신의 장단점을 가감하거나, 비가시적인 방법을 통해 내면의 분위기를 연출해내는 경우도 있는데, 이러한 모든 수법들은 경관만들기에도 동일하게 적용 가능하다고 생각된다. 이처럼 우리들의 생활환경은 이미 존재하는 살아있는 생명체이므로, 경관을 계획하고 만들어가는 경우 늘 머릿속에 살아있는 생명체를 다루고 있다는 사실을 기억해두어야 할 것이다.

또한 성형수술시 본인의 가장 매력적인 곳을 고치는 사람은 없듯이, 경관계획시 그 지역의 역사와 문화라는 매력적인 요소를 망가뜨리는 계획을 해서는 안 되는 이유가 바로 여기에 있기도 하다.

하지만 동일한 미인의 얼굴이 늘어나는 것과 현대도시의 아이덴티티(Identity)가 상실되는 것은, 물질우선의 시대가 만들어낸 유사한 경향이 아닐까 우려되는 안타까운 현실이기도 하다.

아름다운 경관형성이 필요한 이유

인간이 생존하기 위해 꼭 필요한 것은 의식주이다. 먹고 입고 생활하기 위해 절대적으로 필요한 요소이고, 그것들이 충족되고 나서 여유가 생기게 되면 그 이외의 것들을 추구하게 될 것이다. 우리가 지금 이야기 하고 있는 경관이라는 것도 어쩌면 생활의 여유가 생기고 나서야 비로소 찾게되는 것일지도 모르겠다. 그런데 이 세상의 모든 것들은 그렇게 원칙적이고 이성적으로 이루어지고 있는 것은 아닌 것 같다. 쉽게 말해 아무리 여유가 생긴다 해도 환경이나 경관의 중요성을 스스로 깨닫게 되기는 어려우며, 그것이 꼭 필요한 상황이 되거나 어떤 결정적인 계기가 있어야만 비로소 그것들을 추구하게 된다는 것이다.

지금 우리주변에서 흔히 볼 수 있는 그리고 도시에서는 당연히 있는 것이라 생각하는 녹지공간인 도시공원은 단순히 도시의 생활환경을 향상시키기 위해, 혹은 도시에 집과 도로만 있으면 삭막하니 공원도 한번 만들어볼까 라는 조금은 사치스러운 생각에서 만들어진 것이 아니다. 도시공원은 도시거주민들의 생명을 지키기 위해, 생존위협을 느끼게 된 이후에 어쩔 수 없이 만들어질 수 밖에 없었던 필연적인 결과물이라는 사실을 알고 있는 사람은 많지 않을 것이다.

잠시 도시공원에 대한 이야기를 해보기로 하자. 도시공원의 탄생은 18C말에서 19C에 영국을 중심으로 일어났던 산업혁명(Industrial Revolution)으로 거슬러 올라간다.

우리들에게 비틀즈로 유명한 리버플(Liverpool)과 축구로 알려진 맨체스터(Manchester)가 당시 영국 산업혁명의 대표적인 도시들이다. 공업도시에는 기계화, 산업화가 이루어져 많은 공장이 들어서게 되고, 당연히 많은 노동자들이 모여드는 인구집중 현상이 나타나게 된다. 그로 인해 주택부족과 식수와 배수의 오염 등 도시의 생활환경은 극도로 악화되게 되었고 전염병마저 발생하게 된다.

1750년 당시 영국의 인구는 650만 명이었으나, 1850년에는 1,800만 명으로 약 3배 증가했으며 소득은 10배 이상 증가하게 된다. 한편 소득의 증가가 있었기에 도시의 근로자들은 열악한 환경을 감수하였으나, 심각한 거주환경의 악화는 곧바로 생명에의 위협으로 되돌아오게 된다. 당시 영국국민의 평균수명은 41세인데 반해, 리버플과 맨체스터에 거주하는 사람들의 평균수명은 25세 이하로 떨어지게 된다. 게다가 5세 이하의 유아사망률이 31.8%에서 74.5%로 증가하는 등 심각한 사회문제가 나타난다.

이에 국민들의 생존에 위협을 느낀 정부가, 도시의 생활환경 개선을 위한 대책을 마련하게 된다. 공공정원(Public Park) 개념으로 우선 왕실소유의 정원을 개방하게 되며, Green Park, Hyde Park, Kensington Garden, Regent Park 등이 바로 그것이다.

그 이후 1843년 법안 통과를 통해 시민의 힘으로 만든 노동자를 위한 녹지공간 비큰히드(Birkenhead Park) 공원이 만들어지게 된다. 이것을 보고 1858년 프레드릭 옴스테드(Fredric Law Omstead)가 뉴욕에 만든 것이 센트럴파크(Central Park)이며, 도시공원의 효시이기도 하다.

이상에서 도시공원은 도시근로자들의 생활환경개선 및 생명을 지키기 위한 필연적인 목적으로 만들어진 것이라는 사실을 알 수 있다. 따라서 당시의 공원은 현대의 도시공원과는 조금 다른 대규모의 수림대와 식재위주의 공간으로 구성되어 있는 것이 대부분이다. 이곳에서 도시의 노동자들은 정화된 공기와 물을 접할 수 있었으며 휴식을 취했으리라 생각된다.

그런 까닭에, 19세기 생겨난 도시공원은 「인간의 생명유지를 위해 생겨난 근대 산업시대의 치료약」, 「19세기 근대 산업도시의 병을 치료하는 발명품」이라 일컬어지고 있다.

이야기가 좀 길어졌으나 같은 맥락에서 본다면, 아름다운 경관을 형성하기 위해 계획을 세우고 시행·관리하는 작업은, 21세기 현대인들이 안고 있는 심리적 정신적인 측면을 좀 더 풍요롭고 편안하게 만들어주는 즉 정신을 건강하게 만들어주는 치료약이자 발명품이 되지 않을까 생각된다. 그런 의미에서 21세기 노벨평화상 수상이 충분히 가능한 분야가 아닐까 생각하는 건 필자만의 지나친 집착일지도 모르겠다.

순식간에 보급된 대한민국 국민의 경관의식

우리들이 경관에 대해 생각하게 된 것은 근래에 일이다. 특히 앞서 언급한 거주환경이나 생존과는 거리가 좀 멀어 보인다. 그래서 경관이란 것은 그리 중요해 보이지도, 목숨 걸고 지켜야 하는 것도 아닌 것 같다. 다만 아름다운 경관이 만들어지면 좋기야 하겠지 라는 막연한 기대만 있을 뿐이다.

그렇다. 지구를 지키기 위해, 우리들의 미래인 2세를 지키기 위해 경관이 반드시 필요한 것은 아니다. 그래서 경관에 대한

중세의 경관을 보존 관리하고 있는 성곽도시 카르카손(Carcassonne)(프랑스)

세계문화유산으로 지정되어 있는 밤베르크(Bamberg)의 도시경관(독일)

생각들을 공유하기란 참으로 어렵다. 왜냐하면 경관만들기란 모두가 마음을 모아 만들어가야 하는 것이기도 하며, 자기 자신을 조금 낮추고 남에게 양보하며 단기적으로는 약간의 손해를 보아가면서 이루어가야 하는 작업이기 때문이다.

일명 문화선진국이라 하는 유럽에서 경관의식이 가장 먼저 생겨났다고 책에는 쓰여 있다. 그런데 그들이 특별히 우리보다 의식수준이 높아서 그랬던 것이라 필자는 생각하지 않는다. 다소 과장된 표현일지는 모르겠으나 조상 덕에 남겨진 우수한 문화재가 많았고, 그것을 보기위해 찾아오는 관광객들을 맞이하기 위해, 더 많은 관광객들의 방문을 유도하기 위해, 결국 돈을 벌기위해 문화재 주변지역에 대한 관리를 하면서 경관의식이 싹트게 된 것이 아닐까 싶다. 문화재 주변을 정리하고, 높이나 형태 등을 규제하여 기존 문화재가 돋보이게 하는 등등이 이에 해당된다. 결국 아름다운 경관을 만들고 유지한다는 즉 경관을 지켜간다는 것은, 그 지역주민들의 윤택한 생활을 보장하는 것과 직결되어 있었기 때문이다.

유럽에서 그랬듯이 우리나라 역시 경관관리에 대한 생각은 문화재를 중심으로 이루어졌다. 다만, 문화재가 특정지역에 국한된 경우가 많아 경관관리로 인한 혜택을 실감하기 어려웠고, 한편으로는 과도한 제한구역 설정으로 인해 인근에 거주하는 주민들에게 문화재관리, 경관관리라는 것은 불편하고 때로는 불이익을 주기도 하는 규제에 불과한 것이라는 생각이 많았었던 것 같다. 그래서 앞에 내세우기 어려웠던 경관이라는 단어가 이제는 남녀노소 누구나가 적극적으로 아주 자주 사용하게 된 계기가 있다. 그것은 바로 용산 외인아파트 철거사업이다.

서울의 주요한 산인 남산 중심부에 자리한 외인아파트는

외인아파트 철거 전 남산의 모습

1972년 건축된 미군 및 외국인 거주를 위해 만들어진 당시 초고층(16F, 17F) 아파트이다.

필자의 어린 시절 기억으로 이 아파트는 아무나 살지 못하는 특권계층의 소유물로 부러움의 대상이기도 했으며, 사실상 그곳에 사는 사람의 입장에서는 남산을 가리고 있다는 생각보다는 주변경관이 우수한 지역에 자리한 전망이 아주 좋은 거주지라고 생각했을 것이다.

이후 1990년 경부터 서울의 도시경관을 생각하는 움직임이 생겨나기 시작했고, 당연히 이 노후된 외인아파트는 남산을 가리고 있는 골치덩이라고 인식되게 되었다. 그리고 남산의 원래 모습을 되돌리고자 하는 사업의 일환으로 이 아파트 건물의 철거가 결정되게 된다.

다만 아파트의 위치가 남산이며 서울 중심부에 자리하고 있는 만큼, 첨단공법을 사용하여 일순간에 건축물을 폭파하는 방안이 검토되었다. 그 결과 최첨단 기술을 이용하는 철거가 결정되게 된다. 그리고 최첨단 폭파의 모습을 보기위해 남산으로 많은 인파가 모여들었으며, 1994년 11월 20일 오후 3시에 그 순간을 TV에서 전국에 생중계하게 된다. 물론 첨단적인 폭파기술을 보여주기 위하여 전략적으로 방송을 시행한 것이었다.

필자를 포함해 그 광경을 보는 다수의 사람들은 남산의 옛 모습을 찾기 위해 건물을 없애버리는 모습을 보고 싶다는 마음은 뒷전이었고, 정말 일순간에 완전히 폭파가 가능할까 하는 호기심에 그 장면을 놓치고 싶지 않았던 것 같다. 폭파음과 함께 건물이 기울어지고 이어 뿌연 연기가 자욱하게 생겨났고, 그 연기가 없어지기를 모두가 기다렸다. 단순히 성공일까 실패일까를 확인하고 싶어서였다. 그리고 깨끗하게 건물이 파괴되었음을 확인함과 동시에, 그 모습을 바라보고 있었던 사람들의 눈에 들어온 것은, 지금까지 아파트에 의해 가려져 있던 남산의 모습이었다. '아! 맞아. 건물 뒤편에 남산이 있었지. 그리고 그 아름다운 남산의 경관은 외인아파트 주민만을 위한 것이 아니라 대한민국 국민 모두의 것이었지' 라는 당연히 지키고 누렸어야만 했던 자연경관에 대한 소중함이었다.

그 사건으로 인해, 경관에 대한 인식 아니 미디어를 통한 전 국민을 대상으로 하는 경관교육은 정말 순식간에 이루어졌다고 생각한다.

늘 그랬듯이 마음만 먹으면 한국인들은 정말 빠르다. 마음을 모아 함께 하는 것은 어느 나라보다 잘하는 우수한 민족이 아니었던가!!

환경지킴이를 통한 깨달음

대학에 있으면 NGO 등 시민 및 환경단체와 만날 기회가 많다. 특히 전공이 건설업 분야여서 더 그럴 것이다. 어느 날 지역의 환경연합에서 자문을 구하러 왔다. 지역의 특징적인 문화적, 역사적으로 매우 중요한 산이 있는데, 그 주변에 대형건축물이 들어서서 산을 가리게 되며 그 산에서 전면에 펼쳐져 있는 바다의 경관도 체험할 수 없게 된다는 이야기였다. 격양된 표정으로 흥분을 감추지 못하고 계신 그 분을 보고 무언가 전문가로서 협력을 해야겠다는 생각을 했다. 그런데 상황자료를 보니 문제가 좀 달랐다. 그 문제의 건축물은 대상지의 주요한 조망점에서 벗어나도록 계획되어 있었으며, 건축물 뒤편의 산이 배경(차경)이 되는 일상적인 조망점 역시 존재하지 않는 상황이었다. 그분께 한참을 경관보전에 대하여 그리고 조망점과 대상과의 관계 등 경관의 실제 적용방안에 대해 설명했던 기억이 있다.

겸연쩍어 하며 연구실을 떠나는 그분들을 보며, 스스로 깊은 반성을 했다. 왜 경관을 보호하는 것이 중요하며, 우리들의 생활환경 속에서 어떻게 적용시키며 함께 해야 하는지 좀 더 많은 사람들에게 알려주었어야 하는게 아닌가 하는 마음에서였다.

본서를 쓰게 된 이유도 그분들을 통한 깨달음 때문이리라. 그래서 경관전문가이건 아니건 상관없이 가능한 많은 사람들이 읽어주었으면 하는 바람이 있다.

중앙 산지관리위원회에서는 심의가 아닌 전문가 자문회의가 이루어졌었다

산림청 소속의 중앙 산지관리위원회는 산지전용에 대한 신청 및 변경에 대한 심의가 주로 이루어지는 곳이다(경관심의에 대해서는 II편에서 자세히 언급하기로 한다).

필자가 중앙 산지관리위원회의 위원으로 있을 당시는 유난히도 골프장 건설계획에 관한 안건이 많았다. 매달 열리는 위원회에서 5~7건 정도의 심의가 이루어졌던 것으로 기억한다.

골프장 건설에는 대규모 부지가 필요하며 당연히 경관이 우수한 지역에 만들어지는 경우가 많다. 천혜의 자연산림경관 또는 바다가 내려다보이는 그런 장소에 매력적인 골프장을 건설하는 일은 지역경제와 관광에도 도움이 되는 일이라 계획안들이 매달 올라왔다. 그런데 당시 떠도는 풍문에서는 중앙 산지관리위원회의 심의가 가장 까다롭다는 이야기가 있을 정도로 재심의가 빈번히 이루어졌었다. 10시에 시작하는 회의가 점심시간 없이 2시를 훌쩍 넘어서 끝나는 경우가 다반사였다. 그도 그럴 것이 골프장이나 채석장 개발과 같이 산지의 용도가 변경되는 경우, 계획내용 및 방향에 따라 자연경관에 미치는 영향은 지대할 수밖에 없었기 때문이다. 물론 심의는 경관을 포함한 다양한 분야에서 이루어진다. 그리고 넓은 부지의 확보와 막대한 비용과 시간을 전제조건으로 하는 골프장 건설계획에 유명 전문업체가 관여하는 것은 너무도 당연한 일이며, 안건으로 상정되는 대부분의 계획서들은 비교적 충실한 것이었다. 여러 분야의 전문가들이 사전에 계획서를 배부받아 검토한 후에 참석하는 회의이기에 세심한 지적이 많아질 수밖에 없었으며,

그 중 투자관리부분은 특히 중요했다. 사업을 진행하다가 혹 부도라도 나서 사업이 중단되게 되면, 처참한 나지의 형태로 마치 벌거벗은 산지가 대규모로 방치되는 상황이 발생되기 때문이다. 그래도 지적내용과 답변은 명확하게 이루어져 크게 시간이 소요되는 경우는 없었으나, 문제는 구체적인 수치로도, 돈으로도 확실한 증거를 대기 어려운 경관에 관한 사항이었다.

골프장 건설로 인한 산지경관에 대한 영향검토는, 비교적 명확하고 엄격한 기준이 산림청에 마련되어 있다. 산지전용으로 인한 경관변화와 영향을 살펴보기 위해, 조망점을 선정하고, 경관분석 및 시뮬레이션을 통한 경관예측을 시도하고, 경관훼손이 예상될 시에는 구체적인 저감방안을 마련하여 제시하는 3단계로 이루어지도록 되어 있다.

문제는 이렇게 명확한 방향이 제시되어 있음에도 불구하고 전문업체에서 시행하는 경관관련 서류가 대단히 미흡하다는 점에 있었다. 쉽게 말해 조망점을 어디에 선정해야 하는 건지, 경관분석은 어떤 방법으로 해야 하는 건지, 경관예측을 통한 저감방안 마련은 어떻게 해야 하는 것인지를 명확히 아는 실무담당자를 찾아보기 어려웠기 때문이다. 앞서 말한 경관학과도 경관전공자도 없는, 경관관련 전문교육을 체계적으로 받은 사람이 없는 당시의 상황에서는 당연한 일이기도 했다.

재심의로 결정이 나서 다시 심의를 해도 별반 변하는 것이 없어 부결되는 경우까지 생겨났다. 사실상 심의에 참석하는 전문가들 역시 실무경험들을 가지고 있는 연구기관이나 학계에 종사하는 사람들이 대부분이어서 마음이 편치만은 않았다. 몇 년간 계획을 세우고 시군의 각종 위원회를 거쳐 최종 산지관리위원회에서 심의를 받는 상황에서의 부결은 사업포기와 더불어 지역업체의 부도를 의미하는 것이기도 했기 때문이다.

중앙 산지관리위원회의 심의가 심의가 아닌 전문가 자문으로 바뀌게 된 것은 위원들의 자연스러운 변화였다고 생각한다. 계기는 한 용역업체 직원의 질문 때문이었다. 조망점 선정이 근본적으로 잘못되어 경관분석의 의미가 없어졌다는 지적에, 답변으로 날아온 것은 답변이 아닌 겸손한 질문이었다.

"그럼 위원님, 조망점을 어디다 잡아야 하는지 잘 몰라서 그러는데 구체적으로 좀 알려주시겠습니까?"

당황스러웠으나, 설명할 수밖에 ……. "이곳은 주요 접근도로가 여기이므로 조망점은 어디 어디에 추가해야 하고, 경관분석 시 조망방향은 이런 방향으로 하며, 저감방안은 ……, 이러저러한 방안 등을 모색해보아야 하지 않겠습니까?" 라고 …….

당연히 회의시간은 길어질 수밖에 없었다. 그리고 경관분야에서 상세자문이 이루어지기 시작하면서 그 외의 분야에서도 "통계치는 어디를 참고하시고", "이 계획안에 대한 타당성 분석은 이런 방법이 더 적합합니다." 등 심의가 아닌 전문가 자문이 이루어지는 변화가 나타났다.

물론 효과는 기대 이상이었다. 산지에서 경관분석을 통해 파악된 문제점을 해결하기 위해서는, 역시 골프코스의 위치와 연결형태 등 전반적인 계획이 바뀌어야만 했고 자연스럽게 기존의 주요생태 및 식생자원을 보전하고 지형변화를 최소화하는 배치계획으로 바뀌어 갔다. 그 결과 심의 전과 심의 후의 계획안은 한눈에도 알 수 있을 정도로 바뀌어 재심의에 상정되었다. 심의위원들은 눈 앞에 보이는 결과를 보면서 시간투자에 만족감을 느낄 수밖에 없었다. 그래서 더 열심히 심의가 아닌 전문가 자문을 했던 것 같다.

그러던 어느 시점에 한 위원이 워크숍에서 이야기를 꺼냈다. "이제 상정되는 계획서의 질이 많이 향상되었으니 이제는 제대로 된 심의를 합시다. 지금까지 우리들이 해온 것은 형식은 심의였으나, 실제 내용은 전문가 자문입니다. 산지관리위원회 본연의 목적으로 돌아와야 하지 않겠습니까? 그래야 업계도 발전합니다." 마음 속으로는 모두가 공감하고 있는 발언이었다.

시간이 지나면서 경관전공은 없지만 경관관련 전문지식을 습득한 경관전문가가 늘어나게 되어 생겨난 변화라 생각하며, 경관개념 정립이 미숙한 초기단계에서는 당연히 거쳐야만 하는 절차이기도 하고 학계에서 당연히 지원해야 할 작업이었다 생각한다.

경관에 대한 이해와 평가

이렇듯 경관에 대한 관심과 이해가 확산된 것은 관련분야에 종사하는 사람들에게는 매우 반가운 일이다. 생활환경을 만들어가는 소위 건설분야의 전문가들에게 본인들의 영역을 이해해준다는 건 고마운 일이며, 공감대를 넓혀갈 수 있는 좋은 기회이기 때문이다.

아울러 21세기의 환경시대에 사는 우리들에게 경관이란 인간과 환경을 이어주는 반드시 필요한 학문영역이며, 보다 아름답고 쾌적한 생활환경을 필요로 하는 인간이 존재하는 한 없어서는 안 될 미래가 기대되는 분야이기도 하다.

그런데 세상일이 그렇게 좋은 일만 몰아서 생겨나는 법은 없는 것 같다. 누구나 공감 가능한 영역이란, 전문성이 필요함에

도 불구하고 전문성만을 추구해서는 안 되는 특수성을 갖기 때문이다. 즉 우리들의 주변 환경에 대한 경관계획, 즉 아름답고 쾌적한 경관계획 본연의 목적을 살려 계획을 수립하는 과정은 고도의 전문성을 필요로 하는 직업이다. 그런데 경관디자인을 행하게 되는 단계가 되면 혹은 완성시키고 나면, 그에 대한 평가는 소위 풍경을 볼 수 있는 사람이라면 누구나 가능하기 때문이다.

이는 요리를 만들지는 못해도 음식의 맛은 누구나 느낄 수 있다는 것과 같다. "맛이 있네" "맛이 없네"에 대한 평가는 누가나 가능하며, 쉽게 평가를 내리게 된다. 그리고 다시 수정할 기회도 주지 않고, 그 음식점을 떠나 다시는 찾지 않는 것으로 음식에 대한 평가는 끝이 나버린다.

일반인들이 전혀 모르고 어려워하는 전문영역은 아주 많다. 복잡한 물리공식을 가져다 대거나, 최첨단의 공법에 대해 이야기하면, "아 그런 것도 있구나"하고 감탄사를 연발하게 되는 영역의 전문가들을 부러워했던 적도 있다. '나도 일반인들이 평가하기 어려운 그거 했으면 좋았을 것을 하고 …….'

하지만 모두가 공감하고 함께 나눌 수 있는 전문영역이라 힘이 들긴 하지만 행복하다. 공간을 만들어낸다는 것은, 특히 우리들의 눈으로 보고 체험할 수 있는 생활환경을 만들어 낸다는 것은 매우 현실적이며 매력적인 작업이기 때문이다.

하지만 늘 긴장이 된다. 모두가 지켜보고 있기에, 또 누구나 평가가 가능하기에 ……. 그리고 늘 우리와 같은 눈높이로 바라보고 있는 우리들의 미래인 아이들의 솔직담백한 평가가 무섭기 때문이다.

Ⅱ 편
경관계획의 기초지식과 적용기법

경관계획의 기초지식과 적용기법

제1장 경관과 경관계획

1. 경관(景觀, Landscape)

경관이란 우리들이 눈으로 보고 체험할 수 있는 환경이라 앞에서 언급했다. 그런데 우리들이 접하고 체험할 수 있는 환경에는, 긴 시간에 걸쳐 자연 스스로가 만들어낸 것도 있으며 또는 인간이 뚜렷한 목적을 갖고 단기간에 만들어낸 것도 있다. 그 다종다양한 환경을 우리 인간들이 일상 속에서 생활하면서 또는 잠시 방문하여 눈으로 보고 체험하게 되는 환경이 바로 경관이다.

경관과 유사한 용어로 풍경(風景)이 자주 사용되는데, 풍경이나 경치가 자연중심의 개념이라면 경관(景觀)이란 인간을 중심으로 생각하는 경치 또는 풍광을 의미한다(I편 참고).

일례로 인간이 아직 한 번도 보지 못한 원초적 환경을 경관이라 하지는 않는다. 즉 인간이 한 번도 보지 못한 지구의 환경, 풍경, 경치는 존재하지만, 단 한 번도 보지 못한 경관이란 존재하지 않는 것이다. 그리고 그곳을 인간이 발견하고 체험하게 되는 순간 또 하나의 새로운 경관이 탄생되게 되는 것이라 생각하면 이해가 쉬울 것이다. 이처럼 우리들이 눈으로 보고 체험할 수 있는 환경이 경관임에는 틀림없으나, 경관을 계획하는 작업을 수행하기 위해서는 좀 더 과학적이고 분석적인 접근이 필요하다. 이에 관점을 달리하여 경관의 정의를 다시 내려 보기로 하자.

경관이란「어떤 대상을 인간이 바라보는 행위에 의해 성립되는 현상」이라 할 수 있으며, 기본적으로 다음의 두 가지 전제조건이 필요하다.

첫 번째는, 우리들의 눈에 보이는 대상의 경우 그것이 지형이든 수목이든 혹은 거기에 인간이 포함되어 있든 상관없다. 다만 하나의 대상을 바라보는 경우(예를 들면 한 사람, 의자 하나, 하나의 건축물), 그것을 경관이라 하지는 않는다. 즉 경관이라는 용어 자체에는 이미 하나가 아닌 복수의 대상 또는 우리들의 눈에 보이는 전체적인 모습이라는 의미가 포함되어 있다고 보아야 할 것이다.

시노하라(修原 條)는「경관이란 대상의 전체적인 바라보임」이라고 했으며[1], 나카무라(中村良夫)는「경관이란 인간을 둘러싸고 있는 환경을 바라보는 것이다」[2]라고 정의하고 있다.

두 번째로는, 인간이 바라보는 행위에는 인간의 심리적 현상이 포함된다는 점을 들 수 있다. 예를 들어 바라보는 행위를 시각측면에 한정시켜 생각해보더라도, 인간들은 대상의 순수한 물리적 원형 그대로를 보는 것이 아니라, 주변상황에 따라 착시 현상이나 게쉬탈트(Gestalt, 대상이 규칙적으로 모여 보이는 현상) 법칙 등이 작용하게 되어 실제 물리적인 사실과 다르게 보이는 현상이 불가피하게 나타나게 된다. 게다가 개인적인 체험에서 형성되는 이미지나 공간 및 시간 등 상황에 따른 감정 등이 바라본다는 행위에 복잡하게 얽혀져 작용하기 때문에 인간의 심리적인 현상을 간과해서는 안 될 것이다.

이상의 전제조건들을 종합해 보면, 「경관이란 대상의 전체적인 바라보임이며, 그것을 계기로 형성되는 인간의 심리현상이 포함된 환경에 대한 인식」이라 정의할 수 있다.

2. 경관계획 (景觀計劃, Landscape Planning)

경관계획이란 시설이나 지역, 지구를 대상으로 경관의 이상적인 형태와 그것을 실현하기 위한 방법이나 과정을 논리적으로 제시하는 것을 의미한다.

경관계획은 크게 두 가지로 나누어 생각할 수 있다.

첫 번째는, 구조물이나 시설 등의 건설을 전제로 하는 경우에, 도입 또는 신설되는 시설에 의한 영향력이 기존의 경관을 어떻게 변하게 하는가에 대해 예측과, 그것을 근거로 한 시설 및 주변지역에 대한 경관형성 및 조정방법을 구축하는 계획행위, 예를 들면 개별적인 프로젝트의 수행 등이다.

두 번째는, 개별적인 대상이 아니라 특정지역 전체를 대상으로 하는 경우로, 지역 및 지구의 현재경관과 경관변화에 대한 동향 등을 파악하고, 그것을 근거로 한 경관형성의 목표설정 및 실현을 위한 방법을 제시하는 계획행위, 예를 들면 경관기본계획 수립 등이 이에 해당한다.

다만 경관계획은 일반적인 계획과는 차이가 있다. 그 이유는 경관계획의 대상과 주체가 통상적인 계획과는 다르기 때문이다. 여기서는 우선 경관계획의 대상과 주체에 대해 살펴보기로 하자.

1) 경관계획의 대상

경관이란 「대상 전체를 바라보는 것을 계기로 형성되는 인간의 심리현상이 포함된 환경에 대한 인식」이다. 이러한 경관을 계획하기 위해서는 「경관대상」과 「인간」 양쪽 모두가 계획의 대상이 되어야만 한다. 그런데 인간의 심리를 조작한다는 것은 어려운 일이기 때문에, 물적(物的, Material) 대상에 대한 취급이 계획행위의 중심이 될 수밖에 없다.

다만 우리가 어느 곳에서 대상을 바라보느냐(시점의 위치선정)에 따라 동일한 대상의 경관의 이미지가 변화되는 현상이 나타나게 되는데, 이는 경관계획에서만 가능한 특유한 조작영역이기도 하다. 즉 대상을 직접 변화시키는 것이 아니라 인간의 시점위치를 변화시킴으로써 다른 모습의 경관을 만들어낼 수 있다는 의미로, 보다 구체적인 내용에 대해서는 다음 장에서 다루기로 하겠다.

이렇듯 경관계획에서는 항상 공간 속에서 인간의 존재는 어떠한 위치와 상태인가, 물적대상은 어떻게 보이는가, 나아가 사람들에게는 어떠한 인상을 주고 있는가 등이 의식적으로 다루어져야만 한다. 결국 경관계획에서 취급하는 대상이란 물적대상 그 자체가 아닌, 시각을 매개로 하는「인간」과「경관대상」과의 상호관계에 대한 고려를 의미하는 것이라 이해하면 될 것이다.

또한 경관주체인 인간의 심리조작에 관해서는 특정한 이미지를 만들어내는 작업(Image Making)과 계발(啓發, Edification) 등을 생각할 수 있다. 특히 지역주민의 합의형성이 계획수행에 필수불가결의 조건이 되는 경우라면, 개발 등에 의한 경관주체의 조작이 주요한 계획대상으로 작용하게 되는 경우가 많다. 그리고 이와 같은 계획대상의 조작성에는 대상을 직접적으로 조작하는 방법뿐 아니라, 이미지 만들기, 개발, 협정체결 등을 통해 대상을 간접적으로 조작하는 방법도 있으며, 실제 상황에서는 간접조작이 더 큰 역할을 할 수도 있다.

따라서 경관계획의 포인트는 계획지역 내에서 경관에 영향력이 큰 대상의 존재가치에 직접적이든 간접적이든 조작 가능한 수법을 총동원하여 힘을 기울이는 것이며, 조작을 통해 얻어지는 대상을 활용하여 대상지역 전체의 질을 향상시키고자 주력하는 것에 있다고 하겠다.

2) 경관계획의 주체

경관계획에서 반드시 고려해야 할 사항은 계획주체에 관한 것이다.

경관이「대상의 전체적인 바라보임」이라는 관점에서 본다면, 첫 번째 계획주체는 당연히「공공기관」이 되어야 할 것이다. 물론 실제로는「공공기관」과「민간계획자」모두가 포함되게 될 것이다. 그렇지만 사람들이 바라보고 체험하게 되는 경관의 질은 대중(대상지역의 지역주민)이 만들어내는 다양한 구조물이나 시설과 공간들 그리고 대상지 고유의 자연환경에 의존되는 경우가 많다.

아울러 경관계획에서 주도적인 역할을 담당하게 되는 것은 공공기관이기는 하나, 그 계획주체가 실제로 직접 조작 가능한 대상과 영역은 지극히 제한되어 있는 경우가 많다. 그 이유는 전체적인 바라보임이라는 경관계획이 갖는 고유의 특성 때문이기도 하다.

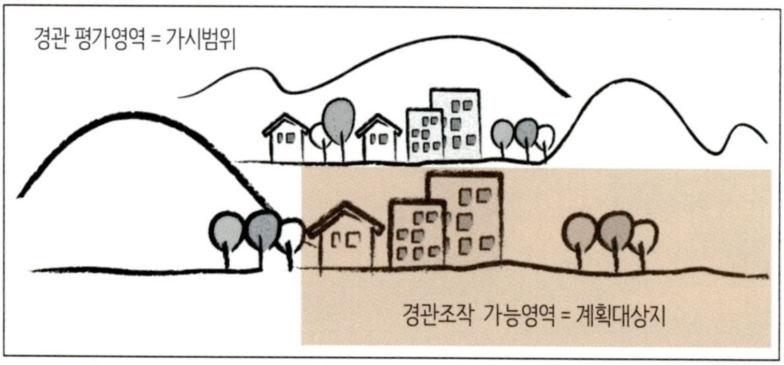

그림 1 경관계획에서 조작 가능영역과 평가영역의 범위

그림 1을 보면, 경관계획에서 직접 조작이 가능한 영역은 계획대상지의 범위 내로, 실제로 우리들의 눈에 보이는 경관영역(경관 평가영역)의 극히 일부에 불과한 것으로 나타나고 있다. 그러나 한편으로는 조작이 가능한 영역과 불가능한 영역의 대상사이에 적정한 조화와 합의를 얻어내는 것이 계획주체의 주요한 역할이기도 하다.

결국 지금 우리들의 눈앞에 펼쳐져 있는 경관은, 「자연」, 「대중」, 「공공기관」의 3자가 일체가 되어 만들어낸 것이라 할 수 있다. 따라서 이처럼 이미 준비되어 있는 「자연」이나 「대중」 역시 경관계획의 주체라고 생각하는 겸허한 마음가짐을 갖는 것이 경관계획가에게 반드시 필요한 덕목이 될 것이다.

3. 경관계획의 필요성과 가치

그렇다면 경관계획은 왜 필요한 것일까? 바꾸어 표현하자면 사람들은 경관계획을 통해 무엇이 이루어질 것이라 기대하고 있는 것일까에 대해 생각해보기로 하자.

너무도 당연한 이야기가 되겠으나, 경관계획의 필요성은 경관적인 과제의 유무에 기인한다. 즉 현재 주어진 상황이, 또는 어떠한 건설행위로 인해 만들어지리라 예상되는 경관 자체에 문제가 없다면 경관계획은 필요하지 않다. 그런데 무언가 문제가 발생하리라 예상된다면 경관계획은 반드시 필요한 작업이 된다.

경관에 문제점이 있다 또는 없다고 판단하는 경우에는, 당연히 그런 판단을 하게 하는 무언가의 근거가 있을 것이다. 그리고 그 근거의 밑바탕에는 경관에 대한 사람들의 가치기준이 존재할 것이다. 경관에 대한 가치판단, 즉 평가는 시간(시대)과 장소(지역성이나 경관의 종류) 또 대상의 특성과 그것과 인간과의 상호관계에 따라 달라지게 된다.

그리고 경관평가의 근거가 되는 경관이 보유하는 가치판단에 대해서는 다양한 관점에서의 주장이 있다. 예를 들면, 인간의 본능을 중시하는 관점, 행동과학적인 관점, 예술적인 관점, 철학적 존재론적 관점, 전통적 사상에서의 관점 등이다.

다만 이 책은 기초적인 이론을 다루고 있기는 하나, 실제 적용기법에 무게를 두고 있으므로, 실무에서 경관계획에 적용하기 쉬운 가치평가기준에 대해 살펴보기로 하자.

경관의 가치 즉 경관이 제공하는 의의를, 경관과 인간의 상호관련성을 중심으로 생각해보자. 경관의 유형을 인간과의 접촉정도 내지는 경험빈도에 따라 구분해보면, 생활하면서 늘 접하게 되는 「일상적 경관」과 특별한 기회에 가끔씩 접하게 되는 「비일상적 경관」으로 나눌 수 있다. 이 두 가지 타입의 경관에서 인간이 추구하는 가치는 서로 다르며, 그런 이유로 각 유형에 따라 경관계획의 목적과 방법은 달라져야만 한다.

대부분의 사람들은 「일상적 경관」과 「비일상적 경관」의 양쪽 모두를 경험하면서 살아가고 있다. 「일상적 경관」이란 자신이 거주하는 공간에서 얻을 수 있는 평범하고 익숙한 경관, 예를 들면 도시의 경관, 전원의 경관과 같은 것이다.

그것과는 대조적으로 「비일상적 경관」이란, 예를 들면 웅대한 스케일의 국립공원 경관, 관광지에서 체험하게 되는 경관 등 가끔씩 찾아가서 경험하게 되는 특별하고 익숙하지 않은 경관이 이에 해당된다.

물론 생활하는 입지 및 상황에 따라 「일상적 경관」과 「비일상적 경관」은 역전되기도 한다. 예를 들어 관광지에 거주하는 사람들에게는 그곳이 「일상경관」이 될 것이며, 관광객들이 평소에 생활하는 도시 및 전원의 경관이 「비일상적 경관」이 될 것이다.

그림 2 일상적 경관과 비일상적 경관의 의미

「비일상적 경관」의 가치는 평상시에는 접하지 못하는 새롭기도 하고 색다른 환경과의 접촉을 제공하는데 있으며, 인간을 계발(啓發)하고, 인간들에게 새로운 영감과 변화를 일으키는 원천이 된다는 점에 있다. 관광의 가치 및 기대효과도 이에 해당되는 것이다.

이와는 달리 「일상적 경관」의 가치는, 지루할 정도의 익숙함, 편안함, 친밀감, 쾌적함 등에 있다. 비유하자면 「일상적 경관」의 가치란 어머니의 고마움 또는 공기, 물 혹은 가족에게서 얻을 수 있는 가치에 해당될 것이다.

이러한 「일상적 경관」의 가치는 우리가 늘 인식하면서 살아가는 것이 아니라, 그 가치가 손실되고 난 후 혹은 다른 사람에게 지적을 받게 되거나, 다른 경관과의 비교를 통해 상황을 재인식하게 되고 나서야 비로소 그 가치와 고마움을 깨닫게 된다. 그 존재가치는 늘 우리 주변 가까운 곳에 있어 당연한 것으로 알고 있기에 잘 느끼지 못하고 있으나, 사실상 그러한 일상적인 것들이 우리 생활의 존재기반을 형성하고 있는 기본이자 필수적인 요소이다.

사람들은 일상 속에서 비일상과 만나게 된다. 예를 들면 어떤 요인으로 인해 기존경관이 파괴되거나 재개발에 의한 훼손 등에 직면하게 되었을 때, 또는 중병의 병상으로부터 집으로 복귀했을 때, 또는 연인에게 버림받았을 때에 그 존재의 고마움을 알아차리게 되며 그런 경험을 하게 되면 비로소 일상적인 것들의 존재가치가 뚜렷하게 인식되고 평가되게 된다.

그러나 무엇보다도 「일상적 경관」의 가치는 익숙함과 편안함에 있다고 보는 것이 옳을 것이다. 이는 다른 사람들의 눈에는 산만하고 불쾌해 보이는 거주환경이, 그 환경에 이미 익숙해져 있는 사람에게는 그곳이 만들어내는 경관이 일상생활의 존재기반 즉 생활 그 자체이기 때문에 편안함으로 느껴지게 되는 이유이기도 하다. 물론 일상적인 생활기반을 개선하는 것은 가능하지만 말이다.

결국 인간들에게 있어 경관이란, 일상적 체험과 비일상적 체험 양쪽 모두가 가치를 갖는 존재이기 때문에 당연히 각 유형에 따라 추구하는 가치와 목적에 부합하는 계획방향이 별도로 마련되어야만 한다.

이하의 사진은, 「일상적 경관」과 「비일상적 경관」의 사례이다.

사진 1 일상적 경관: 페스(Fez)의 주거지(모로코)

사진 2 일상적 경관: 깐느(Cannes)의 시가지(프랑스)

사진 3 일상적 경관: 런던(London) 지하철역 앞(영국)

사진 4 일상적 경관: 오즈(大洲)의 주거지(일본)

사진 5 일상적 경관: 에기나(Aegina)섬의 주거지(그리스)

사진 6 일상적 경관: 룩소(Luxor)의 전통주거지(이집트)

사진 7 비일상적 경관: 세계자연유산인 자이언트 코즈웨이(Giant Causway)의 주상절리(아일랜드)

사진 8 비일상적 경관: 게이랑에르 피요르드(Geiranger Fiord)의 협곡. 세계자연유산(노르웨이)

사진 9 비일상적 경관: 카이로(Kairo)의 피라밋(이집트)

사진 10 비일상적 경관: 로마(Rome)의 유적(이태리)

사진 11 비일상적 경관: 해안도로에 F1 자동차 경기장이 임시로 설치된 단기간의 경관. 모나코(Monaco)

사진 12 비일상적 경관: 나이아가라(Niagara) 폭포를 비일상적 시점(헬기 탑승)에서 조망한 경관(미국)

4. 경관계획의 목적과 역할

1) 경관계획의 목적

사람들은 각자 자신들이 가지고 있는 가치의식을 기준으로 현재 눈앞에 펼쳐지는 경관을 인식하고 평가하게 된다. 예를 들면 아름다운, 추한, 조화된, 혼란스러운, 지나치게 획일적인 등의 구체적인 평가를 시간과 장소에 따라 내리고, 그 해결을 추구하는 경향을 나타내게 된다.

경관을 계획하는 작업의 의의는, 표면적으로는 흩어져있어 상호맥락이 없어 보이는 각각의 요구들을 하나의 체계로 정리하고 통합해내는 것 그리고 경관이 보유하는 가치를 지역이나 시대의 요구에 따라 구체화하여 실현해내는 것에 있다. 그것이 시간과 장소에 좌우되지 않는 근원적인 경관의 가치를 실현하는 것이라면 이상적인 경관계획의 목적이 될 것이며, 이를 기초로 실제 상황에 맞추어 구체적인 과제의 해결방안을 마련하는 것이 바로 경관계획의 목표가 된다고 하겠다.

물론 경관계획을 수립함에 있어 계획의 대상이 되는 것은, 개별적인 시설을 취급하게 되는 경우(사물에 대한 경관계획)와, 지역이나 지구 등 넓은 면적공간을 대상으로 하는 경관계획(장소에 대한 경관계획)의 두 가지 경우를 생각할 수 있다.

그리고 두 가지 모두 다 계획의 최종적인 목표는, 「인간에게 의미가 있는, 풍요로운 체험을 보장하는 환경의 창출」에 있다. 이를 보다 계획적 관점에서 정의해보면 경관계획의 목표는 「인간에게 가치가 있는 경관을 보호(Preservation), 보전(Conservation), 활용(Improvement), 창조(Creation) 하는 것」에 있다.

2) 경관계획의 역할

경관계획에서는 각각의 계획대상지가 직면하고 있는 구체적인 과제를 수용하여 그에 적합한 목표를 세우고 계획수립으로 이어가게 된다. 이 때 경관계획을 통해 얻어지는 이득이자 경관계획의 역할은 크게 다음의 두 가지로 정리할 수 있다.

첫째는, 도시경관과 같은 특정지역이나 지구레벨에서 경관형성을 위한 방향을 정하는 일반적인 마스터플랜의 역할이다. 수립된 마스터플랜(경관기본계획)을 기본으로 하여 각기 다른 주체들이 실현하고자 하는 개별사업을 조성하고, 그에 따른 경관변화를 상호 조정해가는 큰 틀에서의 역할을 의미한다. 그런데 현재 우리들이 생활하고 있는 도시나 지역에서는 다양한 주체가 개별적으로 시설을 계획하고 만들어내고 있기 때문에, 통합성(Totality)이 결여될 수밖에 없다는 사실을 이미 잘 알고 있을 것이다. 따라서 우리들이 추구해야 할 경관계획의 역할은, 종래 종적횡적으로 분산되어 시행되어왔던 계획이나 시설정비 등을 통합해가는 과정을 거치면서, 경관대상지 전체를 하나로 만들어내는 것에 있다고 보아야 할 것이다. 우리나라에서 2007년 경관법 제정 이후, 각 시·도·군에서 이루어지고 있는 경관계획(도 경관계획, 시·군 경관계획, 특정 경관계획)에서 추구하고 있는 역할이 바로 이에 해당되는 것이라 보면 된다.

두 번째는 구체적인 사업(프로젝트) 시행시 해당지역의 개별대상이나 대상주변의 환경을 중심으로 이루어지는 것으로, 새로운 시설이 도입되는 환경(생태, 문화, 역사, 자연, 생활)을 배려하여 그 장소의 경관전체를 아름답게 형성해가는 역할이다. 이 접근에서는 단순히 대상의 아름다움을 추구하는 것뿐만 아니라 통합적인 환경의 아름다움을 얻어내고자 하는 것이 주요한 역할이 되겠다.

나아가 개별대상 자체의 계획·설계에 있어서는, 그것들의 실용적 기능충족을 위해 나타나게 되는 형태를 보다 세련되고 주변과 조화되는 아름다운 형태로 조정하는 작업 또한 경관계획의 역할이 되는 것이라 보면 된다.

5. 경관의 유형

경관의 유형은 분류기준 및 관점에 따라 달라지며, 학자에 따라 그 주장이 매우 다양하다. 본서에서는 계획관점에서 참고가 될 만한 유형에 대해서만 간단히 설명하기로 한다.

일반적으로 사용되는 기존의 유형분류로는, ①경관대상이 가지고 있는 특성에 근거한 분류방식과, ②시점과 대상과의 관계에 착목한 분류방식이 있다. 아울러 최근에는 ③경관구성요소와 대상지역의 위치에 따른 분류방식과 ④시점의 위치와 이동 등에 의한 분류방식 등이 실제 프로젝트 진행시 적용 가능한 경관유형의 분류방식으로 활용되고 있다.

1) 경관대상이 보유하고 있는 특성에 의한 유형분류

대상측이 가지고 있는 특성에 근거한 분류로, 예를 들면 경작지경관, 산림경관, 하천경관 등의 분류가 이에 해당된다. 경관유형은 경관주체 및 경관자원에 따라 크게 「자연경관」과 「인공경관」으로 나누어지며, 상세한 유형구분은 문헌, 학자, 관련기관에 따라 조금씩 차이가 있다.

임승빈(1991)은 경관을 「자연경관」과 「인공경관」으로 분류하고, 「자연경관」은 산림경관, 평야경관, 해양경관으로, 「인공경관」은 도시경관(가로경관, 택지경관, 교외경관)과 농촌경관(취락경관, 농경지경관)으로 세분하고 있다[3].

한편 지차제의 경관계획 보고서에서 가장 많이 사용되는 유형구분을 보면, 「자연경관」과 「인공경관」으로 이분하는 방식은 동일하나, 「자연경관」을 녹지경관(산지경관, 구릉지경관)과 수변경관(하천경관, 해안경관, 호소경관)으로, 「인공경관」은 역사문화경관과 시가지경관(주거지경관, 상업업무지경관, 공원녹지경관, 공업지경관, 공공시설경관 등), 기타경관(옥외광고물경관, 색채경관, 야간경관 등)으로 구분하고 있다.

이러한 분류방식은 이론적인 체계구축에는 매우 유용한 분류방식이다.

사진 13 자연경관-산림경관: 장자제(張家界)(중국)

사진 14 자연경관-해양경관: 나오시마(直島)(일본)

사진 15 자연경관-산림경관+해양경관: 로트루아(Rotorua)(뉴질랜드)

사진 16 자연경관-해양경관: 니스(Nice) 해안(프랑스)

사진 17 자연경관-하천경관: 레겐스브르크(Regensburg)(독일)

사진 18 인공경관-농촌경관: 농경지+촌락, 미야마(美山)(일본)

사진 19 **인공경관-농촌경관:** 구릉지, 윈더미어(Windermere)(영국)

사진 20 **인공경관-도시경관:** 두바이(Dubai)(아랍에미리트)

사진 21 **인공경관-도시경관:** 프라하(Prague)(체코)

사진 22 **인공경관-도시경관:** 오클랜드(Auckland)(뉴질랜드)

사진 23 **인공경관-주거지경관:** 보튼온더워터(Bourton on the water)(영국)

사진 24 **인공경관-역사문화경관:** 앙코르왓(Angkor Wat)(캄보디아)

사진 25 인공경관-역사문화경관: 콜로세움, 로마(Rome)(이태리)

사진 26 인공경관-야간경관: 쿠알라룸푸르(Kuala Lumpur)(말레이시아)

사진 27 인공경관-야간경관: 룩소르 신전(Luxor Temple)(미국)

사진 28 인공경관-야간경관: 라스베가스(Las Vegas)(미국)

사진 29 인공경관-옥외광고물경관: 깐느(Cannes) 영화제 시상식장(프랑스)

사진 30 인공경관-옥외광고물경관: 코펜하겐(Copenhagen)(덴마크)

2) 시점과 대상의 상호관계에 의한 유형분류

시점과 대상의 상호관계에 근거한 분류방식이다. 대표적인 유형으로는, 「파노라마경관」, 「위요경관」, 「초점경관」 등과, 「외부경관」과 「내부경관」으로 분류하는 경우가 이에 해당된다.

a) 파노라마경관(Panorama Landscape), 위요경관(Surrounding Landscape), 초점경관(Vista Landscape)

시점과 경관대상의 위치 및 공간구성에 따라 만들어지는 특징적인 경관유형을 추출해보면, 다음의 세 가지를 생각할 수 있다. 경관디자인에서 경관연출기법으로도 활용 가능한 「파노라마경관」, 「초점경관」, 「위요경관」이 바로 그것이며, 그림 3은 세 가지 유형에서 시점과 대상의 관계 및 공간구조를 도식으로 나타낸 것이다.

멀리까지 시야가 확보되는지 아닌지는 경관의 인상을 크게 좌우하게 된다. 이처럼 조망시야가 제한받지 않는 멀리 트인 경관이나, 높은 곳에서 내려다보는 조감도적 성격의 경관유형을 「파노라마경관」이라 한다. 개방감이 느껴지는 경관이기는

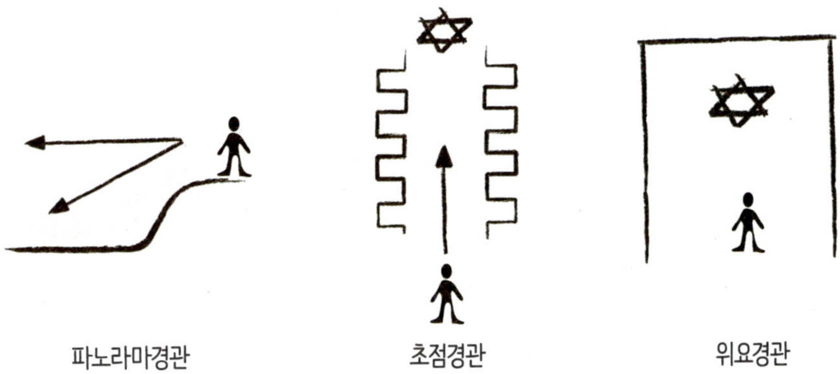

그림 3 시점과 경관대상의 관계에 의한 경관의 유형

사진 31 **파노라마경관:** 포트 캠벨 국립공원(Port Campbell national park)에서 바다를 조망(호주)

사진 32 **파노라마경관:** 노이슈반스타인 성에서 퓌센(Fussen) 지역을 내려다 본 경관(독일)

사진 33 **파노라마경관:** 간푸산(寒風山)에서의 조망(일본)

사진 34 **파노라마경관:** 베네치아(Venice)의 종탑에서 시가지를 조망(이태리)

사진 35 **파노라마경관:** 로트루아(Rotorua)(뉴질랜드)

사진 36 **파노라마경관:** 골드코스트(Gold Coast)(호주)

하나, 아늑함이나 프라이버시를 유지하기는 어려운 경관유형이다(사진 31~36 참조).

반대로 중경 혹은 근경역 안에서만 시야가 한정되게 되는 경우, 관찰자는 둘러싸여진 것 같은 인상을 강하게 받게 되는데 이러한 유형을 「위요경관」이라 한다. 둘러싸여진 위요된 느낌을 주는 경관유형으로, 대상공간의 규모 및 구성요소에 따라

사진 37 위요경관: 수목에 의해 형성된 위요공간. 루아르(Loire)(프랑스)

사진 38 위요경관: 해안 암석지형에 의해 형성된 아늑한 위요공간. 포트 캠벨(Port Cambel) 국립공원(호주)

사진 39 위요경관: 브리스번(Brisbane)의 올림픽 기념공원. 수목과 구조물에 의해 위요감이 형성(호주)

사진 40 위요경관: 건축물에 의해 삼면이 둘러싸인 광장. 위요감 및 일체감 형성. 베니스(Venice)(이태리)

안정감 또는 폐쇄감이 나타나게 된다. 일반적으로는 아늑하고 정적인 느낌을 주는 경관유형이다(사진 37~44 참조).

「초점경관」은 관찰자의 시선이 경관 내의 어느 한 점으로 유도되는 경관유형이다. 이 유형은 동적이미지 또는 강한 방향성을 부여하고자 하는 경우나 경관대상을 강조하고자 하는 경우 활용 가능한 경관유형이다(사진 45~52 참조).

사진 41 **위요경관**: 그라나다(Granada)의 알함브라(Alhambra) 궁전. 중정에서는 건축물에 의해 둘러싸여진 위요감을 강하게 느낄 수 있다.(스페인)

사진 42 **위요경관**: 경관대상물 주변을 둘러싸는 형태의 공간연출은 아늑함 외에 관심도를 높이는 효과도 있다. 루아르(Loire)(프랑스)

사진 43 **위요경관**: 도로 선형과 인접 건축물의 높이 및 배치방식에 의해 강한 위요감이 생겨난 사례. 런던(London)(영국)

사진 44 **위요경관**: 오벨리스크를 중심으로 건물을 원형으로 배치하여 위요공간을 만들어 낸 사례. 바티칸(Vatican)(이태리)

사진 45 **초점경관**: 두브로브니크(Dubrovnik)의 시계탑과 주변건축물에 의한 비스타 형성(크로아티아)

사진 46 **초점경관**: 분수를 축으로 한 비스타 형성 사례. 상트페테르부르크(Sant Petersburg) 여름궁전(러시아)

사진 47 **초점경관**: 시선집중의 중심축으로 상징조각물을 활용. 오슬로 비겔란(Vigelands) 조각공원(노르웨이)

사진 48 **초점경관**: 수목 열식에 의한 방향성 및 비스타 형성해 낸 사례. 앙코르와트(Angkor Wat)(캄보디아)

사진 49 **초점경관**: 루아르(Loire) 앙부아즈(Amboise) 성. 경관대상을 초점에 배치하여 시선을 집중(프랑스)

사진 50 **초점경관**: 파리(Paris)의 랜드마크인 에펠탑은 초점이 되는 중심축 역할과 강한 방향성을 보유(프랑스)

사진 51 **초점경관:** 뮌헨 남펜루르크(Nymphenburg) 궁전. 수목 및 수공간 배치로 시선집중효과 유도(독일)

사진 52 **초점경관:** 워싱턴(Washintan D. C) 기념탑. 개방적인 수공간의 존재는 집중효과를 높여줌(미국)

b) 외부경관과 내부경관

대상경관을 계획영역의 외부에서 보고 느끼고 조작하는 경우를 「외부경관」, 내부에서 보고 느끼고 조작하는 경우를 「내부경관」으로 구분한다. 여기서 「내부경관」이란 대상영역 내부의 구성요소에 의해 만들어지는 경관만을 의미하는 것이 아니라, 그 내부의 시점에서 영역 밖을 바라보는 경관까지도 포함하는 개념이다.

「외부경관」과 「내부경관」을 취급하는 전형적인 예로는 고속도로 경관 등 자연경관지역에 인공시설이 도입되는 경우를 생

그림 4 내부 및 외부조망에 의한 경관유형의 분류

각할 수 있다. 고속도로 경관의 경우에 도로이용자가 체험하는 경관은 「내부경관」이 될 것이며, 도로 주변에 거주하는 주민이나 도로가 보이는 지역에서 얻어지는 경관은 「외부경관」이 될 것이다.

또한 산림경관지역에 조성되는 골프장의 경우에는 산림지역 외부나 골프장으로 접근하는 도로상에서 보이는 경관은 「외부경관」이 될 것이며, 골프장 시설을 구성하는 요소들이 만들어 내는 경관과 골프장 이용자가 체험하는 경관은 「내부경관」이 되는 것이라 생각하면 된다.

사진 53과 사진 54는 「외부경관」과 「내부경관」의 사례이다. 사진 53은 중국 장자제(張家界)에 조성된 관광도로, 스리화랑(十里畫廊)의 모습을 멀리서 바라본 것으로 「외부경관」의 유형에 해당한다. 이와는 달리 사진 54는 산 정상으로 이동하는 스리화랑(十里畫廊)에서 도로이용자가 주변경관을 바라보며 체험하게 되는 경관유형으로 「내부경관」에 해당되는 것이라 할 수 있다.

사진 53 외부경관: 장자제(張家界)에 조성된 도로인 스리화랑(十里畫廊)을 멀리서 바라본 경관유형(중국)

사진 54 내부경관: 산 정상으로 이동하는 스리화랑(十里畫廊)에서 주변을 바라보며 체험하는 경관유형(중국)

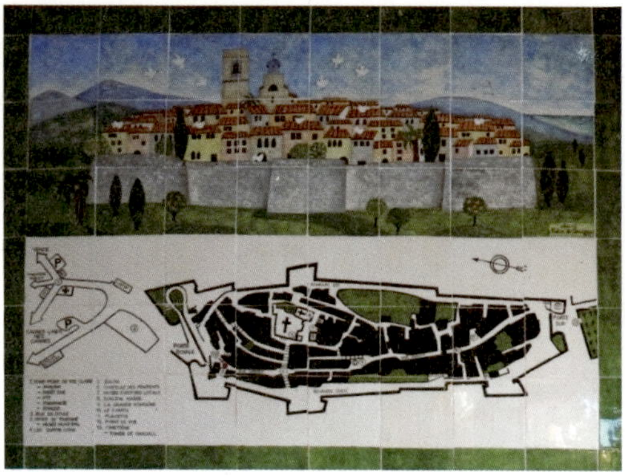

사진 55 프랑스 남부지역 에즈(Eze)의 마을안내도

사진 56 **외부경관**: 마을 아래 접근도로, 즉 대상지 밖에서 바라본 절벽 위의 중세마을 에즈(Eze)의 경관

사진 57 **내부경관**: 마을 안에서 체험하게 되는 경관

사진 58 **내부경관**: 마을 안에서 체험하게 되는 경관

사진 59 **내부경관**: 마을 안에서 바깥 바다를 조망

사진 60 **내부경관**: 마을 안에서 외부경관을 조망

사진 56은 프랑스 남부에 위치한, 절벽 위의 아름다운 마을이라 불리는 에즈(Eze)의 전경이다. 이곳을 대상으로 하여 「외부경관」과 「내부경관」에 대해 조금 더 자세히 살펴보기로 하자.

제시된 사진 55는 에즈(Eze)의 마을안내도로, 상점가의 외벽에 부착되어 있는 것이다. 이 안내도 상단에는 절벽 위에 자리한 마을전체의 모습이 표현되어 있으며, 하단에는 마을 내부의 지도가 그려져 있다. 이 안내도를 참고로 한다면, 상단의 그림은 외부에 존재하는 시점에서 마을(대상)을 바라본 모습이므로 「외부경관」에 해당되는 것이며, 하단의 그림지도에 나타난 흰색의 도로를 여기저기 이동하면서 보이는 마을의 모습, 즉 마을 내부에 존재하는 시점에서 마을(대상)을 바라보며 체험하게 되는 경관을 「내부경관」이라 이해하면 된다. 따라서 사진 56은 「외부경관」이 될 것이며, 사진 57과 사진 58은 마을 안에서 마을 내부를 바라본 「내부경관」, 사진 59와 사진 60은 마을 안에서 마을 밖을 바라본 「내부경관」이 된다.

3) 경관구성요소와 대상지역의 위치에 따른 유형분류

앞에서 설명한 1)과 2)의 경관유형분류는 대상지의 성격을 파악하는데 매우 유용한 분류방식임에는 틀림없으나, 경관대상지역에서 무언가 예상되는 문제점을 파악하고 계획방향을 정확하게 설정하기 위해서는 조금 더 포괄적이고 분석적인 관점에서 대상지의 경관유형을 이해할 필요가 있다.

우리가 경관계획을 세우기 위해서는 경관관리를 필요로 하는 경관대상지가 어떠한 성격을 갖는 장소인가, 또 어떠한 요소로 구성되어 있는가를 먼저 인지하고 이해하는 작업이 필요할 것이다.

이와 같은 관점에서 볼 때, 경관대상을 「구성요소」와 대상지역이 위치한 「지역」의 관점에서의 판단해보는 유형구분은, 계획대상지의 경관특성을 파악하고 계획 및 관리방향을 설정하는데 매우 용이한 방식이라 생각된다.

이 유형구분에서는 그림 5와 같이 가로축은 「지역」의 위치에 따라 「도시지역」과 「자연지역」으로 구분하고, 세로축은 「구성요소」에 따라 「자연적 경관요소」와 「인공적 경관요소」로 나누고 있다. 계획측면에서 살펴본 각 유형별 경관특성과 예상되는 훼손요인 그리고 관리방향을 기존 연구를[4), 5)] 근거로 재구성 및 관련내용을 추가 정리하면 다음과 같다.

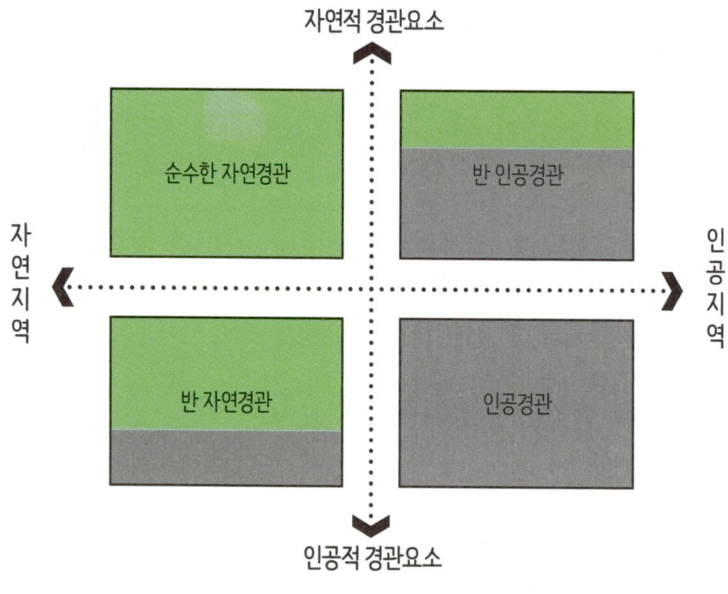

그림 5 경관대상의 「구성요소」와 「지역」을 기준으로 분류한 경관유형
(출전: 자연경관계획 및 관리, 2004, p.8에서 재작성)

a) 순수한 자연경관

① 경관특성

자연지역에 위치하는 경관으로, 인공적 요소의 침입이 전혀 없는 순수한 원형의 자연경관을 뜻한다. 예를 들면, 산과 강, 바다 등을 포함하고 있는 국립공원지역이 이에 해당된다.

대부분 국립공원이나 보존지역 등으로 지정되어 개발이 제한되어 있는 등 경관훼손이 제도적으로 금지되어 있는 경우가 대부분이다.

사진 61 **순수한 자연경관:** 피요르드, 요스테달 빙하국립공원(Jostedalsbreen Nasjonal Park)(노르웨이)

사진 62 **순수한 자연경관:** 포트 캠벨 국립공원(Port Campbell National Park)에서 바다를 조망(호주)

사진 63 **순수한 자연경관:** 세계자연유산 블루마운틴 국립공원(Blue Mountains National Park)(호주)

사진 64 **순수한 자연경관:** 브라이스 캐년 국립공원(Bryce Canyon National Park)(미국)

사진 65 순수한 자연경관: 두바이(Dubai) 사막의 산악경관(아랍 에미리드 연합)

사진 66 순수한 자연경관: 세계자연유산인 폴리트비제 국립공원(Plitvice Lakes National Park)(크로아티아)

② 경관훼손요인

산불, 설해, 홍수 등 자연재해로 인한 경우가 대부분이며, 불법채취, 벌목, 수렵 등도 이에 해당한다.

③ 경관관리방향

불법채취, 수렵 등에 대한 지속적이고 강력한 단속이 요구되며, 산불, 홍수 등 자연재해에 대한 효율적 대처 및 병충해 등에 의한 경관훼손에 대하여 사전대비가 필요하다.

아울러 자연경관에 영향을 주는 개발사업이 자연지역을, 특히 백두대간 단절 등 침범하는 일이 없도록 사전에 제도적 장치를 만드는 것이 중요하다.

b) 반 자연경관

① 경관특성

자연지역에 위치하는 경관으로, 자연적 요소가 주배경이 되며 이곳에 인공적 요소가 도입되는 경관을 뜻한다. 예를 들면, 자연지역에 도로, 댐, 교량 등 대형 토목구조물이 건설되거나 인공건축물 등이 부분적으로 도입되는 경우가 이에 해당된다.

이 유형은 자연경관에 대한 훼손이 가장 많이 이루어지는 경관유형으로, 기존 자연지형의 보전, 구조물의 도입위치와 규모, 상호 배치관계, 색채 등의 조정을 통한 경관보전 및 적극적인 관리노력이 요구되는 타입이다. 최근 고속도로 건설, 댐, 신도시, 공업단지 및 관광단지 조성 등 국토개발 진행에 따른 심각한 경관훼손이 예상되는 유형이다.

② 경관훼손요인

도로, 교량, 댐 등 대형 토목구조물과 국립공원 인근의 호텔, 콘도 등 대형건축물 등이 주요 요인으로 작용하게 되는데, 도입되는 요소의 위치, 규모 및 형태에 따라 경관훼손의 정도가 크게 달라진다. 예를 들어 특징이 없는 자연경관지역의 경우에 소규모 인공적 요소의 도입이 이루어지게 된다면, 이는 주목을 끄는 흥미요소로 작용하는 등 긍정적인 효과를 초래할 가능성도 있다. 그러나 그 외의 이질적인 인공구조물 도입이나 도로건설 등에 의한 공간분리, 대규모 절개사면 발생 등 토목구조물의 도입은 자연지역 경관의 질을 현격히 저하시키는 원인이 된다.

사진 67 반 자연경관: 산 정상의 메테오라(Meteora) 수도원. 형태 및 색채는 주변과의 경관조화를 도모(그리스)

사진 68 반 자연경관: 노출이 어려운 분지지형을 이용하여 거대 규모의 후버(Hoover) 댐을 건설한 사례(미국)

사진 69 반 자연경관: 배후림을 고려하여 인공구조물이 두드러지지 않도록 조성한 테시마(豊島)의 미술관(일본)

사진 70 반 자연경관: 주변경관을 고려, 스카이라인 및 디자인을 조정한 건물. 스톤헨즈(Stonehenge)(영국)

사진 71 반 자연경관: 주변 자연경관과의 조화를 위해 교량의 소재 및 색채를 조절. 플롬(Flam)(노르웨이)

사진 72 반 자연경관: 프레즈노(Fresno)에 집단적으로 설치된 풍력발전. 불용지역에 새로운 경관을 형성(미국)

사진 73 반 자연경관: 자연지역인 장자제(張家界)에 설치된 백룡 엘리베이터. 위압감과 이질감이 느껴짐(중국)

사진 74 반 자연경관: 부적절한 위치에서 이루어진 석재 채취로 훼손, 노출된 산지경관. 야시마(屋島)(일본)

③ 경관관리방향

자연지역에 인공구조물이 들어가게 되므로, 경관훼손을 최소화하기 위해서는 적극적인 계획 및 관리가 필요하다. 특히 계획의 초기단계에서 주변경관과의 조화 등에 대한 분석과 검토는 필수적인 사항이다.

가장 중요한 계획포인트는 자연경관지역에 위치하는 만큼 자연경관의 보존과 상호조화가 중시되어야 하며, 도입되는 인공시설을 자연 속에 맞추어 넣는 형태의 계획, 즉 자연중심의 계획이 이루어져야 한다는 것이다. 따라서 인공구조물의 도입은 초소한의 규모로 유도하고, 불가피한 시설에 대해서는 자연경관과 조화되는 형태와 색채를 사용하며, 절개사면은 최소화하는 등 입지계획 수립 시부터 신중한 검토가 이루어져야 할 것이다.

최근에는 신속하고 친환경적인 사면처리공법이 새롭게 개발되어 있어 마치 이 기술을 뽐내듯이 대규모 절개사면에 적용시키는 사례도 간혹 발견되고 있다. 그러나 이러한 최첨단 기술의 도입보다는 절개사면 자체가 생겨나지 않도록 지형지세를 고려하여 인공시설의 도입위치를 결정하는 것이 근원적으로 경관훼손을 줄일 수 있는 이상적인 계획관리 방안이 될 것이다. 아울러 경관영향평가의 제도적 장치마련 및 경관영향평가기법의 개발 또한 요구되는 유형이라 하겠다.

c) 반 인공경관

① 경관특성

도시지역에 위치하는 경관으로, 인공적 요소가 주배경이 되며 자연적 요소가 부분적으로 자리하는 경관유형을 뜻한다.

사진 75 반 인공경관: 도심 내 하천과 녹지를 연계, 인공 시설물과의 조화를 도모. 몬트리올(Montreal)(캐나다)

사진 76 반 인공경관: 구릉지의 스카이라인을 보전하면서 건축물을 배치. 샌프란시스코(San francisco)(미국)

사진 77 반 인공경관: 도심 내에 조성된 녹지 및 휴게공간. 런던(London)(영국)

사진 78 반 인공경관: 모나코(Monaco) 리조트단지로 배후 산에는 상부녹지 및 스카이라인이 잘 보전되고 있음

사진 79 반 인공경관: 도심 내 녹지공간이 군데군데 배치되어 상호연계가 가능한 오클랜드(Auckland)(뉴질랜드)

사진 80 반 인공경관: 시가지 주변의 자연요소를 보전, 연계 관리가 중요. 레겐스부르크(Regensburg)(독일)

예를 들면, 도시지역에 산재해 있는 구릉지, 녹지, 하천 등의 자연요소를 포함하는 도시경관이 이에 해당된다.

② 경관훼손요인

도시 내에 존재하는 구릉지, 녹지, 하천 등의 자연경관요소가 도시개발 및 확장 등에 따른 건축물 등 인공구조물에 의한 녹지잠식 및 고층건물 등에 의한 상대적 왜소화 그리고 시각적 차폐현상 등이 경관훼손의 주요 요인이 된다. 아울러 시각적 단절 및 스카이라인의 훼손 등도 중대한 문제 중의 하나이다.

③ 경관관리방향

도시 내의 자연경관요소를 보호한다는 차원에서의 관심이 필요하며, 자연요소의 잠식과 차단 등에 대비하여 녹지공간의 잠식방지 및 시각적 접근성 확보를 위한 시각회랑형성 등에 대한 노력도 요구된다.

「반 인공경관」의 경우는 「반 자연경관」과는 달리 도시경관의 관리가 중심이 되어야 하며, 기 보유하고 있는 자연적 경관요소들이 잠식 또는 왜소화 되지 않으면서 상호 조화된 경관이 형성될 수 있도록 하는 작업이 관리포인트가 된다. 아울러 도시지역에서 자연적 요소들이 유기적으로 연결되어 그 본연의 역할을 충실히 수행할 수 있도록 계획하고 관리하는 것이 중요하다. 따라서 재개발 등에 의한 토지이용이나 신축건물에 대한 구체적이고 현실적인 경관계획 및 심의기준을 마련하는 작업도 필요하다.

d) 인공경관

① 경관특성

도시지역에 형성되는 경관으로, 인공시설물이 중심이 되며

사진 81 인공경관: 마하스(Mijas)의 가로경관(스페인)

사진 82 인공경관: 런던 캠든(Camden) 상가경관(영국)

사진 83 인공경관: 스톡홀롬의 감라스탄(Gamla Stam) 광장(스웨덴)

사진 84 인공경관: 로텐부르크(Rothenburg)의 가로경관(독일)

사진 85 인공경관: 시에나(Siena)의 캄포광장(이태리)

사진 86 인공경관: 밀라노(Milano) 엑스포 현장(이태리)

자연적 경관요소가 거의 없는 경관유형이다. 예를 들면, 시가지 경관 등이 이에 해당되며, 가로패턴, 건축물의 형태, 규모, 색채, 간판 등이 주요 경관요소가 되는 경관이 이에 해당한다.

② 경관훼손요인

이 유형은 근경으로 조망되는 경우가 많아, 경관체험을 위한 조망점 및 이동동선의 위치선정과 공간확보 등에 따라 경관훼손 여부에 미치는 영향이 달라진다. 따라서 인공경관을 구성하는 구체적인 요소 즉 가로, 간판, 시설물, 조명, 건축물의 배치, 형태, 색채, 높이 등의 부조화 및 복잡성 등에 의한 경관의 질 저하가 경관훼손의 주요요인으로 작용하게 된다.

③ 경관관리방향

인공적 요소 중심의 경관이므로 도시경관 및 도시설계 차원에서의 관리방안이 요구된다. 따라서 도시경관을 구성하는 경관요소 등을 상호 조화되도록 계획 관리하며, 장소적 특성을 살리는 통합된 디자인을 만들어내고 도입하는 것이 관리포인트가 된다.

더불어 지역별로 장소성을 살릴 수 있는 가로 및 단지 경관형성을 위한 건물의 형태, 색채, 조경, 토지이용 등에 대한 계획 및 구체적인 관리기준을 마련하는 것이 필요하다.

이상에서 살펴본 4가지 경관유형 가운데 「반 자연경관」과 「반 인공경관」의 두 가지 유형은 자연요소와 인공요소가 혼재한다는 점에서는 유사해 보이나, 그림 5에 나타난 바와 같이 대상유형이 자리하고 있는 지역이 확연히 다르다는 점을 잊어서는 안 된다. 또한 대상경관의 주체가 되는 요소와 비중에 차이가 있다는 사실을 명확히 인식해야만 할 것이다.

다시 한 번 정리하자면 「반 자연경관」의 경우 도입되는 인공요소는 「자연경관」의 보전에 우선하면서 조화를 이루도록 하는 것이 경관계획의 포인트가 될 것이다. 이에 비해 「반 인공경관」의 경우는 「인공경관」이 중심이 되어야 하지만 부분적으로 존재하는 자연요소의 유지 및 연계, 왜소화 방지 그리고 상호조화를 이루도록 하는 것이 경관계획의 포인트가 된다고 하겠다.

예를 들어 대상지역에 새로운 건축물이 도입되는 경우를 생각해보기로 하자.

「반 자연경관」의 유형에서는 도입건축물의 위치, 규모, 색채 등을 고려하여 기존의 자연경관을 훼손시키지 않도록, 주변경관과 조화되도록 혹은 잘 눈에 뜨이지 않도록 조성해야만 할 것이다. 그러나 「반 인공경관」 유형의 경우에는 관점이 달라져야 한다. 즉 도입건축물은 주변의 도시경관(인공경관) 지역과 조화되는 형태와 규모가 되도록 계획하여야 할 것이며, 기존 녹지 등 자연요소를 잠식, 왜소화, 단절하는 방식이 아닌지를 검토하면 될 것이다. 결국 같은 인공건축물이 도입된다 하더라도, 그것이 도입되는 지역 즉 4가지 경관유형 중 어디에 해당하느냐에 따라 계획방향과 훼손요인 그리고 관리 등에 대한 실제적인 내용은 크게 달라진다고 하겠다.

따라서 무조건 도입되는 건축물의 높이를 제한한다던가, 눈에 뜨이지 않는 형태나 색채사용 등을 요구하는 것은, 대상지역의 경관특성을 고려하지 못한, 결과적으로는 어디를 가도 동일한 경관계획이나 관리기준이 적용되는 특색없고 흥미롭지 못한 경관을 만들어내는 원인이 되기도 하는 것이다.

경관의 유형구분은 이론적인 정립을 위해 필요한 것이 아니라 실제 경관계획을 수립하는 경우, 계획대상지가 어떠한 지역에 위치하며 어떤 경관특성을 갖는 유형인지를 파악하고, 그 유형에 적합한 계획원칙을 인식하고 찾아내기 위한 가장 초보적이며 중요한 계획단계라 하겠다.

따라서 경관적으로 문제가 발생할 가능성이 있다고 판단되는 경우에는 최우선적으로 경관계획의 대상지가 위의 4가지 경관유형 중 어디에 해당하는가를 반드시 파악하여야만 한다. 그리고 이 단계는 결코 간과해서는 안 될 기본적이며 주요한 과정이라 하겠다.

그런데 실제 작업에 들어가게 되면 곤란한 상황이 발생하기도 한다. 유형구분에서 「자연경관」과 「인공경관」을 나누는 것은 문제가 없으며, 분명 어떤 지역이냐에 대한 판단은 도시계획상으로 토지이용이 확연히 구분되어 있어 「도시지역」인지 「자연지역」인지는 정확히 알 수 있다. 평면상으로는 말이다. 그런데 경관이란 우리 눈에 보이는 환경을 다루는 것이다 보니 당연히 3차원의 공간개념이 들어가게 된다. 내가 계획해야 하는 대상지역이 「도시지역」이며 경관유형 중 「반 인공경관」에 해당되나, 바로 뒤편에 「자연지역」이 자리하고 있어 뒤에 산이나 강이 보이게 되는 상황이 발생할 수도 있다는 사실이다. 그렇다면

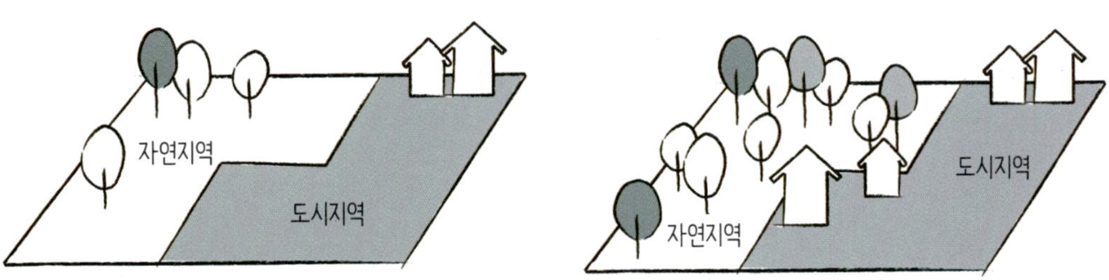

그림 6 경관대상지가 어느 지역에 위치하느냐에 따라, 각 유형별 경관특성 및 훼손요인 그리고 관리방향은 명확히 달라지게 된다(좌측의 예시도). 그러나 우측의 예시와 같이 각기 다른 지역의 경계부에 경관대상지가 위치하게 되는 경우에는, 양측지역 모두를 고려하는 세심한 검토가 필요하다.

이 경우 경관유형에 따른 경관계획이나 훼손요인, 관리방향은 어떻게 설정해야 하는 것일까 망설일 수밖에 없다(그림 6 참조).

우리의 생활환경은 이론처럼 「지역」도 「경관구성요소」도 명확하게 나뉘어져 있는 경우는 거의 없다. 따라서 중첩되는 상황이 나타나면 당연 양쪽 측면 모두를 고려하여야만 할 것이다. 다소 복잡하고 어려운 상황이 되긴 하겠으나, 이러한 복잡한 상황을 잘 처리해낸다면 경관계획의 효과는 더 커질 것이며 경관관리방안 역시 용이하게 찾아낼 수 있을 것이다.

4) 시점의 위치와 이동 등에 의한 유형분류

시점의 위치와 시점의 이동유무 등에 착목한 유형분류로, 이후에 다루게 될 「장면경관」과 「연속적 경관」이 이에 해당한다(II편 2장 참고).

그림 7 시점의 위치와 이동에 의한 경관유형 분류

그림 7-a에 제시한 바와 같이 「장면경관」이란 어느 한 지점 즉 고정된 지점에서 관찰자가 한쪽 방향을 바라보는 것을 상정한 것으로, 사진이나 풍경화 등으로 대치될 수 있는 개념이다. 이 개념은 시점의 설정 및 기존의 시점에서 경관연출을 계획하

는 경우 활용 가능한 분류방식이다.

사진 87과 사진 88은 고정된 시점에서 제한된 시야(카메라 렌즈의 범위)로 체험한 「장면경관」의 예시이다.

사진 87 **장면경관:** 마르세이유(Marseille) 광장(프랑스)

사진 88 **장면경관:** 니세코(Niseko)의 고원습지(일본)

「연속적 경관」이란 시점의 이동에 따라 연속적으로 변화하는 경관을 의미한다(그림 7-b). 경관체험은 눈, 머리, 신체의 이동에 의해 변화하는 시각정보를 기본을 하고 있으므로, 특정 목표로 향하는 접근공간의 설계 등 경관변화를 의미하는 맥락을 살펴보는 경우에 활용 가능한 유형이다.

사진 89는 모로코의 카사블랑카(Casablanca)에 있는 핫산 2세의 모스크(Hassan 2 Mosque)로, 우선 모스크를 향하여 접

사진 89 **연속적 경관:** 체험자의 이동에 따라 점차 바뀌어가는 경관. 카사블랑카(Casablanca)의 모스크(모로코)

근한 후, 다시 모스크를 지나 광장으로 이동하는「연속적 경관」을 몇 장의 사진(장면경관)으로 제시해본 것이다. 사진 89를 보면 체험자의 이동동선에 따라 시점 역시 움직이면서 눈앞에 펼쳐지는 경관의 구성요소들이 단계적으로 변화해가는 것을 알 수 있다.

이에 대한 보다 구체적인 내용과 활용기법에 대해서는, 다음 장에서 다루기로 하겠다.

1) 篠原 修, 1981, 土木景觀計劃, 技報堂出版, pp.2-3

2) 中村良夫, 1977, 景觀論, 彰國社, p.2

3) 임승빈, 1991, 경관분석론, 서울대학교 출판부, p.5

4) 유헌석 · 김시현 · 주용준, 2002, 자연경관관리 정책에 관한 연구, 한국환경정책 평가연구원, pp.22-24

5) 한국조경학회, 2004, 자연경관계획 및 관리, 문운당, pp.7-11

II

제2장 경관분석과 관계디자인

사람들이 어떤 장소에서 그곳의 경관이 아름답다고 느끼게 되는 이유는, 그 장소에서 눈으로 보고 체험한 기억 등 전체적인 이미지가 좋았거나 만족도가 높았기 때문일 것이다. 그렇다면 이처럼 아름다운 이미지를 주는 공간 또는 환경은 어떤 모습이며 또 어떠한 구성을 하고 있기에 그렇게 느껴지는 것일까?

그것을 한마디로 대답하기는 매우 어려울 것이다. 왜냐하면 경관에는 인간의 「심리현상」이나 「전체적인 바라보임」이라고 하는 매우 포괄적이고 추상적인 개념이 포함되어 있기 때문이다.

그러나 계획가의 입장에서 볼 때 이러한 애매모호한 판단기준은, 문제점을 발견하고, 계획을 세우고, 설계로 이어지는 과정수행에 전혀 도움이 되지 않는다. 그런데 만약 우리가 경관이라는 현상을 공학적인 측면에서 분석적으로 다루는 것이 어느 정도 가능하다면, 보다 객관적이고 모두가 공감할 수 있는 계획으로 이어질 수 있을 것이다.

이에 본 장에서는 경관을 조작이 가능한 형태로 사고의 관점을 전환하여 다루어 보기로 한다. 우리가 경관을 공학적으로 분석하고 조작하기 위한 수법을 적용하려면, 그것에 상응하는 경관에 대한 취급방법 역시 필요할 것이다. 그러므로 먼저 공학적 관점에서 살펴본 경관의 분석방법에 대해 설명하고, 이어서 경관현상에 대해 공통적인 인식을 얻어내기 위한 논의를 조금 상세히 다루어보도록 하자.

이와 같은 경관의 공학적 분석방법에 대해서 시노하라(篠原修)는 체계적인 이론을 확립하였다. 그리고 현재까지도 경관을 분석하는 일반적인 기법으로 사용되고 있다. 다만 본서에서는 그의 이론을 근거로 하되[1], 실제 계획진행시 적용이 용이하도록 분석방법 및 내용 등을 일부 조정, 보완하여 설명해나가기로 한다.

1. 경관의 성립과 이해

경관이란 「대상의 전체적인 바라보임이며, 그것을 계기로 형성되는 인간의 심리현상이 포함된 환경에 대한 인식」이라 정의하나, 조금 더 쉽게 표현하면 「어떤 공간 혹은 환경을 인간이 보고 느끼는 종합적인 이미지」라 할 수 있다.

본서에서는 이 종합적인 이미지라고 하는 포괄적인 현상을 만들어내고 있는 경관구성요소들을, 각각의 개별요소로 나누어 생각해보기로 한다. 그러한 과정을 거치게 되면, 종합적인 이미지를 구성하는 요소가 어떠한 것들인지 파악하기가 용이해질 것이다. 그리고 그 구성요소가 비교적 간단해지면, 무엇이 좋은 것인지, 무엇이 잘못되었는지, 어떻게 수정해야 하는지를 알아내기도, 게다가 다른 사람들에게 설명하고 이해와 공감을 얻어내기도 쉬워질 것이기 때문이다.

여기서 잠시, 과거 방문한 경험이 있는 어떤 장소의 이미지를 머릿속으로 떠올려가면서, 그림 8에 제시한 사례를 살펴보기로 하자.

사진 90은 미국 서부의 항구도시인 샌디에이고(San Diego)의 전경이다. 항구에는 항공모함 미드웨이(Midway)호가 정박되어 있으며, 좌측 건너편 녹지공간에는 프러포즈를 하는 장소로 유명한 이벤트 광장이 조성되어 있다. 현재 이 배는 박물관으로 사용되고 있으며, 샌디에이고를 방문하는 사람이라면 누구나 찾는 상징적인 관광명소이다(사진 91).

사진 90과 사진 91은 샌디에이고의 대표적인 이미지 사진으로, 관광안내서에 실릴만한 일명 「사진 찍는 곳」에서 얻어낼 수 있는 이미지일지도 모르겠다. 그렇지만 단지 이 몇 장의 사진만으로 샌디에이고 워터프런트의 경관에 대해 이야기한다거나 그 장소의 이미지를 다른 사람에게 설명한다는 것은 어려울 것이다. 물론 단편적으로 어떤 이미지의 장소인가 상상해보는 것은 가능하겠지만 말이다.

그림 8은 샌디에이고의 위성지도 위에 대상지역의 이미지 사진들을 배열해 본 것이다. 그림 8의 좌측에 배치되어 있는 4개의 사진들은 프러포즈 광장이라 불리는 이벤트 공간으로 접근하면서 찍은 연속사진으로, 사진들을 연이어 보면 마치 광장으

사진 90 워터프런트의 항공모함과 상징녹지광장

사진 91 정박된 항공모함을 활용한 미드웨이 박물관

광장으로 이동하면서 찍은 연속사진

워터프런트 주변을 돌아다니며 여기저기에서 찍은 공간이미지 사진

그림 8 샌디에이고(San Diego)의 경관을 형성하는 다양한 현상 이미지의 사례

로 걸어가면서 느낄 수 있는 이미지가 연상될 것이다. 관찰자의 시점이 이동되어감에 따라, 포인트가 되는 경관구성요소의 크기와 형태, 질감 등의 인식정도 그리고 주변경관이 달라지는 것을 알 수 있다. 이는 앞서 서로 다른 위치에 서서 찍은 두 장의 사진(사진 90, 91)에서는 전혀 느끼지 못했던 것이며, 이처럼 연속된 사진들을 통해 입체적인 공간체험이 가능하다는 것을 알 수 있다. 역으로 해석하자면, 우리가 보고 느끼는 3차원의 공간이미지 즉 경관이란, 2차원적인 여러 장의 사진들로 나누어 생각해 볼 수 있다는 이야기가 될 것이다. 예를 들면 3차원 비디오 동영상을, 2차원의 사진으로 분리시킬 수 있다는 것과 같은 의미이다.

또한 그림 8 우측과 하단부의 사진들은 워터프런트 주변의 산책로, 공원, 선착장, 상점가, 배후 빌딩 등의 다양한 모습을 여러 장소, 여러 시점과 방향에서 자유롭게 촬영한 것이다. 제시되어 있는 사진들은 비록 대상지 특정장소에서 찍은 단편적인 사진에 불과하나, 샌디에이고를 방문한 경험이 있는 사람이라면 이 사진들을 보면서 자연스럽게 공간들을 연결하는 것이 가능할 것이며, 그 장소의 전체적인 분위기 즉 경관이미지를 기억해내고 더불어 그곳의 종합적인 경관을 평가하는 것도 가능할 것이다.

이와 같이 우리가 어떤 장소에서 그 곳의 전체적인 분위기, 이미지를 느끼고 바라보고 체험하면서 만들어지는 것이 바로 경관인 것이다. 그런 관점에서 볼 때 경관대상지의 전체적인 이미지란 고정된 특정 장소(지점)에서 우리들의 눈에 들어오는 이미지, 그리고 공간을 이동하면서 연속적 체험을 통해 얻게 되는 이미지, 또 그 장소에 머물면서 느낄 수 있는 3차원 공간의

이미지들이 합쳐져 만들어지는 것이라 보아야 할 것이다.

따라서 이러한 이미지의 조각들을 하나 하나 분리시켜 분석해 본다면, 소위 아름답고 바람직한 경관의 실체를 찾아낼 수 있을 것이란 확신이 든다. 어릴 적 즐겨보았던 만화영화가, 사실은 수십 수백 장의 그림들의 조합에 의해 만들어지는 것이란 사실과 연관지어 본다면, 경관이라는 현상을 여러 장의 풍경사진들로 나누어 생각하는, 즉 대상지 이곳저곳에서 찍은 사진들의 이미지가 모아져 전체적인 경관이미지를 형성하게 되는 것이라 생각해도 무리는 없을 것이다.

그러므로 우선 사진 한 장에 해당하는 「장면경관」을 경관을 분류하는 기본단위이자 출발점으로 보고 분석을 시작해보기로 하자.

우리들이 특정 장소에서 대상을 바라보게 되는 경우 보이는 모습, 다시 말해 고정된 지점에서 찍은 즉 사진에 나타난 이미지가 경관을 구성하는 가장 기본적인 형태가 되는 것으로 상정하고 이를 「장면경관」이라 명명하자(그림 9 참조). 물론 한 장의 사진은 촬영자의 시점이 고정되어 있는 상태에서 얻어질 수 있는 것이므로, 「장면경관」에서의 시점은 고정된 상태이며 시야의 범위 역시 한정되어 있다.

여기에 대상을 바라보는 관찰자의 시점이 움직이게 되면, 시점은 비고정적이 되며 이동상태에 따라 동적인 경관 즉 점차 변해가는 「연속적 경관」이 나타나게 된다. 하지만 이 두 가지 형태의 경관의 경우, 관찰자의 시점은 경관대상을 주시하고 있는 상태이므로 시점은 한정적이라 할 수 있다(카메라나 비디오 렌즈를 통해, 즉 제한된 시야범위 내에서 대상을 바라보는 상태란 의미이다).

그리고 이번에는 시점의 이동뿐 아니라, 공간의 확장이 더해지게 되면 관찰자의 시점은 한정된 상태에서 벗어나게 된다. 대상지의 여기저기를 바라보고 체험하게 되는, 즉 시점의 방향과 시야의 범위가 확장되며 자유로워진다. 따라서 시점은 비한정적이 되며, 이 단계에서는 보다 포괄적이고 복잡한 전체적인 이미지 즉 「장소의 경관」이 성립된다고 볼 수 있다. 제시된 그림 9를 참고로, 각각에 대한 구체적인 내용을 살펴보기로 하자.

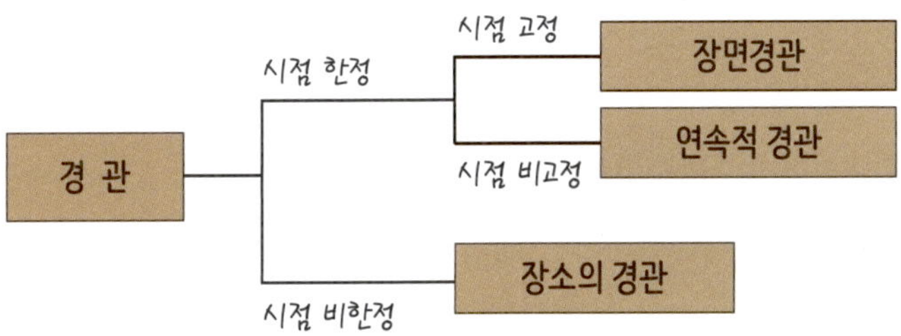

그림 9 경관의 현상적 분류[2)]

1) 장면경관 (場面景觀, Scene Landscape)

우리들이 관광지나 도시의 전망대에 올라 "좋은 풍경이다",

"훌륭한 경관이다"라고 이야기 하는 경우, 그것은 고정된 시점에서 얻어질 수 있는 이미지의 경관을 의미한다. 이런 종류의 경관을 「장면경관」이라 한다. 이것은 고정된 시점에서 스케치를 하거나 사진을 찍을 때 나타나는 모습이며, 비교적 단기간에 얻어질 수 있는 이미지이다.

이러한 의미가 담긴 경관의 표현으로는 풍경, 조망, 전망, 경치, 경색, 구도, 투시형태 등을 생각할 수 있다. 사진 92~97에 제시된 바와 같이, 그 장소의 특성을 한눈에 경험할 수 있는 대표적인 조망사진이 바로 「장면경관」에 해당된다.

2) 연속적 경관 (連續的 景觀, Sequence Landscape)

대상을 바라보는 시점을 이동시켜가면서 그 움직임에 의해 바뀌어가는 경관을 체험하게 되는 경우, 이것을 「연속적 경관」이라 한다. 예를 들면 차를 타고 이동하면서 차창 밖으로 보이는 경관이나, 동영상을 촬영하는 것 등이 이에 해당될 것이다.

체험자가 장소를 이동하면서 얻어지는 경관이므로, 당연히 하나의 경관지역 안에는 여러 개의 「연속적 경관」이 존재하게 된다. 그리고 눈으로 보이는 대상 그 자체는 변하지 않지만, 사람의 이동에 따라 움직이며 변해가는 경관을 의미하는 것이므로 시간상으로 그리 길지는 않다고 볼 수 있겠다.

이 경우 경관의 변화는 시점의 이동에 좌우된다. 물론 인간은 움직이고 있으므로 우리들이 얻고 있는 경관의 대부분은 「연속적 경관」이라고 할 수도 있다. 특히 시점이동에 따라 「연속적 경관」에 변화를 주어 흥미를 부여하거나, 이동경로를 의도적으로 유도하거나 제한하여 단점을 은폐하는 등 공간연출에의 활용도 가능하다.

사진 92 장면경관: 두브로브닉(Dubrovnik)(크로아티아)

사진 93 장면경관: 옥스포드(Oxford)의 대학가(영국)

사진 94 장면경관: 런던 브리지(London Bridge)(영국)

사진 95 장면경관: 폴리트비체(Plitvice)(크로아티아)

사진 96 장면경관: 아키타(秋田) 요코테(横手)(일본)

사진 97 장면경관: 시드니(Sydney), 선상에서 조망(호주)

사진 98과 사진 99는 독일 깅엔(Giengen) 시가지와 테디베어 박물관(Teddybear Museum) 주변의 모습으로, 도로를 따라 이동하면서 변해가는 「연속적 경관」의 이미지를 나타낸 것이다. 보행자가 이동해감에 따라 점차 시야에서 사라지거나 새롭게 나타나는 경관구성요소의 변화를 느낄 수 있다. 특히 계단 등 지형에 높이차가 있는 경우(사진 98)나 곡선형 이동동선이 조성되어 있는 경우(사진 99)에는, 경관요소의 구성 및 보이는 범위, 크기, 상호배치관계 등이 매우 다양하게 변해가는 것을 알 수 있다.

사진 98 연속적 경관: 계단을 따라 이동하면서 연속적으로 변해가는 경관, 깅엔(Giengen)(독일)

사진 99 연속적 경관: 체험자의 움직임에 따라 점차 바뀌어가는 경관구성요소. 테디베어(Teddybear) 박물관 주변의 경관(독일)

3) 장소(場所)의 경관(景觀)

「장소의 경관」이란 특정한 장소의 전체적인 인상이나 이미지를 뜻한다. 흔히 말하는 혹은 보통 특별한 의미없이 사용하는 산림경관, 전원풍경, 도시경관이라고 하는 말이나, 특정장소를 방문하고 느끼게 되는 풍치, 풍경을 「장소의 경관」이라 이해하면 된다.

「장면경관」이나 「연속적 경관」에서는, 시점의 위치나 이동방식(속도, 방향 등)이 중요한 의미를 갖는다. 이에 비해 차창 밖으로 보이는 숲, 연못, 농촌의 군락 등을 보면서, "훌륭한 전원풍경이다"라고 전체적인 인상을 이야기 하는 경우에 해당되는 것이 바로 「장소의 경관」이다.

「장소의 경관」은 대상을 한정된 시점에서 바라보는 것이 아니라 불특정 시점에서, 움직이면서 바라보는 모습들을 통합한 것으로, 이는 어떤 일정범위 즉 사람이 이동하거나 조망이 가능한 범위로 도로나 광장, 녹지공간 등에서 체험할 수 있는 보이는 풍경 전체를 의미한다. 다시 말해 「장면경관」이나 「연속적 경관」이 포함되어 있는, 혹은 그것들이 여러 개 모여 통합적인 이미지 형태로 나타나게 되는 것이 바로 「장소의 경관」이다.

앞에서 소개한 그림 8에서는, 「장소의 경관」을 대상지 이곳저곳 다양한 시점에서 찍은 여러 장의 사진을 제시하면서 설명하였으나, 이는 독자들의 이해와 용이한 설명을 위해 임의로 사용한 것이다. 실제로 「장소의 경관」이란 대상지를 바라보고 체험하는 사람들의 머릿속에 형성되는 3차원 이미지로 공간분위기라 이해해야 할 것이다.

그 외에 현재의 상황이 아닌 장기적인 관점에서의 경관도 생각할 수 있다. 시간경과에 따라 보이는 대상 자체가 변화해가는 경관을 「변천경관」으로 취급하기도 하나, 독자들의 혼돈을 피하기 위해 여기서는 생략하기로 하겠다.

이상에서 언급한 경관현상 모두가 대상지의 경관이미지 결정에 관여하게 되나, 그 기여도 및 중요도는 경우에 따라 다르기 때문에 일률적으로 어떤 유형이 더 중요하다고 하기는 어렵다. 한 장면의 강렬한 「장면경관」이 대상지 전체의 이미지를 결정하기도 하고, 또 어떤 경우에는 「장소의 경관」을 지배하는 탁월한 대상의 존재(예를 들면, 눈에 확 뜨이는 우뚝 선 산봉우리나 끝없이 펼쳐지는 광활한 바다 등)가 경관이미지를 결정짓기도 하기 때문이다.

2. 경관분석과 모델화

1) 모델화의 의의

이번에는 경관(대상)을 파악하고 분석함에 있어 모델화를 시행하는 이유 및 의의에 대해 살펴보기로 하자.

경관모델화의 의의는 대상이 갖는 다양한 속성 중에서 계획·설계의 시행에 필요한 정보만을 제한적으로 추출하여, 대상을 조작하기 쉬운 형태로 파악하고 분석해보고자 하는데 있다.

보다 구체적으로 경관대상에 대한 모델화가 필요한 이유를 살펴보면 다음과 같다.

첫째는, 계획의 객관성 확보를 위해서이다.

디자이너 개인의 창조력이 큰 비중을 차지하는 건축이나 조경분야에서조차 인간행동과 공간의 관계를 중심으로 모델화가 시도되고 있다. 그것은 예술적 감각과는 별개의 문제로, 과학적 합리적으로 처리할 수 있는 부분을 가능한 한 증가시켜, 계획 및 디자인에 대한 논란의 여지와 시행착오를 줄이고자 하는 노력의 표현으로, 바로 이것이 모델화가 필요한 이유이다. 특히 인간의 심리나 감정이 개재되는 경관의 경우에는 더 어려운 작업이 되긴 하겠으나, 비록 그것이 초보적이며 미숙한 단계라 하더라도 모델화 그 자체가 갖는 의의는 매우 크다.

두 번째 이유는, 경관이란 대중의 공유재산이며 특히 그 계획에는 많은 주체가 참여하게 되는 상황특성을 갖기 때문이다. 즉 계획의 주체가 되는 계획가 상호간, 혹은 계획가와 대중 사이에 최소한의 공통인식이 존재하지 않는다면 경관계획은 원활하게 진행될 수 없다. 이 경우 계획주체 사이에 공통인식을 만들어내기 위한 실마리가 되는 것이 경관의 모델화이기 때문이다.

이러한 이유로 경관이라는 현상을 모델화하고자 시도한 것이 경관분석모델[3]이며, 시노하라(篠原)가 제안한 수법이다. 이 모델화기법은 경관대상지를 분석하고 계획을 수립함에 있어, 예를 들면 대상경관에 대한 분석을 시행하거나 조망점이나 동선을 결정하는데 대단히 유용한 수법이므로 소개하고, 그 적용방법에 대해 살펴보기로 하자.

2) 경관분석모델

그림 10은 경관분석모델이다. 이 경관분석모델은, 계획(Plan) 및 설계(Design)를 하는 입장에서 경관을 파악하고 분석하기 위한 모델이다. 경관대상의 이미지를 형성하는 「장면경관」을 경관분석모델의 기본형으로 하여, 그것을 이해하고 분석하는 것에서부터 시작한다.

경관을 계획·설계하기 위해서는, 우선 첫 단계로 계획가가

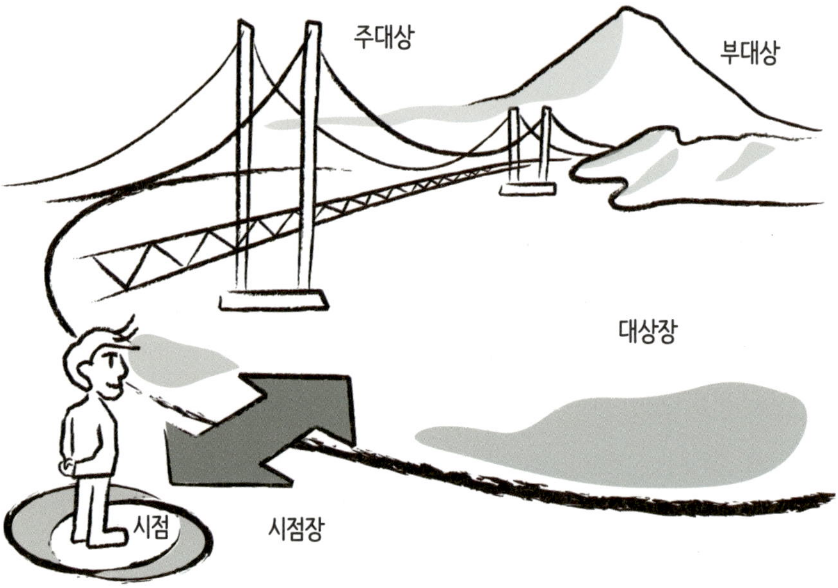

그림 10 경관분석모델과 경관구성요소[3)]

어떤 경관이나 요소를 계획대상으로 선택할 것인가, 즉 경관 향상을 위해 조작가능성이 있는 대상은 어떤 것들이 있는가를 찾아내어야 한다. 그리고 그 다음 단계로, 선택한 대상을 어떻게 다루어야 의도한 효과를 얻어낼 수 있을 것인가를 파악하여야 할 것이다. 그런 까닭에 경관분석모델을 작성하여, 이것들을 보다 객관적으로 분석하고 계획에 활용하고자 시도하는 것이다.

그림 10에 제시된 바와 같이, 경관분석모델은, 「시점」, 「시점장」, 「주대상(주대상·부대상)」, 「대상장」의 4가지 요소로 구성된다. 이 각각의 요소들이 경관구성요소로서 담당하는 역할 및 내용에 대해 살펴보기로 하자.

모델화가 갖는 또 하나의 중요한 의미는, 이 4가지 구성요소들 간의 관계를 검토하고 조정하는, 즉 요소간의 공간관계를 중시한다는 점에 있다. 물론 경관의 질을 규정하는 가장 기본적인 요인은 경관구성요소 자체에 대한 것이며, 대상의 크기, 형태, 색채, 질감 그리고 대상이 갖고 있는 의미 등을 생각할 수 있다. 그런데 이 경관분석모델에서는 대상 자체가 가지고 있는 속성뿐 아니라 구성요소 상호간의 관계를 살펴보는 작업이 가능하다. 그리고 그러한 과정을 통해 경관형성에의 활용과 상호조정 등의 검토가 용이하게 이루어질 수 있도록 해 준다는 측면에서 모델작성 본연의 의의가 있다고 하겠다.

경관분석모델에서 상정할 수 있는 경관구성요소간의 관계는, ①시점과 시점장, ②시점과 주대상, ③시점과 대상장, ④주대상과 대상장, ⑤시점장과 대상장, ⑥주대상과 시점장, ⑦주대상과 부대상 등이다.

a) 시점 (視點, View Point)

경관이란「어떤 대상을 인간이 바라보는 행위에 의해 성립되는 현상」이라는 것은 이미 언급하였다. 따라서 대상을 바라보는 인간의 존재 그 자체가 경관의 주요 구성요소가 된다. 이러한 인간의 존재위치를「시점」으로 표시하기로 하자.

그 이유는 다음과 같다.

① 우리들이 동일한 대상을 바라보게 되는 경우, 그것을 어느 위치에서 보느냐에 따라 보이는 모습은 크게 달라지게 된다. 따라서「시점」의 위치가 어느 곳인지 또는 어떠한 상태인가 하는 것은 경관의 성격을 규정짓는 가장 기본적이며 주요한 요인이 된다.

특히 우리나라에서는 예전부터 자연경관을 중시하고 차경(借景) 등의 기법으로 배후의 자연을 생활환경의 일부로

끌어들여 사용해 왔으며, 우수한 풍광이 얻어지는 장소에 누정이나 정자 등을 지어 그 곳에서 아름다운 경관을 즐겨왔었다. 결국 우리의 선조들은 이처럼 아름다운 경관이 얻어지는 위치에 「시점」을 선정하여 생활에 활용하는 경관디자인을 이미 시행해오고 있었다는 사실을 확인할 수 있다.

② 경관을 구성하는 요소인 인간의 존재를 「시점」으로 대신하여 다루는 것이, 경관을 객관적이고 분석적으로 다루는 가장 실제적인 방법이 되기 때문이다.

b) 주대상 (主對象, Dominate Object)

대상지에서 경관의 성격 및 특징을 규정하고 있는 테마(주제)가 되는, 특히 대상지의 경관을 시각적으로 지배하고 있는 요소를 「주대상」이라 한다.

단 경관분석모델에서는 건설행위에 의해 발생하는 경관변화를 쉽게 다룰 수 있도록 주대상을 두 가지 유형으로 나누어 다루어보기로 한다.

- 주대상 (Op, Primary Object) : 1차적 영향력을 갖는 주대상
- 부대상 (Os, Secondary Object) : 2차적 영향력을 갖는 주대상

경관구성요소로서 「주대상」이 갖는 역할 및 특징은 다음과 같다.

① 경관의 성격 및 특징은 경관테마를 통해 파악할 수 있다. 대상경관의 테마가 독립된 봉우리, 호수, 댐 등 물적대상이 되는 경우와, 그와는 달리 실체가 아닌 공간 즉 대상과

대상 사이의 간격이 경관테마가 되는 경우의 두 가지로 나누어질 수 있다. 후자의 예로는 끝없이 펼쳐진 공간의 웅대한 조망이나 적절히 위요된 광장공간의 조망 등을 들 수 있다.

② 경관에 따라서는 「주대상」이 뚜렷하게 드러나지 않는 경우도 있다. 어디에서나 있을 법한 특징이 없는 평범한 경관이 이에 해당된다.

③ 「주대상(주대상·부대상)」을 파악하는 일은 「시점」이나 「시점장」을 찾는 것처럼 용이하지 않을 수도 있다. 특히 복잡하고 미묘한 경관의 경우라면, 경관에 관한 풍부한 경험이 요구되는 경우도 많다.

④ 경관에 대한 「주대상」의 역할에는, 긍정적 측면과 부정적 측면 양쪽 모두가 존재한다.

c) 시점장 (視點場, View Point Field, Landscape setting here)

바라보이는 대상이 「시점」에서 어느 정도 떨어져 있는가에 따라 「시점장(Landscape setting here)」과 「대상장(Landscape setting there)」의 두 가지로 나눈다.

「시점장」이란 「시점」이 존재하는 장소이다. 추가 설명하자면, 「시점장」이란 「시점」의 위치를 포함한 시점부근의 공간을 의미한다. 이러한 공간분할이 갖는 의미는 이하의 두 가지 관점에서 생각할 수 있다.

첫째, 「시점」 부근의 공간상태는, 그 시점에서 얻어질 수 있는 경관의 질을 규정하게 된다. 아무리 좋은 경관이 펼쳐져 있는 곳이라 하더라도, 그것들이 숲이나 건물 등에 가리어져 보이지 않는 경우를 우리 주변에서 자주 경험할 수 있을 것이다.

따라서 시점 부근의 공간 즉 「시점장」은 매우 중요한 경관계획의 구성요소가 된다.

둘째, 조망되는 대상을 조작가능성의 관점에서 생각해볼 때, 「시점장」은 조작성이 대단히 높은 경관구성요소이다. 경관을 구성하고 있는 대상들은 무엇인가 각기 다른 실용적 기능을 이미 가지고 존재하는 것으로, 단지 경관을 위해서 존재하는 것만은 아니기 때문에 우리들의 눈에 보이는 대상 전체를 경관적인 목적만으로 조작하기란 현실적으로 거의 불가능하다.

따라서 경관을 계획·설계하는 경우에 조작가능성이 높은 「시점장」에 대한 취급방법은 매우 중요해진다고 할 수 있다. 그런 이유로 「시점」 즉 인간의 조망위치에서 떨어진 거리에 따라, 대상공간을 「시점장」과 「대상장」으로 나누어 다루는 것은 타당한 방법이다.

다시 원점으로 돌아와 경관분석모델에서 「시점장」이 갖는 공간특성에 대해 정리해보기로 하자.

① 대표적인 「시점장」의 예를 들어보면, 도시경관지역에서는 도로와 그 경계부, 광장, 전망대 등을, 자연경관지역에서는 공원녹지, 해안 등 수변을 들 수 있다.

② 「시점장」의 규모를 일률적으로 「시점」에서 몇 m까지라고 규정하는 것은 불가능하다. 그 이유는 「시점장」의 규모는 상황에 따라 달라지기 때문이다. 또한 「시점장」은 분석이나 계획의 대상이 되는 공간규모에 따라 위계적(Hierarchical)으로 다루어지는 경우도 많다. 예를 들어, 공원에 있는 전망대는 거시적으로는 공원부지 전체의 광활한 경관에 대한 「시점장」이라 볼 수 있다. 하지만 미시

적으로 보면, 공원의 내부도로(원로)나 휴게광장 그리고 연못이 있는 경우에는 수변과 부근에 조망확보가 가능한 공간 등이 「시점장」이 된다고 할 수 있다.

③ 「시점장」을 확정짓는 경계가 늘 존재하는 것은 아니며, 실제로는 「시점장」과 「대상장」이 연결되어 있는 경관도 다수 존재한다. 끝없이 계속되는 것 같아 보이는 초원에 서 있을 때의 경관이 바로 이와 같은 경우에 해당되는 것이라 하겠다.

d) 대상장 (對象場, Objet Field, Landscape setting there)

「대상장」이란 조망되는 경관대상 중에서 「시점장」과 「주대상」을 제외한 모든 대상을 뜻한다. 앞에서 설명한 「장면경관」에서 배경(바탕, 地)이 되는 부분, 즉 주역이 되는 요소(그림, 圖)를 부각시키기 위해 필요한 밑바탕이 되는 것이 「대상장」이다. 일반적으로 차지하는 면적 및 대상의 종류에서 볼 때, 경관의 대다수를 차지하는 구성요소이다.

3. 경관분석모델과 경관디자인

경관분석모델은 순수연구에서 필요로 하는 정교하고 세밀한 분석수법이라기보다는, 대상지에서 경관상의 문제점을 찾아내고 계획방향을 모색하는 등 실제 디자인에 연결시키기 위한 분석모델이라는 점에 그 특징이 있다.

그런데 경관분석모델을 잘 살펴보면, 모델작성시 기본형으로 사용한 「장면경관」과는 그 구성요소에 다소 차이가 있다는 것을 발견할 수 있을 것이다. 그 차이를 살펴보기 위하여 일례로 제시된 사진 100, 사진 101과 경관분석모델(그림 10)을 비교해 보기로 하자.

사진 100은 전라남도 신안군 흑산도의 산 정상도로에서 해안가를 내려다 본 모습이며, 사진 101은 전라남도 함평군의 함평나비축제가 열리고 있는 하천변에서 찍은 경관사진 즉 「장면경관」의 이미지 사진이다.

보는 바와 같이 두 장의 사진 즉 두 개의 「장면경관」에서 경관을 구성하고 있는 요소를 찾아보면, 「주대상」과 「대상장」은 쉽게 찾아낼 수 있다. 그런데 사진을 찍은 장소 즉 「시점」을 찾아보려하면, 사진 하단부의 어디쯤인지는 대충 알 수 있을 것 같으나, 사진에는 나타나있지 않다는 사실을 발견할 수 있다.

게다가 「시점장」은 사진에 일부가 포함되어 있는 것 같기도 아닌 것 같기도 하며, 그 경계가 불명확해보여 파악하기 어렵다. 바로 이러한 점이 경관분석모델과 우리가 찍은 한 장의 사진인 「장면경관」과의 차이이다.

사진 100 산 위에서 바다를 내려다본 장면경관 (신안군)

사진 101 하천에서 축제장을 바라본 장면경관 (함평군)

이상에서 살펴본 바와 같이 실제로 우리가 눈으로 보고 체험하는 경관에는 체험자 자신의 「시점」은 포함되어 있지 않다. 그리고 「시점장」은 포함되어 있는 경우도 있고, 아닌 경우도 있다. 바꾸어 말하면 「시점」이나 「시점장」을 변화, 조작한다면(계획의 요소로 활용한다면), 동일한 대상지에서 우리가 얻어낼 수 있는 경관(경관사진, 장면경관)은 얼마든지 바뀔 수 있다는, 즉 계획을 통한 경관연출이 가능하다는 의미가 될 것이다.

바로 이러한 차이를 이해하고 경관구성요소 상호간의 조작 가능성을 인식하는 과정이 우리가 번거롭게 경관분석모델이라는 것을 작성하여 분석도구로 사용하고자 하는 주요한 이유이자 목적이 되는 것이다.

그러면 이번에는 경관분석모델의 각 구성요소가, 경관디자인을 하는 입장에서 볼 때 어떠한 역할을 담당하는지 혹은 할 수 있는지에 대해 살펴보기로 하자.

1) 경관구성요소의 조작성

경관의 구성요소 가운데 경관적 가치를 유지, 증대시키기 위해 조작 가능한 요소는, 「시점」, 「시점장」, 「주대상」이다. 물론 경관을 위한 조작성은 일반적인 실용적 가치(편리성, 안정성, 경제성 등)와 경관적 가치와의 상호관계에 의해 결정되게 된다.

「시점」의 선정이나 소규모의 공간(예를 들면 시점장) 디자인을 하는 경우라면, 경관적 가치가 우선되도록 계획하는 것은 비교적 용이하다. 그러나 「주대상」을 조작하거나 계획대상으로 다루게 되는 경우에는 「시점」이나 「시점장」 만큼의 조작효과를 기대하는 것은 어렵다. 예를 들면 대상지 경관에 지대한 영향을 미치는 산이나 호수, 거대한 교량이나 댐 등이 「주대상」

이 되는 경우를 생각할 수 있겠다.

게다가 「주대상」은 경관 전체의 대체적인 질을 규정하는 주요요소이므로, 이를 조작하게 되는 경우에는 반드시 경관적 가치의 보호, 창출에 대한 세심한 주의와 배려가 필요하다. 우리가 개발계획을 세우고 시행하는 경우에, 대상지역의 랜드마크가 되는 산을 보호한다거나, 거대한 토목시설물을 건설함에 있어서는 기존 지형지세 등 주변경관을 배려하여 계획안을 만들거나 디자인을 수정보완 하는 등의 작업을 시행하는 것 등이 구체적인 사례라 하겠다.

이에 비해 「대상장」이란 경관의 배경이 되는 곳으로, 경관적인 역할은 미비하다고 볼 수 있다. 그 이유는 경관구성요소의 조작이라는 관점에서 볼 때, 「대상장」이란 인간들이 생활하기 위한 실용적 대상이 대부분을 차지하는 공간이므로 이곳에서 무리한 조작성을 기대할 수는 없기 때문이다. 아울러 「대상장」은 우리가 계획해야 하는 대상영역에 포함되지 않는 경우가 대부분이라는 현실적인 어려움도 있다.

물론 예외적인 경우도 있다. 기존 「대상장」에 개발이 이루어지게 되어 현재의 경관이 크게 변화되리라 예상되는 경우라면(신도시 개발이나 특정목적의 단지 재개발 등이 해당될 것이다), 새롭게 도입되는 해당시설을 「대상장」이 아니라 「주대상」 또는 「부대상」으로 조정한 후에 관계분석과 조작을 시행하여야 할 것이다.

이상의 내용을 정리해보면, 경관분석모델을 기초로 경관디자인을 생각하는 경우, 조작 가능한 대상은 「시점」, 「시점장」, 「주대상」이 중심이 되며, 「대상장」의 조작성은 극히 미약하다고 볼 수 있다.

여기서 잠시 「주대상」의 영향력과 「시점」 및 「시점장」 계획의 관계성을 나타낸 모식도를 살펴보기로 하자.

그림 11은 「시점」에서 「주대상」을 올려다보게 되는 상태, 즉

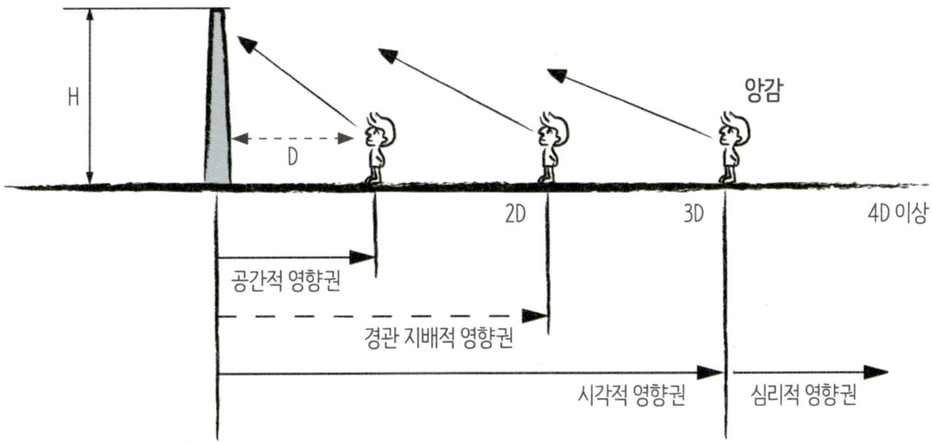

그림 11 주대상과 시점의 앙감 관계[4] : 주대상의 영향력에 대한 모델화 (D: 시거리, H: 대상의 높이)

- 공간적 영향권 : D/H=1. 앙각 45°. 강한 위요감 형성
  구조물 자체의 존재감 및 시각적 영향이 큰 범위. 구조물 전체에 대한 인식은 불가능하며 부분적인 디테일이 인지되는 한계영역. 친밀감, 숭배감, 압박감이 느껴지는 영역
- 경관지배적 영향권 : D/H=2. 앙각 27°. 위요감의 한계치
  경관요소로서 주대상이 부각되는 범위. 주대상 전체의 모습과 세부가 동시에 조망되는 범위로, 주요 경관요소로서의 지배감이 강조되는 주체적인 경관형성이 가능한 영역
- 시각적 영향권 : D/H=3. 앙각 18°. 최소한의 위요감
  주대상과 주변경관의 조화가 중시되는 범위. 주대상 외의 주변경관에 관심이 기울여지기 시작하는 영역. 회화적 인상의 경관형성이 가능하며, 주대상은 경관구성요소의 한 부분으로 작용
- 심리적 영향권 : D/H=4 이상. 앙각 14° 이하. 위요감 소실
  구조물의 존재가 인지되는 범위. 주대상이 원경의 일부가 되기 시작하는 한계영역

대상이 앙감(仰瞰)의 위치에 존재하는 경우를 나타낸 것으로, 「시점」의 위치변화에 따른 「주대상」과의 관계를 살펴본 것이다. 그림 11에서는 「주대상」과 「시점」 사이의 거리, 즉 시거리(D)에 따라 상호관계 및 앙감의 변화가 나타나는 것을 알 수 있다. 여기에 제시된 수치는 경관계획의 주요포인트인 구성요소 간의 관계조작을 통한 디자인 작업의 근거로 활용 가능하다.

한편 그림 12는 「시점」 또는 「시점장」의 위치선정시 활용가

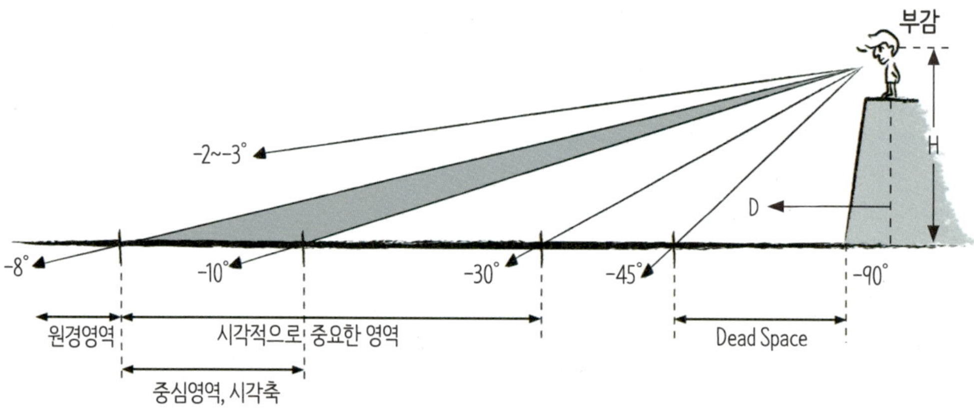

그림 12 **시점장과 주대상, 대상장과의 부감 관계:** 시점장 설계를 위한 모델화 (D: 시거리, H: 시점의 높이)

- 원경영역 : 부각 -2°~-3°. D/H=19~29

  부감의 일반 상한치. 내려다본다는 최소한의 느낌이 드는 범위
- 시각적으로 중요한 영역 : 부각 -30°~-8°. D/H=1.7~7.1

  부감의 유효범위로, 자연스럽게 대상이 내려다보이는 범위
- 중심영역 : 부각 -8°~-10°. D/H=5.7~7.1

  부감의 시각축이 되는 중요 범위로, 조망대상으로 시선이 집중되는 중심범위
- Dead Space : 부각 -45° 이상. D/H=1.0 이하

  시야의 사각(死角)지대. 의도를 갖고 보아야 조망 가능한 범위. 부감의 최대 하한치

능한 모식도이다. 외부에 존재하는 「주대상」과 「시점(시점장 포함)」의 위치관계를 검토하여 경관계획지역의 경계를 파악하는 방법을 제시하고 있다. 이 모식도는 부감(俯瞰)이 형성되는 대상지와 「시점」의 위치 및 규모의 선정 그리고 「대상장」과의 관계 등 부지를 어떻게 다루어야 할 것인가를 이해하는데 도움이 될 것이다. 제시된 수치는 「시점」과 「주대상」 또는 「대상장」 상호의 관계검토에 지표로 활용가능하다. 특히 그림 12에 나타난 바와 같이 Dead Space에 해당되는 −45° 에서 −90° 범위에서는 대상의 존재 자체를 인식하기 어려우므로 경관요소를 배치함에 있어 주의를 요한다.

그러나 부감을 고려한 경관디자인을 생각하는 경우, 시각적으로 중요한 영역 이외의 범위 역시 매우 중요한 의미를 갖는다는 점을 간과해서는 안된다. 부감의 한계치가 자주 활용되는 사례로는 전망대의 위치나 규모를 설정하는 경우를 생각할 수 있다. 이 경우에 조망각도에 따른 주요경관요소 및 주변경관의 가시여부에 따라 전망대(시점 및 시점장)의 위치나 규모를 결정하게 되나, 그 외에도 전망대에 올라있다는 위치감각과 개방감을 느끼기 위해서는 이용자가 자신의 발밑을 확인할 수 있는 공간구성 즉 −45° 이하 부감의 존재는 필수적인 항목이 된다. 아울러 원경의 성립에 대해서는 굳이 언급할 필요가 없을 것이라 생각한다.

2) 경관디자인의 위상

경관디자인의 위상은 크게 두 가지로 나누어 생각할 수 있다.

① 관계조작에 의한 경관디자인

② 대상의 개변(보호·보전·개선·창조)에 의한 경관디자인

②의 디자인 개념은 일반적인 사물이나 공간에 대한 기존의 디자인과 크게 다른 내용이 아니다. 다만 여기서 굳이 언급하는 이유는, 바람직한 경관디자인의 진행순서는, ①을 통한 경관디자인의 방향이 설정된 후, 그것을 근거로 ②의 디자인작업이 이루어져야 한다는 점을 강조하기 위해서이다.

물론 경관디자인이 갖는 실제적이고 고유한 특성은 ①의 관계조작에 의한 경관디자인에 있다. 왜냐하면 경관이란 인간의 시각을 매개로 하는 포괄적 현상이기 때문에, 경관디자인에서 다루어야 하는 내용을 사물이나 공간과 같은 대상만으로 한정하기 어렵다는 이유에서이다. 결국 바라보이는 대상과 시점의 관계, 혹은 바라보이는 대상 상호간의 관계는 경관의 본질적인 부분이므로, 이것을 디자인을 행하는 단계에서 수용하고 활용한다면 대상 자체를 변화시키지 않으면서도 경관을 디자인 할 수 있게 된다.

예를 들면, 양호한 조망이 확보되는 「시점」을 선정하는 것, 「시점장」의 경계를 교묘하게 조작하는 것, 서로 다른 「주대상」에 이미지를 부여하여 상호 연관된 대상으로 만드는 방법 등이 관계조작에 의한 경관디자인 즉 관계디자인에 해당된다.

그리고 이상의 상황은 대상 자체를 변경, 변화시키는 경관디자인 ②의 단계에서 제약 및 전제조건으로 작용하게 된다. 대상지에서 기존의 경관가치를 유지하거나 경관훼손이 발생하는 것을 사전에 막기 위한 목적으로, 개발위치나 규모, 구조물 디자인이 규제를 받게 되는 것 등이 그에 해당되는 내용이 될 것이다.

우리들이 추구해야 하는 경관디자인이란, 눈에 보이는 사물 그 자체에 대한 디자인에 국한된 것이 아니므로, ①을 제외한

②의 디자인 행위가 이루어져서는 안 되는 것이 경관디자인이라는 점을 반드시 기억해두어야 할 것이다.

3) 경관구성요소 조작에 의한 관계디자인

이번에는 경관구성요소의 상호 관계조작을 통한 관계디자인 기법에 대해 살펴보기로 하자.

a) 「시점」과 「주대상」과의 관계디자인

「시점」과 「주대상」 사이의 거리를 시거리(視距離, 시점의 연장선을 의미)라 한다. 경관을 구성하는 요소 상호간의 관계조작에서는 「시점」과 「주대상」과의 거리, 방향 그리고 상하관계 등이 관계디자인의 주안점(Key Point)이 된다(그림 13). 그래서 이들의 관계에 따라 「시점」의 위치가 정해지거나 의도적으로 조작되기도 한다.

이와 같은 관계조작 즉 관계디자인을 통해 경관대상과의 일체감 또는 격리감, 긴장감 등을 부여하는 것도 가능하며, 보이는 모습 및 조망점과 대상과의 상하 위치관계에 따라 우월성을 부여하거나 소실되도록 만들어내기도 한다.

예를 들면 대상을 올려다보는 앙감(仰瞰)에 의해서는 대상측에 우월성이 부여되게 되어, 위압감, 숭배감 등의 이미지가 만들어지기도 한다. 그러나 반대로 아래로 내려다보는 부감(俯瞰)이 생겨나는 경우에는 지배적인 조망감, 개방감 등의 효과가 나타나게 된다.

여기서 그림 13에 제시된 「시점」과 「주대상」과의 관계디자인이 적용된 실제 사례를 살펴보기로 하자.

사진 102는 중국 장자제(張家界)의 암석으로 이루어진 산악의 절경이며, 사진 103은 미서부의 거대한 사암대인 자이언 캐년(Zion Canyon)을 인접한 관람공간에서 올려다본 모습이다. 또한 사진 104는 그리스 메테오라(Meteora)의 모습으로, 세 가지 사례 모두 「시점」에서 「주대상」을 올려다보는 경관이 형성

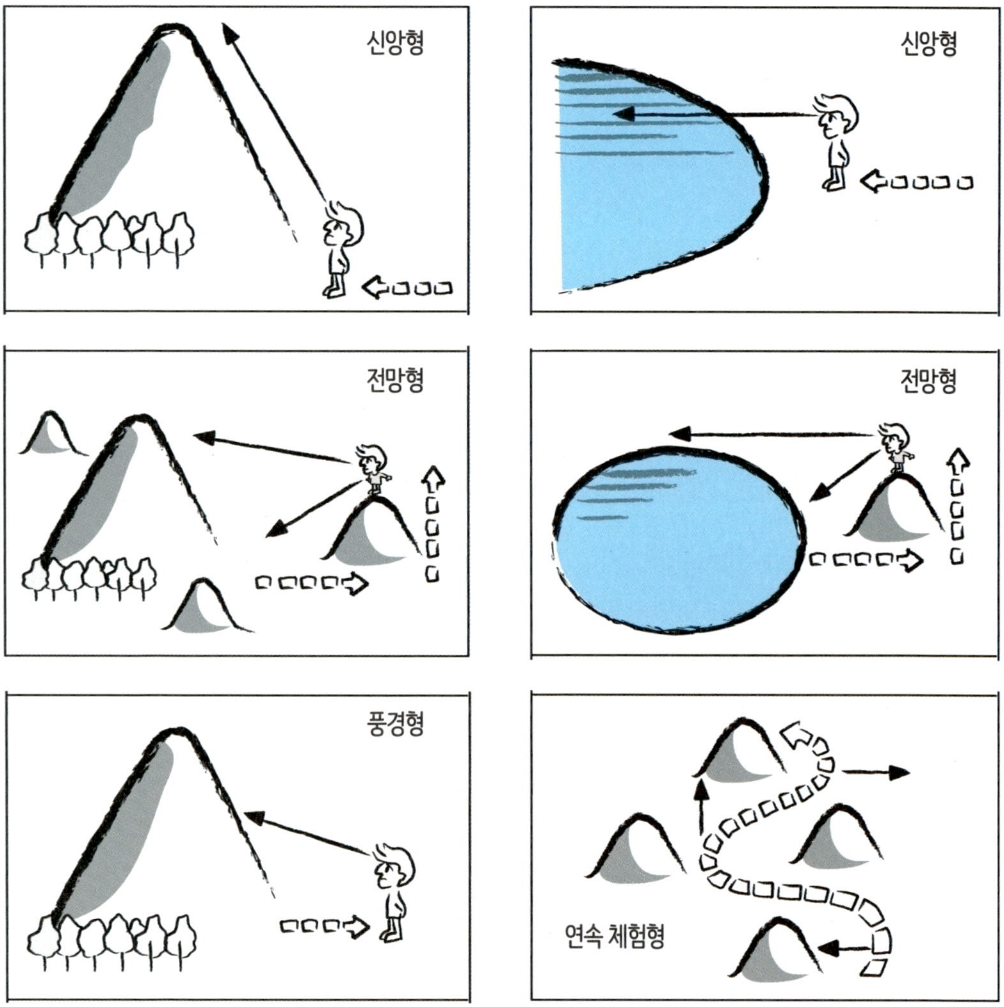

그림 13 시점과 주대상의 관계디자인[5] (시거리, 방향, 상하관계 등)

되는 전형적인 「신앙형」이다. 이때 「주대상」의 상세 형태나 질감 등이 인지되는 관계가 형성되고 있으며, 「시점」과 「주대상」과의 간격이 가까워지면 질수록 위압감이나 차폐감은 강해지게 된다.

사진 105는 터키 카파도키아(Cappadocia) 지역에 있는 바샤바(Pasabag) 계곡으로, 자연적으로 형성된 괴석의 신비로움을 올려다보며 체험하는 경관형태로, 특히 실제로 「주대상」에 도달하지 못하는 즉 정상부에 오르지 못하는 상황인 경우, 대상에 대한 신비로움이나 숭배감 등을 더 크게 느껴지도록 하는

사진 102 신앙형: 장자제(張家界)의 기암괴석(중국)

사진 103 신앙형: 자이언캐년(Zion Canyon)(미국)

사진 104 신앙형: 메테오라(Meteora)의 수도원(그리스)

사진 105 신앙형: 바샤바(Pasabag) 계곡(터키)

관계디자인이 가능하다.

사진 106은 일본 아키타(秋田) 지역의 산 바로 밑에 거주지역이 위치하는 경우로, 배후의 산이 「신앙형」으로 작용하는 사례이다. 물론 「시점」의 위치가 앞쪽 농경지로 이동하게 되면, 「시점」과 「주대상」의 관계는 「풍경형」으로 바뀌게 되는데, 이와 같이 시거리에 따라 경관구성요소의 관계 역시 변화된다는 점이 관계디자인 특유의 기법이 된다고 하겠다.

또 다른 사례를 들어보사. 사진 107은 프랑스 몽셀미셀(Mont st. Michel) 수도원의 모습이다. 이곳으로 접근하는 도로상에서 바라보면 산 위의 수도원은(주대상)은 「신앙형」 관계를 이루고 있다. 그러나 앞서 제시한 사례와는 달리 이 경우에는 「주대상」으로 접근이 가능한 즉 수도원으로 올라갈 수 있는 형태이므로, 사람의 이동에 따라 「주대상」이 「시점」 또는 「시점장」으로 역전되는 현상이 나타나는 장소이다(사진 104의 사례도 동일함). 이때 산 정상에 위치한 수도원은 주변경관을 내려다보며 조망할 수 있는 「시점」으로 바뀌게 되어, 「전망형」 관계를 형

사진 106 신앙형: 시점위치에 따라 주대상과의 관계가 달라지는 사례. 아키타(秋田)의 농촌경관 (일본)

사진 107 신앙형: 접근 여부에 따라 주대상이 시점장으로 역전되는 사례. 몽셀미셀(Mont st. Michel) (프랑스)

성하게 된다. 따라서 이러한 두 가지 측면을 모두 고려하여 관계디자인이 이루어지도록 해야 할 것이다. 바로 이와 같은 점이 경관디자인 진행시 발생하는 어려운 문제가 되겠으나, 한편으로는 얼마든지 다양한 연출이 가능한 흥미롭고 매력적인 부분이 되는 것이기도 하다.

사진 108은 미국 그랜드캐년 국립공원(Grand Canyon National Park)으로 거대스케일의 「주대상」을 조망하는 전형적인 「전망형」 사례이다. 사진 109는 터키 카파도키아(Cappadocia), 사진 110은 호주 블루마운틴(Blue Mountains)을 높은 위치에서 대

사진 108 전망형: 그랜드캐년(Grand Canyon)(미국)

사진 109 전망형: 카파도키아(Cappadocia) 조망(터키)

사진 110 전망형: 블루마운틴(Blue Mountains)(호주)

사진 111 풍경형: 퓨센(Fussen) 부근의 도로경관(독일)

상지역을 내려다본 모습으로, 이와 같이 「시점」에서 「주대상」을 바라보게 되는 「전망형」에서는 지배적인 우월감 또는 개방감이 느껴지는 경관체험이 가능하다.

「시점」과 「주대상」과의 관계디자인 중 그림 13의 「풍경형」은 우리가 일상 속에서 자주 접할 수 있는 관계유형이다. 어느 정도의 거리를 두고 「주대상」을 조망하는 경우가 바로 이에 해당된다. 「풍경형」에서는 「주대상」을 바라보는 「시점」의 위치선정 및 「주대상」으로 접근하는 동선의 형태, 방향, 거리 등을 어떻게 정하느냐에 따라 「주대상」의 이미지 및 경관구성이 확연히 달라지게 된다.

따라서 「풍경형」의 경우에는 「시점」과 「주대상」과의 위치, 상하관계, 방향, 거리 등에 대한 관계설정에 신중한 검토가 필요하다. 특히 조작가능성이 가장 큰 「시점」과 「주대상」과의 적절한 관계설정을 통해 특색있는 경관을 연출해내는 관계디자인 행위도 얼마든지 가능하다.

사진 111은 독일 로텐부르크(Rothenburg)에서 퓨센(Fussen)으로 가는 로멘틱가도(The Romantic Road)에서 바라본 산의 모습으로 「풍경형」의 사례이다. 「주대상」과의 일정거리가 확보되어 있어 산의 전체적인 형태 및 스카이라인을 체험할 수 있으며, 접근도로가 「주대상」과 수직을 이루다가 꺾어지는 형태로 조성되어 있어 「주대상」인 산을 가까운 곳에서 볼 수 있는 「시점」이 만들어져 있다. 즉 접근거리 및 방향에 따라 다양한 경관을 체험할 수 있다는 것이 「풍경형」의 흥미로운 부분이라 하겠다.

「풍경형」의 조금 성격이 다른 사례로 사진 112의 슬로베니아에 있는 블레드 성(Bled Castle)을 들 수 있다. 사진 112와 같이 산 위에 위치한 블레드 성(주대상)이 호수나 강 등의 수공간과 접하거나 마주하고 있는 경우에는, 수공간의 존재로 인해 개방된 공간과 열려진 시야가 확보되는 경관특성이 생겨나게 된다. 또한 교량이나 배를 이용하여 「주대상」으로 접근하게 되므로 「주대상」을 바라보는 시간과 관심 및 집중도가 높아진다는 조망특성이 나타나게 된다. 따라서 「시점」과 「주대상」과의 관계디자인 즉 선박의 운항노선이나 접근방향 등을 조정하는 세심한 검토가 요구되며, 나아가 「주대상」과 주변경관 즉 「대상장」의 조화에도 각별한 관심과 배려가 필요하다.

사진 113 이하의 사례는 앞서 소개한 「신앙형」과 「전망형」을 수공간을 대상으로 살펴본 것이다. 사례를 통해 수면을 바라보는 「시점」과 「주대상」과의 위치 및 상하관계에 따라 눈앞에 펼쳐지는 경관의 이미지가 확연하게 달라지는 것을 알 수 있을 것이다.

사진 113은 뉴질랜드 북섬 피하(Piha) 해변에서 「주대상」인 바다를 바라본 것으로, 사례와 같이 전방한계가 보이지 않는

사진 112 풍경형: 수공간 너머 블레드 성(Bled Castle)은 배후산과 함께 풍경의 일부가 되어 있다(슬로베니아)

사진 113 신앙형: 피하(Piha) 해변에서의 조망. 끝없이 펼쳐지는 바다에의 두려움, 숭배감이 느껴짐(뉴질랜드)

경우에는, 끝없이 펼쳐지는 바다에 대한 두려움, 숭배감을 느끼게 하는 「신앙형」 경관이 형성되는 것이라 보면 된다. 사진 114는 터키 안탈리아(Antalya)의 지중해 해안으로 「신앙형」 관계디자인 대표적인 사례이다.

「신앙형」의 다른 사례로 사진 115는 일본 홋카이도(北海道) 시코츠토야(支笏洞爺)의 호수로, 맞은편 공간이 보이는 즉 수공간의 경계를 인식할 수 있다는 점에서 「신앙형」의 이미지가 달라진다고 생각할 수 있다. 그러나 바다와는 달리 호수라는 정적인 이미지와 깊이에 대한 불확실감이 차별화된 경관이미지를 만들어내는 효과가 있으므로, 이러한 부분을 관계디자인에 활용하는 것도 바람직할 것이다.

사진 116은 「시점」과 「주대상」이 앙각관계를 이루는 사례로, 「신앙형」의 예외적인 형태라 볼 수 있다. 미국의 나이아가라(Niagara) 폭포를 배를 타고 바다 쪽에서 올려다본 모습으로, 관계디자인을 통해 장엄하고 신비로운 이미지의 경관이 연출된 사례이다.

사진 114 신앙형: 안탈리아(Antalya) 해안(터키)

사진 115 신앙형: 시코츠토야(支笏洞爺) 호수(일본)

사진 117, 사진 118, 사진 119는 「전망형」의 사례로, 이와 같이 「시점」에서 「주대상」을 멀리 바라보거나 내려다보는 관계가 만들어지는 경우에는 우월감 또는 개방감이 느껴지는 경관연출이 가능하다.

나아가 체험자의 시점이 이동해감에 따라 보이는 대상이 바뀌어가는 경관체험이 가능한 경우를 「연속체험형」이라 한다. 사진 120은 스코틀랜드 에딘버러(Edinburgh) 시가지의 모습으로, 시점이동에 따른 경관변화를 나타낸 것이다. 구시가지를

사진 116 신앙형: 주대상인 나이아가라(Niagara) 폭포를 올려다보는 시점(바다)에서 조망(미국)

사진 117 전망형: 나폴리의 카브리(Capri) 섬 정상에서 바다를 조망. 내려다보는 시점에서의 경관(이태리)

사진 118 전망형: 바다 조망. 이스탄블(Istanbul)(터키)

사진 119 전망형: 크로아티아(Croatia) 아드리해의 조망

통과하여 에딘버러 성까지 가는 과정에서 체험할 수 있는 경관으로, 각각의 사진을 살펴보면 경관구성의 포인트가 되는 서로 다른 경관요소가 존재하고 있는 것을 알 수 있다.

사진 120 연속체험형: 시점 이동에 따라 주대상이 바뀌어 가는 에딘버러(Edinburgh)의 가로경관 (스코틀랜드)

이와 같이 「시점」과 「주대상」이 이동에 따라 바뀌어가는 흥미로운 경관을 디자인해내기 위해서는, 연속되어 있는 공간들이 서로 다른 이미지의 장소로 인식될 수 있도록 변환지점(시점)을 설정하고 상호 조정해가는 관계디자인이 필요하다.

이에 관련된 사례로 사진 121을 살펴보자. 제시된 사진은 스페인 남부 세비야(Sevilla)의 구시가지 그림지도로 거리에서 촬영한 것이다. 세비아의 주요 공공시설들이(지도에 건물이나 나무 그림으로 표시된 부분) 시가지 여기저기에 분산 배치되어 있으며, 불규칙한 형태의 도로가 시설들을 상호연결해 주고 있는 것을 확인할 수 있다. 지도를 보면 도로를 이동하면서 각각의 시설들이 마주 보이는 경우는 없을 것으로 생각되어, 각 시설이 자리한 공간은 독립성이 유지되어 있는 것으로 보인다. 즉 각기 다른 이미지의 경관이 형성되어 있는, 즉 「시점」과 「주대상」과의 관계조작에 의한 관계디자인이 효과적으로 이루어지고 있는 것으로 보이는 좋은 사례라 하겠다.

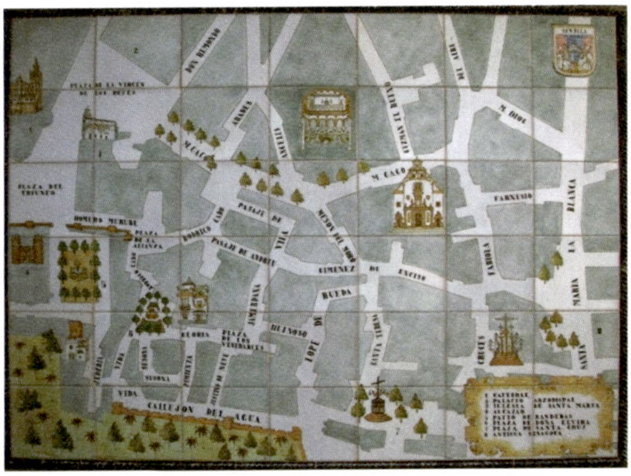

사진 121 세비야(Sevilla) 구 시가지의 그림 지도(스페인)

사진 122 카르카손(Carcassonne)의 시가지(프랑스)

사진 122는 프랑스의 중세 성벽도시 카르카손(Carcassonne)의 시가지를 위에서 내려다 본 모습으로, 건축물 군 사이로 복잡하고 불규칙한 형태의 도로가 만들어져 있는 것을 알 수 있다. 이러한 공간형태는 앞서 언급한 「시점」과 「주대상」 사이에 「연속체험형」 관계가 형성되기 용이한 구조로, 체험자가 이동함에 따라 눈앞에 다양한 경관이 바뀌어가며 펼쳐질 것이라 예상된다. 현대도시와는 달리 중세도시의 경관이미지가 우리들의 기억에 오랫동안 남게 되는 이유도 이러한 연속적인 경관체험에 근거하는 것일지도 모르겠다.

이번에는 연속되어 있는 공간들이 서로 다른 이미지의 장소로 인식되도록 하는 경관구성요소의 관계디자인에 대해 조금 더 실제적인 방안을 생각해보기로 하자.

우리가 가장 흔하게 사용하는 방법은, 기존의 지형변화를 이용하여 이동동선에 고저차를 주거나 동선의 방향을 변화시키는 것이다. 그 밖에는 구조물을 이용하여 동선 및 공간을 차단하는 등으로 경관분리를 시도하는 것도 효과적인 방법이 될 수 있다.

지형변화를 이용하여 경관변화를 만들어낸 사례로, 프랑스 뚜르(Tours)의 가로경관을 들 수 있다(사진 123). 이 사례에서는 도로의 레벨변화 및 가로수 식재, 교량의 존재로 강한 방향성과 공간이동 등의 동적이미지가 연출되고 있어, 경관변화를 느낄 수 있다.

사진 124 역시 지형의 고저차(Level 변화)를 이용한 사례로, 상부와 하부 두 공간은 계단으로 연결되어 있으나 계단 너머가 보이지 않는 공간구성으로 공간분리 및 차별화된 경관연출이 가능한 관계가 형성되고 있다.

특히 사진 125, 사진 126과 같이 길이 굽어져 전방이 보이지 않는 동선은 호기심을 유발시키는 효과가 있어, 실제로 특징적인 주대상이 존재하지 않는 경우라 하더라도 경관변화를 연속적으로 체험하고 있는 것과 같은 흥미로운 분위기를 만들어낼 수 있다. 물론 곡선도로가 끝나는 변곡점에 실제로 우수한 경관대상이 존재한다면 집중도가 극대화되는 효과를 낼 수 있다.

그리고 공간차단 및 분리의 대표적인 예로는, 두 공간 사이에

사진 123 도로의 레벨변화 및 가로수에 의해 방향성과 동적이미지가 부여된 공간 사례. 뚜르(Tours)(프랑스)

사진 124 계단을 이용한 공간 분리로 경관변화를 만들어낸 사례. 똘레로(Toledo)의 구시가지 (스페인)

문을 설치하거나 다리를 이용하는 수법 등을 생각할 수 있다. 사진 127은 프랑스 보르도(Bordeaux)의 구시가지와 신시가지 사이에 존재하는 문으로, 이 문은 공간을 나누는 변환점으로 작용하게 된다.

동일한 사례로 사진 128은 아비뇽(Avignon)에 현존하는 암석 성벽이다. 사진에 나타난 바와 같이 도로로 연결되어 있는 2개의 터널(성문)은 성곽 내외부의 경관 변환점이 된다.

교량의 설치도 공간분할 및 이미지를 변환시켜주는 역할을

사진 125 굽어져 전방이 보이지 않는 동선은 호기심을 유발시키는 효과가 있다. 테시마(豊島)(일본)

사진 126 깐느(Cannes)의 거주지 경관. 곡선도로와 지형경사가 더해져 경관변화가 기대되는 구성(프랑스)

사진 127 보르도(Bordeaux) 구시가지와 신시가지 사이에 존재하는 문으로, 공간 변환점으로 작용(프랑스)

사진 128 아비뇽(Avignon) 구시가지로 들어가는 성벽 입구. 내부와 외부의 경관변화가 예상됨(프랑스)

사진 129 사라예보(Sarajevo)의 라틴(Latin) 다리 (보스니아헤르체코비나)

사진 130 밤베르크(Bamberg) 구시청과 연결된 오베레(Obere) 다리. 강 중앙에 건물이 위치 (독일)

사진 131 아비뇽(Avignon) 구시가지 (프랑스)

사진 132 아비뇽(Avignon) 구시가지 (프랑스)

사진 133 뉘렌베르크(Nuernberg) 구시가지 (독일)

사진 134 액상프로방스(Aix en Provence) (프랑스)

담당하는 경관의 주요구성요소이다. 사진 129는 보스니아헤르체코비나 사라예보(Sarajevo)에 있는 라틴 다리(Latin Bridge)이다. 이 다리에 얽힌 역사적인 사실은 생략하고, 여기에서는 경관측면에서의 역할을 살펴보자. 라틴 다리는 폭 4.3m, 길이 38m에 불과한 구조물로, 특히 이 다리의 경우 경사가 있는 역V자 형태로 만들어져 있어 교량 입구에서는 다리 건너편 공간의 전체적인 모습이 조망되지 못하는 상황이 연출되고 있다. 즉 두 장소가 물리적으로는 라틴 다리에 의해 연결되어 있기는 하나, 이미지상으로는 공간의 분리와 차별화가 되어있는 사례라 할 수 있겠다.

사진 130은 독일 밤베르크(Bamberg)에 있는 오베레(Obere) 다리로, 중앙에 위치한 구시청과 연결된 2개의 교량이 각기 다른 방향으로 연결되어 공간분리가 이루어지고 있는 사례이다.

한편 동선의 방향 및 위치조절을 통해서도 공간차단 및 분리효과를 얻어낼 수 있어 다양한 경관연출이 가능하다. 사진 131과 사진 132는 프랑스 아비뇽(Avignon) 구시가지의 모습으로, 건축물에 의해 동선이 시각적으로 차단되고 물리적으로는 굽어진 형태가 만들어져 공간분리가 이루어진 사례이다.

사진 133과 사진 134 역시 도로가 굽어지거나 여러 갈래의 길이 형성되어 있는 경우로, 「시점」과 「주대상」의 관계조작을 통해 경관이미지에 변화를 줄 수 있는 참고가 되는 사례이다.

b) 「시점장」과 「대상장」, 「주대상」과의 관계디자인

디자인상의 포인트는, 「시점장」과 그 외부공간(대상장)과의 관계조작 즉 「시점장」과 「대상장」과의 경계를 어떻게 취급하느냐에 있다.

구체적으로는 「시점장」과 그 밖으로 확대되는 대상과의 관계에 관한 것으로, 「시점」이 형성되는 「시점장」과 「대상장」 및 「주대상」과의 시각적·물리적 연속성에 대한 것이 관계디자인의 주안점이 될 것이다. 즉 「주대상」으로 연결되는 「시점장」 혹은 이동동선에 해당하는 「시점장」이 외부와 연결되는 개방적인 형태로 되어 있는지 또는 차단 제한되어 있는 형태인지 등의 관계이다.

그림 14에 나타낸 바와 같이 시각적 또는 물리적으로 좌우 및 안팎의 공간이 상호 연결되어 있는지, 차단되어 있는지에 따라 공간 상호간의 관계와 이미지는 크게 달라지게 된다. 연결과 차단에 의한 효과는 경관의 안정감, 폐쇄감과 개방감의 부여, 연속성, 격리감, 방향성의 강조 등을 생각할 수 있다.

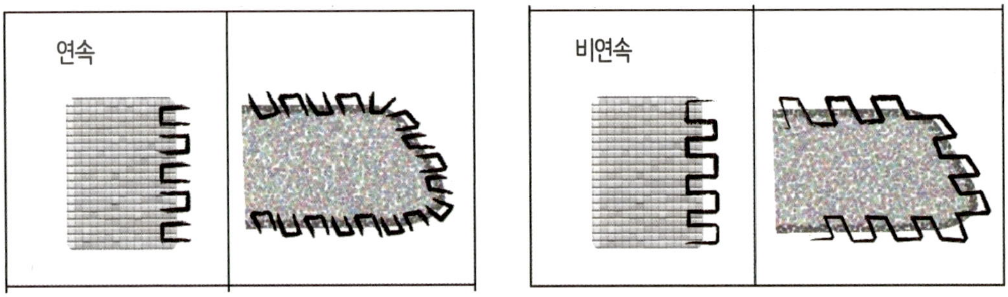

그림 14 시점장과 대상장, 주대상과의 관계디자인[5] (시각적, 물리적 연속성 여부)

사진 135는 「시점장」과 「대상장」이 연속되어 있는 영국의 리젠트공원(Regents Park)이다. 이동동선에 해당하는 산책로와 주변공간인 「대상장」이 연속되어 있어 언제든 이동이 가능한 상태가 되어 있다. 경관적으로 연속성이 있으며 방향성이 느껴지는 공간이나 개방적인 경관이미지가 형성되어 있다. 우측은

시각 및 물리적으로 연속되어 있으며, 좌측은 수림에 의해 차단되어 있다.

그에 비해 사진 136은 일본 나가사키(長崎) 운젠국립공원(雲仙國立公園)의 지옥(地獄)계곡으로, 「대상장」인 화산지대와 「시점장」인 탐방로가 차단되어 있는 것을 알 수 있다. 이 경우 두 공간은 시각적으로는 연속되어 있으나, 물리적으로 차단된 상태로 격리감이 느껴지는 관계를 이루고 있다.

사진 137은 러시아 모스크바(Moskva) 마네쥐(Manezh) 광장으로 「시점장」과 「주대상」이 연속되어 있는 사례로, 시각적, 물

사진 135 연속: 리젠트(Regents) 공원의 산책로(영국)

사진 136 비연속: 운젠(雲仙) 지옥계곡의 탐방로(일본)

사진 137 연속: 모스크바(Moskva) 마네쥐 광장(러시아)

사진 138 비연속: 주택가의 하천변 휴게공간(영국)

리적으로 연속되는 개방적인 경관특성을 갖는 공간이다. 이에 비해 사진 138은 영국 교외의 주택가 보튼온더워터(Bourton on the Water)의 하천변에 있는 휴게공간의 모습이다. 개방적이고 편안한 이미지를 주고 있으나, 전면에 수공간이 자리하고 있어 「시점장」과 「주대상」 및 「대상장」과는 명확한 경계를 이루고 있다. 단, 물리적으로는 단절된 비연속 관계를 이루고 있으나 시각적으로는 연속되어 있는 사례이다.

사진 139는 영국 런딘(London) 시청 앞 광장으로 연속과 비연속의 관계디자인이 함께 사용된 사례이다. 시청건물에서 광장으로, 연결되는 이동동선(시점장, 사진 상단의 난간으로 보이는 부분)은 광장 중심무대(주대상)와 단절된 비연속 관계를 형성하고 있다. 한편 사진 하단을 보면, 광장 중심무대와 「시점장」에 해당하는 곡선형태의 계단부는 시각적, 물리적으로 연결되어 연속성을 유지하고 있다. 이와 같이 경관디자인에서 「시점장」과 「대상장」 또는 「시점장」과 「주대상」의 관계, 즉 경관구성요소의 경계처리방식에 따른 연속 및 비연속의 관계조작은 경관의 성격을 좌우하는 주요요소로 작용하는 것을 알 수 있다.

사진 139 연속+ 비연속: 런던 시청 앞 광장(영국)

사진 140 비연속: 전망대에서 바다를 조망(일본)

사진 140은 일본 3경(景)의 하나인 교토부(京都府) 아마노하시다테(天橋立)를 인근전망대에서 바라본 것이다. 「시점장」 및 「시점」에 해당하는 전망대와 내려다보이는 「주대상」 및 「대상장」은 시각적으로는 연결되어 있는 개방적인 구조이나 물리적으로는 차단되어 있는 비연속관계를 이루고 있다. 이와 같은 전망대(시점·시점장)와 조망대상(주대상)은 상호 단절된 관계를 유지하도록 계획하는 것이 일반적인 관계조작의 기법이다. 우수한 조망경관이 확보되는 곳에 조성되는 전망대의 효과를 높이기 위해서는, 시각적 연속과 물리적 비연속이 함께 사용되는 공간으로 만들어주는 것이 관계디자인의 포인트가 된다고 하겠다.

c) 「주대상」과 「대상장」 또는 「주대상」 상호의 관계디자인

「주대상」과 「대상장」과의 관계 및 「주대상」 상호의 관계조작 역시 주요한 관계디자인 기법이다. 그림 15는 「주대상」과 「대상장」 상호의 관계디자인을 도식화한 것이다.

그림 15-a와 같이, 기존경관에 우수한 「주대상」이 이미 존재하는 경우에는 그 요소를 존치 또는 부각시키기 위한 방법으로 「대상장」과의 관계검토를 통한 디자인 배려가 필요하다. 적어도 기존의 경관이미지를 손상시키는 일이 없도록 「주대상」과 유사한 요소를 인접시켜 배치한다거나 차폐하는 등의 행위는 삼가야 한다는 의미이다. 그 이유는 「대상장」은 「주대상」이 담당해야 할 경관구성요소로서의 역할을 위해 없어서는 안 될 필수적인 배경요소가 되기 때문이며, 그런 까닭에 명쾌한 관계디자인이 이루어져야 한다.

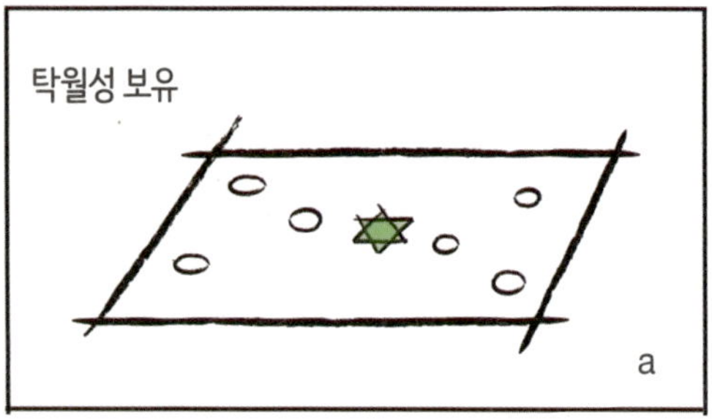

사진 141 탁월성 보유: 주대상이 이미 존재(피렌체)

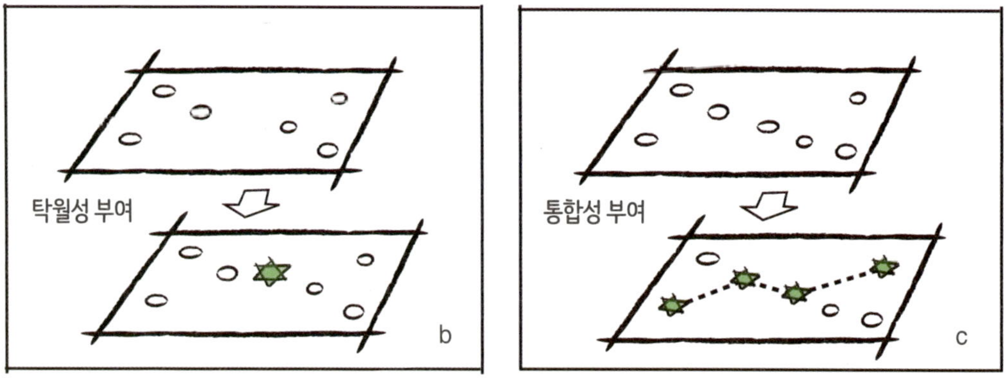

그림 15 주대상과 대상장, 주대상 상호의 관계디자인[5] (탁월성 및 통합성 부여)

관련 사례를 살펴보자. 사진 141은 이태리 피렌체(Florence)의 산타크로체(Santa Croce) 광장에서 바라본 크로체 성당의 모습이다. 사진에 나타난 바와 같이 탁월성을 보유한 「주대상」이 이미 존재하는 경관이다. 광장의 주요 경관요소인 크로체 성당(주대상)이 돋보일 수 있도록, 주변 건축물(대상장)의 규모 및 형태에 대한 배려가 엿보이는 관계디자인이 이루어져 있다.

이와 같은 「주대상」과 「대상장」과의 관계디자인이 이루어진 다른 사례로 바다에서 시가지를 조망하는 경우를 살펴보자.

사진 142를 보면 시드니(Sydney)의 랜드마크인 오페라하우스(Opera House)가 이미 경관의 「주대상」으로 자리하고 있는 것을 알 수 있다. 이처럼 「주대상」의 탁월성이 보장되기 위해서는

「대상장」과의 관계가 매우 중요하다. 사진 좌측의 건축물들은 사각형태를 취하고 있어 오페라하우스가 사용하고 있는 곡선 또는 사선은 사용하고 있지 않다. 아울러 건축물의 규모 측면에서도 차별화가 이루어지고 있는 것을 알 수 있다.

바람직하지 못한 사례도 살펴보기로 하자. 사진 143은 터키 이스탄블(Istanbul)의 소피아 성당으로 현재는 박물관으로 사용되고 있는 건축물이다. 독특한 디자인과 첨탑으로 인해 누가 보더라도 탁월한 「주대상」이다. 다만 성당과 인접한 도로변의 건축물(사진 우측)은 도로 및 전면 녹지광장 등 주요시점에서 볼 때, 성당과 비슷한 높이로 조성되어 있으며, 건축물의 마감재료의 질감 역시 유사한 느낌을 주고 있다. 그로 인해 「주대상」의 경관이미지를 저감시키는 등 인접 건축물이 「대상장」의 역할을 다하지 못하고 있는 지양해야 할 관계디자인 사례라 하겠다.

사진 144는 이태리 밀라노(Milano) 나빌리오(Naviglio) 지구로, 「주대상」이 명확하지 않고 산만한 모습이다(전면부 좌우의

사진 142 탁월성 보유: 바다 측에서 바라본 오페라하우스. 주대상의 탁월성이 강조되는 관계디자인 (호주)

사진 143 탁월성 보유: 주대상에 부적절한 영향을 미치는 관계디자인의 적용 사례. 이스탄블(Istanbul) (터키)

노란건축물은 지하철역). 이러한 경우에는 그림 15-b와 같이 탁월한 요소를 도입하여 특징적인 경관을 만들어주는 것이 좋다. 사진 144의 사례에서는 단기적인 이벤트성 작업이기는 하나 달팽이를 주제로 한 환경조형물을 거리에 배치하여 새로운 「주대상」을 만들어냄으로써 흥미로운 경관을 연출해내고 있다.

사진 145, 사진 146, 사진 147은 「주대상」의 통합을 통해 특징적인 경관이미지를 연출해낸 사례로, 그림 15-c의 통합성을 부여하는 관계조작에 해당한다. 우리들이 우수한 경관이 형성되어 있다고 말하는 대부분의 도시경관지에서 체험할 수 있는 형태이다. 어떤 지역에서 특정지역의 경관을 구성하는 다수의 복합적인 요소가 상호조화를 이루거나 공통적인 특성을 보유하여 하나로 뭉뚱그려진 통합된 경관을 형성해내는 경우가 이에 해당된다.

사진 145는 독일 레겐스부르크(Regensburg)의 모습으로, 도나우 강과 접해있는 건축물들이 유사한 지붕형태를 이루고 있어 통합된 이미지를 만들어내고 있는 관계디자인의 사례이다. 아울러 건축물의 층수, 벽면, 창문 등의 형태에 변화를 주어 다양성을 추구함으로써 매력적인 경관을 만들어내고 있다.

사진 146은 프랑스 뚜르(Tours)의 시가지 모습이다. 도로 양

사진 144 **탁월성 부여:** 주대상이 명확치 않은 경우, 탁월요소를 부여하여 흥미로운 주대상을 만들어냄 (이태리)

측에 늘어선 건축물들의 구성을 살펴보면, 규모 및 지붕형태가 동일한 건축물을 군데군데 배치하여 시가지 전체가 통합된 이미지를 만들어내도록 유도하고 있다. 통합을 통한 경관이미지 연출의 좋은 사례라 생각된다.

사진 147은 노르웨이 베르겐(Bergen) 구시가지의 모습으로, 삼각지붕 형태의 건축물군이 통합된 이미지를 만들어내어 「주대상」 역할을 담당하고 있는 사례이다. 유네스코 문화유산으로 지정되어 있는 이곳은 사진에 나타난 바와 같이 도로이용자

사진 145 통합성 부여: 유사한 지붕형태로 통합이미지를 만들어낸 사례, 레겐스부르크(Regensburg)(독일)

사진 146 통합성 부여: 동일규모, 형태의 건축물을 점적으로 배치하여 통합경관을 연출. 뚜르(Tours)(프랑스)

사진 147 통합성 부여: 동일한 지붕형태로 통합성 부여. 베르겐(Bergen) 구시가지(노르웨이)

시점에서 통합된 지붕형태가 조망되도록 교차지점에서도 건축선의 조정과 입면이 부각되는 배치 등 관계디자인이 이루어지고 있는 것을 확인할 수 있다.

이상에서 살펴본 바와 같이, 「주대상」을 조작대상으로 하는 탁월성의 취급방법 즉 탁월성의 유지관리와 부여 또는 제거, 그리고 관계디자인을 통한 경관통합성의 부여 등 관계형성과 연출이 디자인의 키포인트가 된다.

---

1) 篠原 修, 1982, 土木景觀計劃, 技報堂出版, pp.19-39

2) 篠原 修, 1982, 土木景觀計劃, 技報堂出版, p.20에서 일부 인용 後 재구성

3) 전게서 1), 원서에서는 「경관파악모델」이라 명명하고 있으나 그 내용 및 외국어 표현상의 차이를 고려하여 「경관분석모델」로 명칭을 변경하였음. p.28을 참고로 재작성

4) 전게서 1), p.35에서 인용 後 재작성

5) 전게서 1), p.38에서 인용 後 재작성

제3장 경관계획의 진행방법

본서에서 다루고 있는 경관계획은, 특정 계획대상지를 대상으로 하는 프로젝트 시행을 위한 것으로, 실무를 위한 지침서 성격을 갖는 것이다. 따라서 최근 경관법 제정에 따라 각 도·시·군에서 수립하고 있는 경관계획의 대상범위 및 진행내용과는 다소 차이가 있을 수 있다는 점을 이해하기 바란다.

법적에서 수립하도록 되어 있는 경관계획은 계획대상지가 대규모인 경우가 많으며, 보다 포괄적이고 장기적인 계획으로 진행되는 경우가 대부분이다. 그리고 이러한 경관계획의 경우에는 원활히 수립될 수 있도록 도움을 주기 위한 경관계획수립지침이 2015년 3월 11일(국토교통부 고시 제 2015-145호, 행정자치부, 문화체육관광부, 농림수산식품부, 환경부, 해양수산부,

국토교통부, 산림청) 공포되어 있으므로, 제시된 계획내용과 작성원칙에 맞추어 간다면 계획을 수립하는데 별다른 어려움은 없을 것으로 보인다.

여기서 잠시 경관법에 규정되어 있는 경관법의 제정목적과 주요내용을 살펴보기로 하자.

2007년 제정된 경관법은, "국토의 경관을 체계적으로 관리하기 위하여 경관의 보전·관리 및 형성에 필요한 사항을 정함으로써 아름답고 쾌적하며 지역특성이 나타나는 국토환경과 지역환경을 조성하는데 이바지함"을 목적으로 하고 있다. 그리고 국토교통부장관은 아름답고 쾌적한 국토경관을 형성하고 우수한 경관을 발굴하여 지원·육성하기 위하여 경관정책기본계획을 5년마다 수립·시행하여야 한다고 규정되어 있다(경관법, 법률 제12013호, 2013.8.6. 전부개정, 법률 제13726호, 2016.1.6. 타법개정).

아울러 경관계획수립지침을 보면, "경관계획은 지역의 자연경관 및 역사·문화경관, 도시·농산어촌의 우수한 경관을 보전하고, 훼손된 경관을 개선·복원함과 동시에 새로운 경관을 개성 있게 창출하기 위한 정책방향, 기본구상 및 계획을 수립하고, 그 실행방안 등을 제시하는 해당 지방자치단체의 자치적 법정계획"이라 제시되어 있다. 경관계획은 시·도 및 인구 10만 명을 초과하는 시·군에서 반드시 수립(특정경관계획은 선택적으로 수립)하여야 하며, 그 밖의 지방자치단체에서는 지역주민의 의견과 요구, 지방재정의 고려, 정책집행의 우선순위 등 지역의 여건과 상황에 따라 선택적으로 수립하는 계획으로, 계획의 목적과 내용적 범위, 계획수준, 계획수립주체에 따라 도 경관계획, 시·군 경관계획, 특정경관계획으로 나누어진다고 규정

- 도 경관계획 : 도 관할구역 전체에 대한 경관계획의 목표를 제시하고, 주요 경관권역, 경관축, 경관거점 등을 설정하며, 경관을 보전, 관리 및 형성하기 위한 기본방향 및 기본방침을 제시하는 계획
- 시·군 경관계획 : 시(특·광역시 및 특별자치시 포함)·군 관할구역 전체에 대한 경관계획의 기본방향을 제시하고, 구체적인 장소를 대상으로 경관 보전·관리 및 형성을 위한 실행계획 등을 제시하는 계획
- 특정경관계획 : 관할지역의 특정한 경관유형(산림경관, 수변경관, 가로경관, 농산어촌경관, 역사문화경관, 시가지경관 등)이나 특정한 경관요소(야간경관, 색채경관, 옥외광고물 경관, 공공시설물 경관 등)를 대상으로 경관의 보전·관리 및 형성을 위한 실행방안을 제시하는 계획

되어 있다.

이제 법정계획이 아닌, 개별사업(프로젝트) 중심의 경관계획에 대해 이야기 해보자.

우리가 알고 있는 일반적인 프로젝트의 진행과정은, 기본구상-계획-설계-시공-관리의 단계를 거치는 것이다. 그리고 프로젝트가 수행되는 과정에서는, 대상지역을 관할하는 행정조직 등이 이미 정해놓고 있는 상위계획인 대상지역 전체 또는 종합적인 정비방침을 포함한 마스터플랜 등의 존재여부 및 관련되는 해당사항 등에 대한 검토를 기본적으로 수행하여야 한다. 최근에는 경관법 제정으로 인해 각 도 및 시·군의 경관계획이 이미 수립되어 있는 경우가 많으므로, 이를 근거로 하여 대상지역에 대한 현황, 구역구분, 특정지구 설정여부, 규제 등을 검토한 후에 개별사업에 대한 기본구상을 진행하여야만 할 것이다.

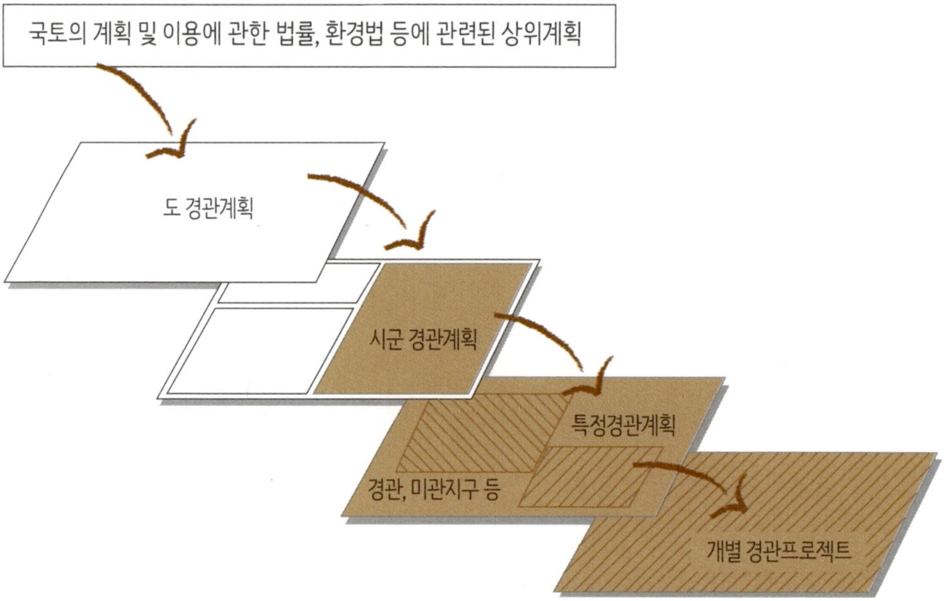

그림 16 관련법규 및 기존계획의 검토순서

1. 경관계획과 경관설계

계획이나 설계 모두 어떤 목적을 실현시키기 위해 필요한 수단을 준비하는 과정이다. 계획에서는 수단과 순서의 절차 등 방법론 즉 기능이 중시되나, 설계에서는 목적 실현을 위한 실천수단, 즉 설계기법 등의 형태가 중시된다. 계획은 논리적이어야 하는 반면, 설계는 실천적인 작업이다.

물론 계획에서도 구상계획에서 실천계획에 이르는 계획의 단계가 존재하며 결과물에 가까워지게 되면 보다 설계적이 된다고 할 수 있다. 하지만 양자의 결정적 차이는 계획이 시간개념을 포함하는 확률적인 작업인데 비해, 설계는 시간개념을 포함하지 않는 확정적 작업이라는 점에 있다. 따라서 계획에서 예측작업은 불가피한 과정이지만, 설계는 그렇지 않다.

그런데, 경관계획에서는 주체가 직접 조작할 수 있는 요소와 그 이외의 요소, 그리고 인간의 평가변화까지도 예측하고 또 그것들을 직간접으로 조절하는 방법과 실행을 위한 제안까지도 필요하다. 경관계획에서 자주 시도되고 있는 사진합성 등을 통한 경관시뮬레이션도 정확하게 말하면 예상되는 시설과 경관변화에 대한 구체적인 예측형태이다.

결국 현재 이루어지고 있는 경관계획의 대부분은 계획이라기보다는 설계작업에 가깝다고 할 수 있으며, 경관설계가 단순히 사물이나 공간을 설계하는 행위에만 한정된 것이 아니라는 점을 고려한다면, 경관계획과 경관설계의 경계가 애매하다는 것 역시 경관분야가 갖는 하나의 특성으로 이해해야 할 것이다.

2. 경관계획의 대상영역

경관계획을 수행하는 경우 그 대상영역을 어디까지로 해야 할 것인가 판단하는 것은 매우 어려운 문제이다. 우리들이 눈으로 보고 체험할 수 있는 환경이 경관이라는 관점에서 볼 때, 계획대상지의 규모나 형태 등의 경계가 명확히 정해져있는 상황이라 하더라도, 우리들의 눈에 들어오는 3차원적인 환경은 대상지보다 더 확장된 대상지 너머 혹은 주변지역을 모두 포함하게 되는 경우가 많다. 때로는 계획대상지보다 훨씬 넓은 영역이 계획대상으로 다루어야 할 범위에 포함되는 경우도 있다.

그렇다면 대상지를 넘어선 영역에 대해서는 도대체 어디까지 포함시켜야 하는가가 의문스러워질 것이다. 그런데 경관이란,

「인간의 눈에 보이는」이라는 전제조건이 작용하므로, 당연히 보이는 영역까지가 계획범주에 들어가야 할 것이다. 그리고 어디까지 볼 수 있느냐 하는 것은, 인간의 시지각 인지범위가 하나의 기준으로 작용하게 될 것이다. 물론 대상지 주변의 자연적 조건 및 인공적 조건에 따라 보이는 범위나 상태가 달라지게 된다. 예를 들면 산이 가리고 있다던가, 호수가 있어 시야가 개방되어 있다거나, 건축물 등 구조물로 인해 시야가 차단되어 있다든가, 대상지 위치의 고저상황에 따라 달라지기도 한다.

이러한 설명이 애매모호한 기준이라 생각할지 모르겠으나, 실제로는 경관계획 대상지에서의 현지조사를 통해 객관적인 경계기준은 충분히 마련될 수 있다. 개별적이고 소규모 프로젝트의 경우라면, 비교적 주변 환경이 제한되어 있는 경우가 대다수이므로, 경계를 정하는 작업은 비교적 용이하다고 할 수 있다. 그러나 대상범위가 광대한 경우나 장기계획을 수립하게 되는 법정계획의 경우에는 경관대상지 주변의 산이나 강 등 자연요소 또는 도로 등을 경관권역의 경계로 활용하게 되는 경우가 많다.

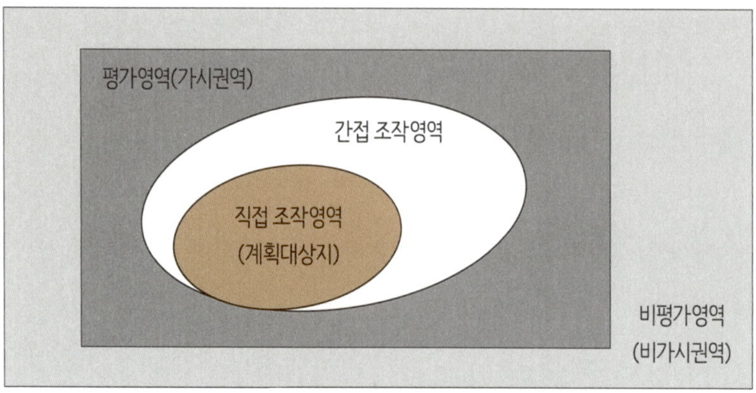

그림 17 경관계획 진행시 대상영역과 평가영역

한편 우리가 반드시 기억해야 할 경관계획의 특수성은, 확장된 대상영역 전체에 대한 계획을 만들고 시행해야 하지만, 실제 계획가가 직접 조작 가능한 영역은 주어진 계획대상지 내에 국한될 수밖에 없다는 점이다. 물론 간접적인 방법으로 조금 더 확장된 영역을 조작하는 것은, 아니 조절하는 것은 가능하다. 그런데 이렇게 어려운 작업을 하고 난 후 이루어지게 되는 경관계획에 대한 평가는, 다시 원점으로 돌아와 눈에 보이는 환경이라는 거대한 영역으로 확장된 상태에서 받게 된다. 게다가 실제로 우리 눈앞에 펼쳐져 있는 경관은 지형, 지질, 식생, 기후와 같이 자연에 의해 이미 디자인되어 있는 것들이며, 나아가 홍수, 산사태, 해안침식과 같은 자연현상도 지속적으로 이루어지고 있는 경관디자인 행위라고 볼 수 있다. 특히 우리나라에서는 자연에 순응하고 땅의 지형지세를 고려하여 인공시설물들을 자리하게 하는 등 자연환경에 생활환경을 맞추어 가는 친환경적인 사상이 중시되어 왔기에, 경관디자인에 대한 평가도 이러한 사상을 근간으로 이루어진다고 해도 지나치지 않을 것이다.

이러한 맥락에서 볼 때 경관디자인이란 계획가, 공공기관, 대중 그리고 자연의 합동작품이라 할 수 있다. 대중은 경관계획에 있어 평가자일 뿐만 아니라 계획의 주체자이기도 하다. 예를 들어 기존 시가지에서 아름다운 경관조성을 목적으로 경관계획을 수립하고 이를 시행하고자 하는 경우, 개인이 소유하는 주택의 형태나 색채, 재료 등에 조절 또는 규제에 대한 제안 등이 이루어지게 된다. 그 경우 경관계획에 대한 대중의 합의와 협력 없이 사유재산을 규제, 조절하는 것은 원칙적으로 불가능한 것이기 때문에, 대중은 경관 전체의 수준을 규정하고 계획을 완성시키는 계획주체라 하겠다.

I편에서 잠시 언급하였으나, 다시 한번 경관이라는 합동작품을 완성해가는 과정을 그림 18에서 살펴보기로 하자.

계획가가 지금 앞에 펼쳐놓고 그림을 그리고 있는 캔버스의 크기와 재질은 그 지역의 자연조건에 의해 이미 정해진 것이다. 이 화가(경관계획가)는 그림을 그릴 캔버스를 임의로 선택할 자유는 없다. 또 캔버스 위에 그림을 그리는 것은 화가이지만 혼자가 아닌 여러 명이 마음을 모아 그리는 것이다. 그렇다고 해서 화가들끼리 그림을 완성시키는 것도 아니다. 화가의 의도와는 무관하게 옆에서 다양한 방법으로 대중들이 마음대로 색을 칠하게 된다.

결국 그리는 방법조차도 화가 한 사람의 의도대로는 되지 않으며, 경우에 따라서는 대중이 원래의 그림을 엉망으로 망쳐놓기도 하고, 때로는 화가의 부족한 능력을 도와주는 그림을 그려주기도 한다. 게다가 캔버스를 자세히 살펴보면, 그림을 그리고자 하는 면에는 이미 많은 그림과 색이 칠해져 있기 때문에, 화가는 그것을 무시하고 완전히 자유롭게 붓을 휘두르기가 어

그림 18 경관계획은 계획가, 공공기관, 대중 그리고 자연이 만들어내는 공동작품이다. (I편에서 재사용)

렵다는 것을 깨닫게 된다. 즉 경관을 완성시켜 간다는 것은 그림을 고쳐가는 과정인 것이다. 이미 그려져 있는 그림은 우리들의 선조가 만들어 놓은 경관이며, 게다가 화가 자신의 화법 역시 전통과 문화적인 제약으로부터 벗어날 수 없다는 것은 너무도 당연한 사실이다. 물론 금방 배운 어설픈 수법이나 다른 그림을 그대로 따라하는 등 그 지역(캔버스 바탕)의 풍토와 문화에 맞지 않는 디자인을 적용하는 것으로는 캔버스에 어울리는 뛰어난 그림이 완성될 수 없다는 것은 말할 필요도 없을 것이다.

3. 경관계획의 전개

우리가 어떠한 것을 계획하기 위해서는, 우선 그 계획을 통해 이루고자 하는 요구조건들을 명확히 밝히는 것에서부터 시작해야 할 것이다. 조금 더 구체적으로 말하면, 첫 단계로 계획대상지 전체의 상황을 파악하여 해결해야 할 문제점을 발견하는 작업이 이루어져야 하며, 그 다음 단계로는 제기된 문제점을 해결하기 위한 목표를 설정하는 것이 계획진행의 출발점이 된다고 하겠다. 그런데 만약 제기된 요구조건을 잘못 파악하게 되면, 그 이후에 진행되는 목표설정이나 계획, 설계, 시공의 방향이 실제로 추구하고 있는 것과 합치하지 않게 될 가능성이 커지게 되며, 완성 이후 되돌릴 수 없는 심각한 문제를 발생시키게 되는 것이다.

경관계획의 경우도 마찬가지로, 바람직한 계획수립과 시행을 위해서는 계획이 필요하게 된 이유(배경) 등 기본이 되는 사항들을 충분히 숙지하고 요구조건을 정리하는 것이 계획의 첫 단계가 될 것이다.

그림 19는 계획의 과정(Process)을 나타낸 것이다. 상단에는 통상적으로 이루어지고 있는 일반적인 계획의 과정을, 하단에는 경관계획의 과정을 나타낸 것이다. 여기서 두 과정에 대한 차이를 비교해보기로 하자.

앞서 설명한 바와 같이, 경관계획과 경관설계는 상호관련성 및 예측결과를 검토해가면서 이루어지는 경우가 많다. 따라서 명확히 구분하는 것보다는 통합된 개념으로 이해하고 진행하는 것이 적절하리라 판단하였다. 이에 본서에서는 계획과 설계의 의미가 동시에 포함된 디자인[1)] 즉 경관디자인이란 용어를 사용하여 설명해나가도록 하겠다(경관계획+경관설계=경관디자인).

또한 시공과 관리의 과정에 있어서도 차이가 나타난다. 경관계획의 경우 단순히 구조물을 만들어내는 작업이 아니기 때문에 경관을 시공한다는 용어의 사용은 부적절해 보인다. 계획의 시행 정도가 적절한 표현이 될 것이며, 현행법과 시행규칙, 지

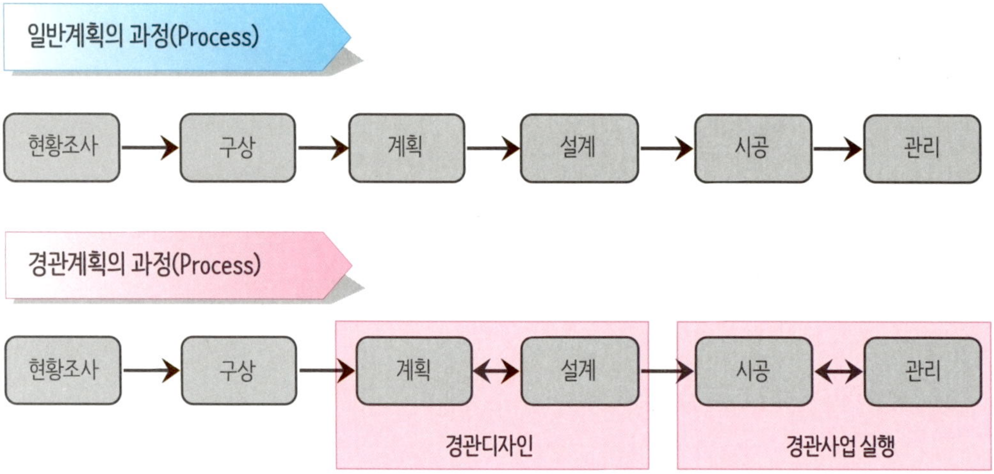

그림 19 일반계획과 경관계획의 과정 비교

침 등을 살펴보면, 계획·설계 이후의 과정으로 실행계획을 수립하도록 되어 있다. 그리고 실행계획에는 제안된 계획내용과 사업의 추진, 경관협정의 적용 및 운영, 관리, 행정체계, 예산 및 재정계획의 항목이 제시되어 있으므로, 시행과 관리는 별도의 단계가 아닌 경관사업 실행의 한 단계로 다루어야 할 것이다.

여기서 우리들이 주목해야 할 부분은, 각 과정이 전체계획에서 차지하는 비중의 변화이다. 그림 19를 보면, 일반계획의 과정은 6단계로 이루어지는 반면, 경관계획의 경우는 4단계의 과정으로 구성된다. 이는 현황조사와 구상에 해당하는 초기단계의 과정이 전체계획에 미치는 비중과 영향이 증가함을 의미하는 것이기도 하다.

따라서 경관계획의 경우에는 계획대상지의 문제점을 발견하는 것(전체 상황파악을 통한 현황조사의 단계), 그리고 제기된 문제점을 해결하기 위한 구체적인 목표를 설정하는 과정(구상의 단계)이 일반적인 계획과정보다 더 중시되어야 한다고 하겠다.

4. 경관계획의 진행과정

경관계획의 진행과정에 대해서는 그림 35에 도식으로 정리하였다. 이하에서는 각 진행단계에 대해 상세히 설명하기로 한다.

1) 경관적 과제의 설정

경관계획은 우선 경관적 과제를 추출하고 설정하는 것에서부터 시작된다. 이 단계에서는 사전에 공공기관(사업자)이 경관상의 문제점을 인지하고 그것을 당면과제로 제시하는 경우가 일반적이다. 따라서 계획가는 우선 대상지역에 공공기관이 부여한 경관과제를 명확히 파악하고 숙지하는 것이 최우선이자 필수적인 작업이 된다.

그 외에 지역주민이나 방문객 등에 의해 제기된 문제점과, 계획가가 인지하는 문제점에 대한 통합정리도 필요하다. 물론 대상지의 경관에 문제가 되는 부분이 발견되지 않거나, 앞으로도 생겨날 가능성이 없다면 경관계획은 필요치 않을 것이다.

2) 현황조사 및 분석

앞서 추출된 과제를 염두에 두고, 현황조사를 통해 계획대상지의 경관적 특징의 파악과 경관자원에 대한 추출을 시도한다. 경관에 대한 조사범위는 대상지 및 구조물이 도입되는 장소(계획대상지)에 한정시켜서는 안 되며, 시각적인 영향력이 미치는 광범위한 구역으로 설정해야 한다. 그 이유는 경관의 경우 계획되게 되는 구조물이나 시설 등으로 인해 영향을 미치게 되는 범위가 일반적인 계획보다 크기 때문이다.

※ 계획대상지와 계획지역

「계획대상」이란, 계획을 통해 그 크기나 형태, 위치 등을 결정해야 하는 것들을 가리킨다. 즉 계획행위를 통해 직간접으로 조작가능한 대상을 의미한다.

「계획대상지」란, 계획행위가 이루어지는 공간의 범위를 말한다. 도로건설의 경우를 예로 들어보면, 「계획대상지」는 도로의 노선이 예정되어 있는 일정 규모의 공간을 뜻하는 것으로, 계획시설이 배치 또는 직접 영향을 미치는 범위가 된다. 그런데 경관계획의 경우에는 한 수준 위의 공간범위를 「계획대상」으로 다루어야만 한다. 그 이유는 경관의 경우에는 계획되는 시설이 미치게 될 영향의 범위가 일반적인 시설계획의 범위와는 달리 「계획대상지」를 넘어서 확장되는 것이 보통이기 때문이다.

이와 같이 「계획대상지」 이외의 공간이기는 하나 경관계획을 수행할 때 반드시 검토대상이 되어야 하는 공간범위를 「계획지역」이라 한다. 「계획지역」 안에 있으면서 「계획대상지」에 포함되지 않는 공간요소, 예를 들면 인접해 있는 지역의 주요경관자원의 존재나 멀리 보이는 랜드마크 또는 기피시설 등을 어떤 방법으로 계획에 반영할 것인지, 나아가 규제, 조절할 것인지가 경관계획에서는 주요한 과제가 되는 것이다. 그런 이유로 경관계획에서는 「계획대상지」를 벗어난 「계획지역」이 갖는 의미와 역할은 매우 크다고 하겠다.

어느 정도까지 경관대상지역을 넓혀 조사할 것인가에 대한 범위설정의 방법으로는,

① 개발영향(Impact)이 시각적으로 영향을 미치게 되는 범위(그림 20)

② 영향력에 관계없이 기존의 주대상(산악 등)이 영향력을 갖는 범위(그림 21)

③ 산 능선 등 시각적인 한정성에 의해 통합되는 범위(그림 22)

등이 있으며, 계획대상지가 자리한 위치 및 주변상황에 따라 해당계획에 적합한 범위를 적정하게 선택하도록 한다.

다만 조사범위를 그 즉시 결정하기 어려운 경우에는 조금 넓은 영역을 계획지역으로 선택하여 진행해가면서 점차 조사범위를 조율, 축소시켜 가는 것이 좋다. 반대로 처음부터 조사범위를 지나치게 협소하게 설정하게 된다면, 조사작업의 내용이 줄

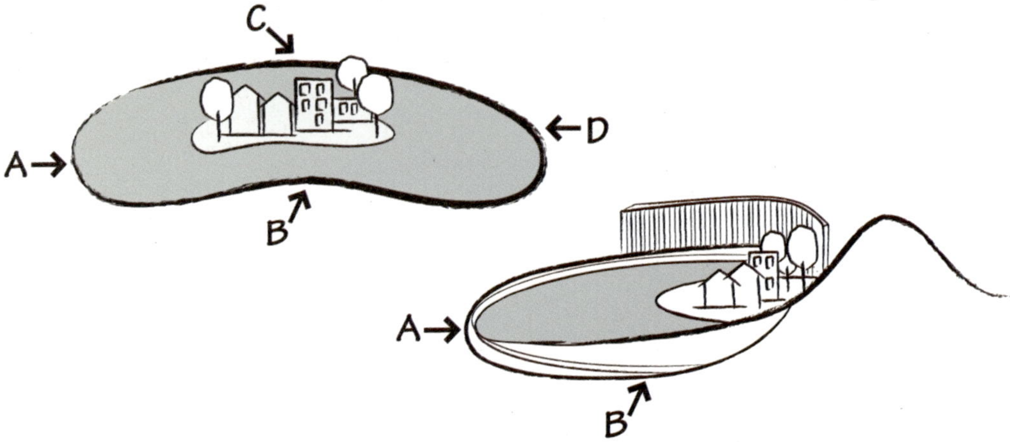

그림 20 조사범위의 설정방법: 계획대상지의 시각적 한계 및 가시상황으로 결정

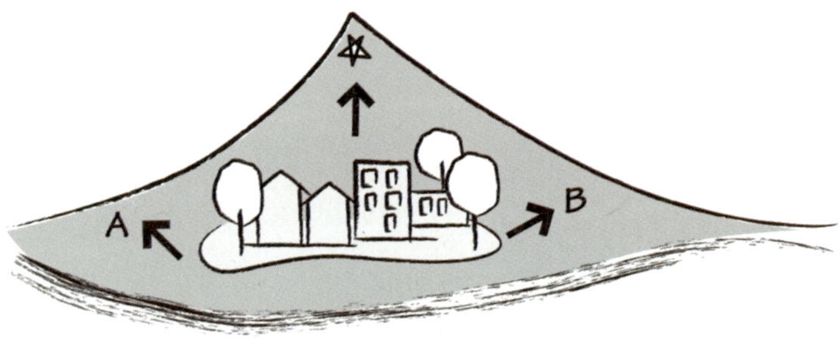

그림 21 조사범위의 설정방법: 탁월한 경관요소가 존재하는 경우는 영향권 범위

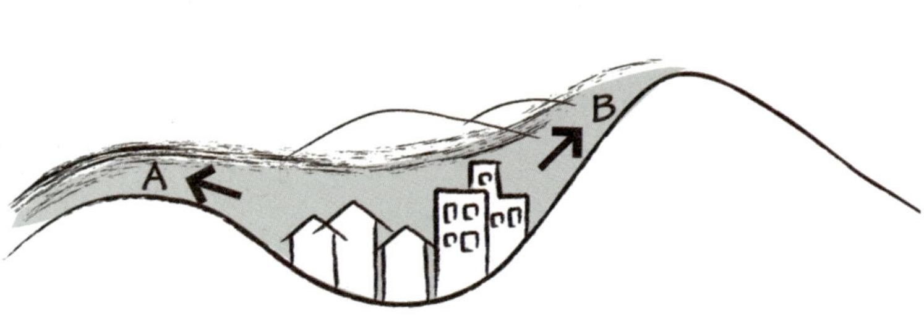

그림 22 조사범위의 설정방법: 시각적 제한조건 및 한정성에 의해 통합되는 영역

어드는 편리함은 있겠으나 차후 누락부분이 발견되었을 때 단순히 영역 추가가 아니라 처음부터 조사작업을 다시 해야 할 상황이 발생할 수도 있으므로 신중한 결정이 필요하다.

또한 경관계획 대상지에서 이루어지는 현황조사는 그 지역이나 공간에 존재하는 지역정보에만 국한시켜서는 안 되며, 경관디자인에 대한 법규 또는 제도상의 제약조건이나 주민참가의 과제 등 다양한 정보를 수집하고(1차 정보), 이 정보들을 논리적으로 처리하고 분석하는 과정이 필수적으로 이루어져야 한다.

그리고 분석된 정보(2차 정보)는 지역의 특성을 검토하면서 복안적인 시야로 편집 통합하는 작업이 요구된다. 이때 지역정보는 각 지역별 특성이 유지되면서 용이한 인식이 가능하도록 분류되어야 하며, 자연요소 또는 인공요소의 디자인은 단순 획일화시키지 말고 지역성을 포함시킨 이미지가 연상될 수 있도록 유도하는 작업이 필요하다.

경관디자인은 구조물을 직접 디자인 하는 것이 아니라, 구조물과 지역환경(지역의 자연환경, 역사, 문화, 풍토 등의 이용과 활용을 포함하는)에 의해 구성되는 공간전체를 디자인 하는 것이며, 이러한 작업을 통해 주변환경과 조화된 그림을 완성시켜 가는 경관창출 작업이기 때문이다.

그런 까닭에 경관계획에서 현황조사는 계획의 한계를 파악하고 계획방향을 수립하는데 있어 절대적인 과정이다. 아울러 대상지뿐만 아니라 대상지 주변에 대한 포괄적인 현황조사 역시 필요하다는 것을 재차 강조하고 싶다.

다만 지나치게 자료수집에만 집착하여 과도하게 환경전반에 관한 광범위하고 세밀한 데이터를 수집하는 행위는, 작업의 효율성을 저하시킬 뿐 아니라 유효한 데이터를 파악하고 추출하

그림 23 과도한 데이터 수집은 유효 데이터의 추출에 장애요인으로 작용하기도 한다.

는 작업에 혼란을 가져올 우려가 있으므로 주의하여야 한다. 즉 계획대상지에 대한 조사는 미시적인 관점에서, 계획지역(계획대상지 주변)에 대한 조사는 거시적인 관점에서 시행하는 것이 바람직하다.

계획대상지에 대한 조사를 시행함에 있어서는, 계획관련 기존자료의 수집은 물론이거니와, 현지를 직접 방문하여 대상지의 주변 환경 그리고 그 장소의 분위기를 파악하는 것도 필수적인 사항이 된다. 또한 새로운 프로젝트에 관계되는 사람들 즉 사업시행자(공공기관이 대부분), 계획가, 이용자, 지역주민, 관리운영자 등의 요구사항을 정리 분석하는 작업 역시 이루어져야 할 것이다. 이 경우 필요시에는 설문조사나 인터뷰 등을 시행하여 대상지가 안고 있는 실제적인 문제점을 파악하는 것도 효과적인 방안이 된다.

또한 벤치마킹 등으로 세계 각국의 우수한 경관 사례지역을 방문하여 계획의 구체적인 내용과 방법 그리고 그곳에서 시행되고 있는 활동이나 실행 및 관리실태 등을 살펴보아 대상프로젝트에 맞는 최적의 실천방법을 찾아보는 것도 권장할 만한 방법이다. 경관이란 일순간에 만들어지는 것도, 손쉽게 수정하는 것도 가능하지 않기 때문이다.

3) 구상 : 경관테마 및 경관목표의 설정

경관구상은 경관계획수행을 위한 요구조건 즉 계획의 전제조건 등을 정리하고 계획테마를 설정하는 것 그리고 계획과제에 부합하는 목표를 설정하는 단계이다.

프로젝트에 주어진 요구조건의 정리는, 단순히 리스트를 작성하는 것을 의미하는 것이 아니라 그 지역의 배경이나 문맥을 충분히 숙지한 후, 경관계획에서 지향해야 할 목표를 찾아내고 규정하는 작업으로 이어질 수 있는 방식으로 이루어져야 한다. 여기서 중요한 것은 이 계획을 통해 '무엇을 달성하고 싶은가' (계획 목표), 그리고 그것을 이루기 위해서는 '무엇을 해야만 하는가' (계획 과제)를 확립하는 것이며, 이러한 작업을 통해 다음 단계인 계획·설계가 순조롭고 능숙하게 진행될 수 있다.

경관구상에서 특히 중시되어야 할 작업은, 대상 프로젝트에서 경관계획을 통해 해결해야만 할 과제가 발견되었느냐 그렇지 못했느냐에 있으며, 그 여부에 따라 계획의 성패가 크게 좌우된다고 할 수 있다. 해결해야 할 문제점 즉 경관계획의 과제 자체가 불명확하다면, 경관테마를 정하고 계획의 목표를 설정하는 등의 작업방향이 애매모호한 상태가 되어 계획전반에 걸쳐 영향을 미치게 될 가능성이 높아지기 때문이다.

'무엇을 위해 경관계획을 시행하는가', 바꾸어 말하자면 '경관계획을 통해 최종적으로 얻고자 하는 무엇인가' 가 바로 경관계획의 목표가 될 것이다. 따라서 계획목표는 경관계획가를 포함한 프로젝트 관련자들에 의해 제안되는 것이 바람직하며, 상호조정을 통해 혹은 의사결정에 관한 책임자가 최종적인 결정을 하게 될 것이다.

또한 이러한 과정을 거쳐 명확한 목표가 정해지고 나면, 프로젝트에 관련된 모든 사람들에게 그것을 알리고 공감을 얻는 것이 중요하다. 경관계획의 최종목표가 명확히 설정되고 그것을 공유하게 되면, 추구하는 방향이 합치되어 경관디자인 및 실행계획추진이 원활하게 진행될 수 있으며, 완성 후 평가기준으로도 작용하게 되기 때문이다.

그러면 이제 경관테마 및 목표설정에 대해 구체적으로 살펴보기로 하자.

a) 경관가치의 파악과 경관테마의 설정

경관테마의 설정이란 대상지를 어떠한 경관으로 만들어 갈 것인가에 대한 가장 기본적인 사항을 결정하는 작업으로, 계획 대상지 및 주변지역의 경관유형과 보유하는 경관가치에 근거하여 정해지게 된다.

큰 틀에서 다음의 세 가지를 생각할 수 있다.

① 국립공원지역 등과 같이 경관계획 대상지에 이미 우수한 경관적 가치가 존재하고 있는 경우이다. 이러한 경우에는 기존의 탁월한 「주대상」을 경관테마로 설정하고, 새롭게 도입되는 구조물이나 시설 등은 그것에 종속시키거나 연계되는 이미지를 도입, 활용하는 것이 좋다(그림 24).

이렇게 함으로써 기존에 존재하는 경관테마(주대상)를 부각시켜주는 효과가 나타나게 되며, 그 외의 주변요소 즉 「대상장」은 「주대상」의 영향권 내에 포함됨과 동시에 「주대상」과 연계된 하나의 경관으로 완성되게 된다.

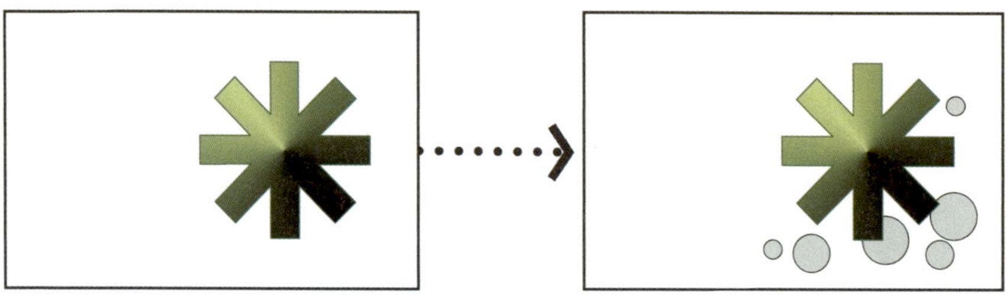

그림 24 우수한 주대상이 존재하는 경우에는, 주대상에 종속시키는 형태로 계획한다.

사진 148은 미국 데스벨리 국립공원(Death Valley National Park) 모래사막지역의 전경이며, 사진 149는 데스벨리에 있는 퍼나스 크릭(Furnace Creek) 방문자센터이다. 이와 같이 국립공원 내에 부득이하게 인공적인 시설을 도입하게 되는 경우에는 시설규모는 최소한으로 하는 것은 물론이거니와, 대상경관지역의 주테마인 「주대상」에 새롭게 도입되는 건축물의 형태나 색채, 질감 등을 조화시키는 방식으로 경관디자인을 진행하는 것이 바람직하다.

사진 148과 사진 149를 비교해 보면, 좌측 사막지역의 이미지를 본 딴 공간배치를 사진 149에 사용하고 있으며, 도입시설에 사용된 색채 및 소재, 질감 등에서도 기존의 「주대상」에 종속시키는 방식으로 계획이 이루어진 것을 알 수 있다.

사진 150과 사진 151은 터키의 파묵칼레(Pamukkale)로 세계자연유산 및 문화유산이 동시에 지정되어 있는 곳이다. 두 사례 모두 경관대상지의 주테마와 연계되는 디자인이 활용되고 있음을 알 수 있다. 사진 150은 석회암 지형이 만들어낸 계

사진 148 데스벨리(Death Valley) 국립공원(미국)

사진 149 기존경관과 조화된 형태로 도입된 건축물(미국)

단식 반원의 형태(석회봉, Travertine)가 산책로 및 휴게공간의 디자인에 도입되어 있는 사례이며, 사진 151은 히에라폴리스(Hierapolis)의 고대 유적 등에서 발견되는 아치형 디자인이 좌측 방문자센터 건축물에 적용된 사례이다.

사진 150 주대상에 종속시키는 디자인이 도입된 산책로. 석회봉(Travertine)의 형태가 활용됨 (터키)

사진 151 파묵칼레 히에라폴리스(Hierapolis) 진입부 건축물. 주대상의 디자인이 도입된 사례 (터키)

사진 152 토론토(Toronto) 신시청사와 전면 광장의 연계디자인에 의한 통합디자인의 사례 (캐나다)

사진 153 리스본(Lisbon) 엑스포 공원. 반복된 디자인 사용으로 주테마가 강조된 사례 (포르투갈)

현대도시에서도 경관의 주테마인 「주대상」에 주변 시설이나 공간을 종속시키는 디자인은 자주 사용된다. 사진 152는 캐나다 토론토(Toronto) 네이던 필립스(Nathan Phillips) 광장에서 신시청사를 바라본 것이다. 두 개의 반원형 건물이 마주하고 있는 모습으로 이 지역의 랜드마크이다. 대상경관의 주테마가 되는 신청사건물에서 사용된 반원형은, 시민들이 지켜보고 있다는 상징적인 의미를 갖는 눈썹을 본 따 디자인 된 것으로, 신청사 앞의 광장에서도 아치형태의 반원형이 디자인 모티브로 사용되고 있음을 알 수 있다. 「주대상」 주변의 부속 시설물을 「주대상」의 디자인 콘셉트와 일치시킴으로써 상호 연관성이 있는 하나의 경관으로 완성시킨 사례라 할 수 있다.

사진 153 역시 건축물과 가로시설물에 동일 패턴의 디자인을 반복 사용함으로써 주테마가 강조된 참고가 될 만한 사례이다.

② 계획대상지에 경관적 가치가 있는 것이 두드러지지 않거나 유사한 요소가 다수 존재하는 경우이다. 이때는 도입구조물이나 시설, 공간 등을 기존의 대상과 동일한 것으로 일치시키거나 유사한 것으로 조화시키도록 한다(그림 25).

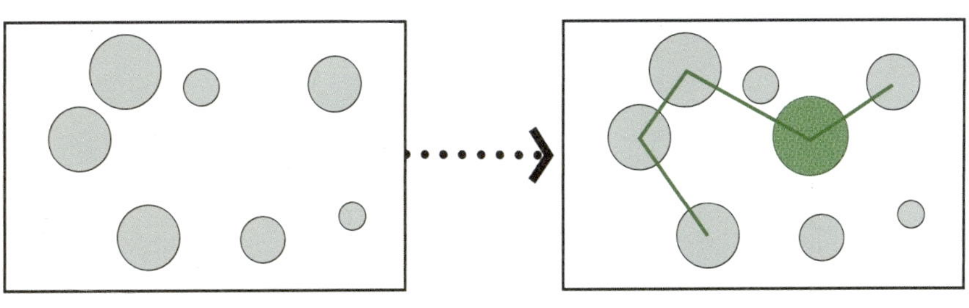

그림 25 두드러진 경관테마가 존재하지 않는 경우에는, 기존대상과 유사한 것을 도입하고 상호연계를 도모하여 통일성 부여 및 상호조화를 이끌어내도록 한다.

때로는 이질적인 것으로 구분하는 등의 수법을 활용하여 기존경관과 대비되는 새로운 경관테마를 만들어내기도 하는데 이것 역시 바람직한 방법의 하나이다.

사진 154는 노르웨이 베르겐(Bergen) 항구의 모습으로, 삼각지붕의 건축물들이 모두 바다와 면하는 특징적인 배치를 하고 있다. 게다가 산지를 따라 후면으로 배치되는 건축물 역시 동일한 정면형 배치 및 지붕형태를 하고 있어, 전후의 건축물이

사진 154 동일한 디자인 및 배치를 통해 통합된 경관을 형성시킨 사례. 베르겐(Bergen)(노르웨이)

사진 155 색채 및 소재를 일치시켜 통합된 경관을 만들어낸 사례. 더블린(Dublin)의 주택가(영국)

사진 156 유사한 건축물의 형태 및 디자인과 규모로 통합된 경관을 형성한 사례. 브리스번(Brisbane)(호주)

상호조화를 이루고 있을 뿐 아니라 통일성 있는 통합된 경관을 형성하고 있음을 알 수 있다.

사진 155는 영국 더블린(Dublin)의 가로변에 위치한 건축물들이다. 규모 및 형태가 다른 건축물이 혼재되어 있는 경우에는 색채 및 소재를 통일시킴으로써 경관조화 및 통일성을 유도하여 통합된 경관을 만들어낸 사례이다.

이에 비해 사진 156은 건축물의 형태 및 디자인을 통일시켜 통합된 경관을 만들어낸 사례로, 호주 브리스번(Brisbane)의 마리나 미라지(Marina Mirage)의 모습이다. 해안에 위치한 건축물의 형태 및 층간 수평선이 강조된 디자인 그리고 유사규모의 고층건물이 배치되어 통일성을 만들어내고 있다. 차후 이 경관대상지에 새로운 건축물 도입이 이루어져야 하는 경우에는, 기존 건축물과 유사한 형태와 규모로 계획한다면 통합된 경관을 완성시키는데 무리가 없을 것으로 예상되는 사례지이다.

이와는 달리 동일한 경관요소를 반복 사용함으로써 하나의 통합된 경관테마를 만들어내는 경우도 있다. 사진 157은 하천

사진 157 동일요소를 반복적으로 배치하여 통합된 경관을 만들어낸 사례. 더블린(Dublin)(영국)

사진 158 상이한 구성요소에 연관성을 부여하여 통합된 경관을 만들어낸 사례. 아를(Arles)(프랑스)

변에 위치한 건축물들로, 동일한 규모와 형태, 색채를 가진 건물을 반복적으로 배치하여 통합된 경관을 만들어내고 있는 사례이다. 게다가 가로수를 일정간격으로 배치함으로써 통일성 있는 경관을 완성시키는 효과를 더해주고 있다.

사진 158은 프랑스 아를(Arles) 지방의 다소 예외적인 사례이다. 도로와 접하고 있는 3개의 건축물들은 규모도 형태도 각기 다르며 다소 산만해 보이는 평범한 이미지의 장소이다.

사진 158에 나타난 바와 같이 건축물의 디자인이나 규모 등 상호 연관성은 없는 듯 보이나, 1층 입구부분과 창호, 벽면 등에 각기 다른 색채를 부분적으로 도입하여 흥미로움을 주고 있다. 이로 인해 세 개의 건축물은 상호 연관성이 생겨났을 뿐 아니라 하나의 통합된 경관이 형성되었다. 관계조작을 통해 경관 구성요소에 연관성을 부여한 좋은 사례라 생각된다.

③ 계획대상지가 경관적으로 평범하여 특징이 보이지 않거나 경관가치가 있는 요소를 발견하기 어려운 경우이다. 이러한 경우라면 계획되는 구조물이나 시설 또는 공간 등을 적극적으로 활용하여 새로운 경관테마를 창조해내는 적극성이 요구된다(그림 26).

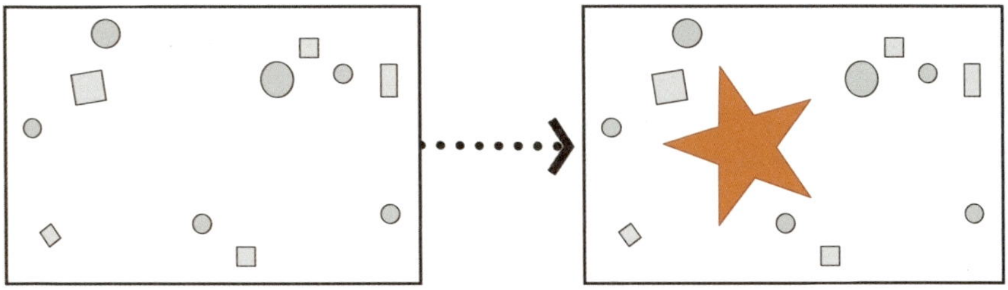

그림 26 산만하거나 특징이 보이지 않는 경우에는, 새로운 경관테마를 부여한다.

사진 159는 말레이시아 쿠알라룸푸르(Kuala Lumpur)의 페트로나스 트윈타워(Petronas Twin Towers)이다. 이곳에 페트로나스 트윈타워가 만들어지면서, 도시의 랜드마크가 되는 새로운 경관테마가 만들어진 대표적인 사례이다.

유사한 사례로 사진 160은 프랑스 아를(Arles)의 광장과 접하고 있는 카페 및 상점들이 늘어서 있는 거리의 모습이다. 당초에는 평범한 상점들이 자리하고 있는 별다른 특징이 없는 경관지역이었으나, 빈센트 반 고흐(Vincent Ban Gogh)가 즐겨 찾았던 찻집이라는 특성화를 경관색채(노란색)를 사용하여 차별화를 부여한, 즉 특징적인 경관을 연출하는 조작을 하여 새로운 「주대상」으로 자리하게 된 사례이다.

아울러 경관테마의 설정은 어떠한 경관을 기조로 한 것인가가 명확히 인식되도록 하는 것이 중요한데, 이는 앞서 언급했던 4가지 경관유형(자연경관, 반 자연경관, 반 인공경관, 인공경관)을 우선적으로 파악하는 것에서부터 경관계획이 시작되어야 한다는 의미이기도 하다.

사진 159 쿠알라룸푸르(Kuala Lumpur)의 새로운 랜드마크로 도입된 페트로나스 트윈타워(말레이시아)

사진 160 특정 장소에 이미지를 부여하여 새로운 경관을 만들어낸 사례. 반 고흐의 찻집(프랑스)

b) 경관계획의 목표설정

다음 단계로 경관계획의 목표를 설정하는 경우, 유의해야 할 사항을 살펴보기로 하자. 경관계획의 목표설정에서는, 경관대상지와 프로젝트에 주어진 ①전제조건을 숙지하는 것과 ②목표설정은 구체적으로 해야 한다는 점에 각별한 주의가 필요하다.

① 전제조건의 이해와 판단

계획목표를 설정하기 위해서는, 우선 대상지의 현황 또는 장래에 발생할 것으로 보이는 문제점을 파악하고 그것들을 정리 분석하는 것에서부터 시작해야 한다. 하지만 대부분의 경우 기능측면에서의 요구가 계획의 전제조건으로서 주어지게 되는 경우가 많다.

전제조건으로 주어지는 과제 그 자체에 대한 적절함(좋고) 또는 부적절함(나쁨)에 대한 근원적인 문제는 사업주체(공공기관이나 사업자)가 정하는 것으로, 사실상 계획가의 능력 밖의 문제이기는 하다. 그렇다고 해서 이미 주어진 과제이므로 어쩔 수 없다고 포기해버리고, 전제조건에 문제가 예상됨에도 불구하고 주어진 조건을 그대로 따라가는 것은 경관계획가로서 무책임한 행위가 될 것이다. 사업시행자가 경관계획의 역할에 대한 인식이 부족한 경우(예를 들면 경관계획이란 단순히 사업완료 후 경관을 개선하는 작업에 불과한 것이라 생각하는 경우)나 해당지역의 경관에 편견을 가지고 있는 경우(예를 들면 해당지역에 너무도 익숙한 나머지 그 지역의 경관특성을 간과하거나 인식하지 못하는 경우)에는 주어지는 전제조건 그 자체가 왜곡되어 있다고 보아야 할 것이다. 유감스럽게도 현실에서는 이와 같은 상황에 직면하게 되는 경우가 많다.

그러므로 주어진 전제조건의 이해를 근간으로 하되, 사업시행자와의 협의에 의한 조건의 재검토 및 재설정을 시도하는 것 또한 경관계획가가 담당해야 할 주요한 역할이자 갖추어야 할 덕목에 해당된다고 생각한다. 왜냐하면 목표의 설정은 계획결과에 지대한 영향을 미치게 되는데, 이 목표를 설정하는 작업은 경관계획의 전제조건에 의해 규정되어 버리기 때문이다. 이러한 성향은 모든 계획에서 공통적으로 나타나는 어려움이라 생각되나, 특히 목표설정의 내용과 방향에 따라 최종결과물에 변화폭이 큰 경관계획에서는 신중한 검토가 필요한 주요 사항이 될 것이다.

② 목표설정의 구체성에 대한 기준

다음은 구체적인 목표설정에 대해 살펴보자. 기능계획의 경우라면 이 부분에 대한 어려움은 적다. 도로를 계획하는 경우를 예로 들어본다면, 시간당 몇 대의 통과교통량을 목표로 한다고 하는 등과 같이 정량적인 기준설정이 가능하다. 그러나 경관계획과 같이 목표설정이 정성적일 수밖에 없는 경우 그 구체성을 어디까지 표현할 것인가 하는 것은 매우 어려운 문제이다.

가로경관을 정비하는 경우를 예로 들어 생각해보자.

어떤 대상지역에서 가로경관계획의 목표를, "아름답고 쾌적하며 아울러 걷기 쉬운" 등으로 설정했다고 하자. 이러한 경관계획의 목표는 부적절하다고 보아야 할 것이다. 그 이유는 계획의 목표가 지나치게 보편적, 추상적이기 때문에, 마치 아무 것도 정하지 않은 것과 같기 때문이다.

반대로 우리지역 가로경관계획의 목표는, "은행나무 가로수를 6m 간격으로 심고, 보행로의 포장은 적색으로 하고, 건축선을 맞춰 통일감을 연출하도록 한다."로 정했다고 하자. 그런데 이 경우 역시 실격이다. 이와 같이 상세한 수법과 수치가 나타난 계획목표는 지나치게 구체적이며 한정적이어서 경관구성요소간의 상호조정이 불가능하기도 하며, 더 이상의 작업진행이 불필요하기 때문이다. 이는 경관이란 생명이 있는 그래서 늘 변화하는 환경이라는 중요한 측면을 간과하여 나타난 결과이기도 하다.

다만 아쉽게도 구체적인 경관계획의 목표설정에 대해 정해진 모범답안적인 기준은 없다. 그러나 현재 통용되고 있는 가장 현실적인 방안은, 목표를 달성하기 위해 복수의 대체수단을 생각하고 준비할 수 있는 정도의 구체성이 표현된 목표를 설정하는 정도가 적합한 것이라 하겠다. 예를 들어보면, "악천후에도 보행자에 대한 최소한의 피난처(Shelter)를 마련하여 가로경관의 쾌적성을 보장하도록 한다(전천후 쾌적한 보행공간의 확보)"고 하는 항목을 하나의 목표로 설정했다고 하자. 그렇다면 이 목표를 실현하기 위한 수단으로 다양한 방법을 생각할 수 있을 것이다. 가로선형의 대안검토를 통해 방풍대책을 마련

그림 27 설정된 최종목표에 도달하는 수단과 방법은 여러 가지가 있다.

한다거나, 아케이드 설치를 통해 강우 및 강한 햇빛으로부터의 보호를 가능하게 한다거나, 풍성한 가로수를 식재하여 녹음공간을 조성한다거나, 도로시설물, 간판정비, 건축선 규제 등을 통해 여유있는 보행공간을 확보토록 한다거나 하는 등 다양한 계획방법을 고안해내고 검토하는 것이 가능할 것이다.

결론적으로, 설정된 목표는 명확해야 하지만 이러한 목표를 달성하기 위한 시행방안은 여러 각도에서 다양하게 찾아내고 제안할 수 있는, 즉 목표에 도달하기 위한 수단과 방법은 구체적이 아닌 유동적이며 비 확정적인 형태가 바람직하다고 하겠다.

그리고 그리해야 하는 또 하나의 중요한 이유는, 비록 다른 지역, 다른 프로젝트에서 최종목표가 일치하는 경우가 발생하더라도, 목표에 이르는 수단과 방법이 달라질 수 있기 때문이다(그림 27). 그렇게 되면 서로 다른 경관이미지가 만들어지는 결과가 나타나게 되며, 그로 인해 그 지역 고유의 특성이 반영될 수 있는 여지가 마련될 수 있을 것이다. 그리고 이러한 목표설정의 포인트는 앞으로 진행될 경관계획의 성패를 좌우하는 전환점(Turning Point)으로 작용하게 될 것이다.

c) 구상과 디자인(계획·설계)의 차이

구상이 끝나고 난 후, 진행될 과정은 경관디자인(계획·설계)이다. 여기서 작업진행상의 혼돈을 피하기 위해 구상과 디자인(계획·설계)의 차이점과 유의점을 살펴보기로 하자.

① 구상과 디자인(계획·설계)은 명확히 구분하여 진행하여야 한다.

구상과 디자인은 단계상 연결되어 이루어지는 작업이기는 하나, 다루어야 할 작업내용은 크게 다르다. 구상이 요구조건을 정리하고 분류·배치하는 것이라면, 디자인이란 그러한 구상을 근거로 계획·설계를 행하는 것이라 하겠다. 따라서 구상과정을 정확히 마무리 한 후, 디자인과정으로 진행하여야만 한다.

구상단계에서 계획대상지역에 대한 요구조건이 명확하게 파악된다면, 디자인단계에서의 진행은 원활해진다. 또한 예상하지 못한 문제점이 발견되었을 때 재검토하거나 추가조건 등을 찾아내기 위한 시간을 줄일 수도 있다.

그러나 그와는 달리 디자인을 진행하면서 요구조건을 동시에 검토하고자 한다면, 계획대상지역 전체가 아닌 특정 일면만을 파악하게 될 가능성이 높아진다. 그리고 그런 이유로 편중된 판단이 내려질 가능성이 커지게 되어 결국 포괄적인 과제해결을 지향하는 이상적인 계획안을 마련하기 어려워지게 된다. 특이 이러한 부분은 경관계획에서 강조되고 있는 통합성이란 측면을 고려할 때, 매우 주요한 계획진행의 포인트가 될 수 있다.

② 구상은 문제점을 발견하는 것이며, 디자인은 문제점을 해결하는 것이다.

과제를 해결하고자 한다면, 무엇이 문제인가를 정확히 파악하여야 한다. 그래서 계획대상지에서 문제가 되는 점이 다수 발견되게 된다면, 계획목표를 설정하는 작업은 비교적 쉬워진다. 반대로 문제점이 눈에 뜨이지 않는다거나 별 문제가 없어 보이는 대상지라면, 계획방향을 설정하는 것 자체가 매우 어려운 작업이 될 것이다.

경관계획에서는 "무언가의 요인으로 인해 현재의 경관이 악화되고 있는가", "새로운 계획의 어떠한 요인으로 인해 경관이 변화 또는 훼손될 가능성이 있는가" 하는 문제점을 발견하고 상황을 인식한 후에 그것에 대한 해결방안을 찾아가는 프로젝트 특유의 작업이 매우 중요하기 때문이다.

③ 구상은 정보를 분석하는 과정이며, 디자인은 정보를 통합하는 과정이다.

각종 요구조건을 능숙하게 정리하기 위해서는, 대상지역의 물리적인 일반현황은 물론이거니와 그 외에 계획관계자들의 다양한 요구사항 등을 분석하고 그것들을 모아가야 한다. 즉 구상단계에서는 다수의 복잡 다양한 정보를 유용한 정보로 분석 가공하고, 중요도의 우선순위 등을 매겨 알기 쉽게 나타내야 할 필요가 있다. 그에 반하여 디자인이란 구상단계에서 추출된 우선순위를 근거로, 유용한 정보를 통합하여 형태를 만들어내는 과정이라는 점에서 구상과는 크게 다르다.

4) 경관디자인 (계획·설계)

경관디자인의 시작은 구상단계에서 설정한 최종목표를 정확하게 인지하는 것에서부터 시작된다. 따라서 목표에 맞는 미래상을 미리 정해놓는 것도 도움이 될 것이다.

경관디자인 과정에서 시행되어야 할 것은, 정해진 목표에 맞추어 작업해야 할 내용을 정하는 것 그리고 계획을 진행시키기 위한 순서를 정하고 체계를 수립하는 것이다. 아울러 예상되는 작업결과물에 대해서도 생각해두는 것이 좋다. 구체적인 작업내용은 프로젝트에 따라 다소 차이가 있으나, 크게 4가지 항목으로 나눌 수 있다. 물론 어느 부분에 역점을 두어야 하는가는 계획에 따라 달라진다.

a) 계획대상지의 지역구분(경관대상지의 분절, 구역 나누기, 성격부여)

b) 경관구성요소의 배치(시설배치, 시점이나 동선의 설정)
c) 경관구성요소의 형식선택과 형태결정
d) 경관의 보완 및 개선작업

경관디자인의 작업진행은, a)에서 d)의 순서로 이루어지는 것이 일반적이다. 따라서 기본계획에서는 계획대상지의 지역구분(Zoning)이나 주요 경관구성요소의 배치(Placement) 등이 주요 계획내용이 된다. 그리고 계획이 구체화되어 감에 따라 도입되는 구조물이나 시설의 형식, 형태, 색채, 재료 등에 대한 결정(Detail Plan)과 경관의 보완, 관계조정, 연출 등을 통한 개선작업(Supplement Plan) 등이 점차 큰 비중을 차지하게 되는데 이는 설계에 해당되는 작업내용이다.

주요 포인트는 경관디자인의 내용 중 어떤 것이 주어진 단계에서 가장 중요한 작업인가를 판단하고 진행해 가면서 작업내용의 범위를 좁혀가는 것에 있으며, 이 부분을 판단하는 경험과 능력이 바로 경관전문가에게 요구되는 사항이라 하겠다.

그러면 구체적으로 시행해야 할 작업내용에 대해 자세히 살펴보기로 하자.

a) 계획대상지의 지역구분(Zoning)

계획대상지의 지역구분은 그 자체가 계획의 결과물이 되는 경우와, 지역구분(Zoning) 이후 진행되는 계획작업의 기본도(Base Map)가 되는 두 가지가 있다.

전자는 경관가치가 매우 높은 지역(주로 자연경관지역) 또는 이미 아름다운 경관이 형성되어 있는 지역(주로 인공경관지역)에서 이루어지게 되며, 대부분 현상의 유지와 보전 그리고 관

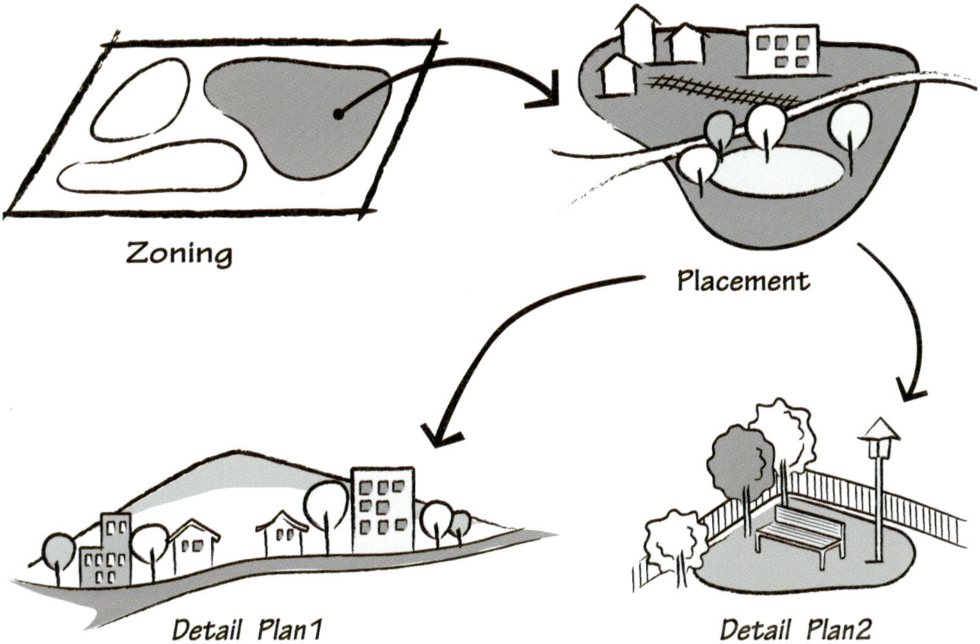

그림 28 경관디자인의 작업진행 1 (지역구분→배치→형식선택과 형태결정)

그림 29 경관디자인의 작업진행 2 (경관의 보완 및 개선작업)

리의 효율성을 도모하기 위한 목적으로 조닝(Zoning)을 하는 것을 의미한다. 구체적으로는 경관적으로 보존·보호해야 할 지역의 범위와 경계를 정해야 하는 경우에 이와 같은 조닝작업을 활용하게 된다. 특히 생태적으로 보존해야 할 가치가 높은 자연경관지역에 인공시설을 도입해야 하는 계획을 추진하는 경우, 예를 들면 자연경관지역 내에서 절대적으로 보호가 필요한 존(Zone)과, 인공시설의 도입이 허용가능한 존(Zone)을 파악할 필요가 있는 경우, 대상지를 구분하는 조닝작업은 앞으로 진행될 계획전반에 절대적인 영향을 미치는 계획내용이자 주요한 결과물이 된다.

후자는 통상적으로 진행하는 경관계획의 경우에 해당되며, 현재 활용되고 있는 지역구분(Zoning)은 ①경관대상의 특성, ②시점과 경관대상과의 관계, ③시각적 한정성 및 통합 등을 기준으로 이루어지고 있다. 보다 구체적인 지역구분 방법을 살펴보면 다음과 같다.

① 경관대상의 특성에 따른 지역구분(Zoning)

경관대상지를 대략적으로 구분하거나, 대상영역이 광범위한 경우 1차적으로 지역을 나누어 보기에 유효한 방법이다.

조닝의 방법에는,

㉠ 대상지역에 존재하는 탁월한 요소에 의한 경우(산악경관, 전원경관, 하천경관 등)

㉡ 토지이용에 의한 경우(경작지경관, 촌락경관)

㉢ 지형지세에 의한 경우(평야, 구릉, 산악 등)

㉣ 식생에 의한 경우(자연식생, 대체식생 등)

등을 생각할 수 있다.

② 시점과 경관대상과의 관계에 의한 지역구분(Zoning)

경관을 공학적, 분석적으로 파악하는 수법을 적용하여, 「시점」과 경관대상과의 관계에 근거하여 조닝을 하는 방법이다. 대상지역이 중·소규모인 경우나, 면밀한 분석을 통해 계획지역을 구분하고 구체적인 계획으로 이어져야 하는 경우에 자주 사용되는 수법이다.

지역구분은, ㉠보이는 빈도에 의한 경우와 ㉡주대상의 영향력에 의한 경우가 있다.

㉠ 보이는 빈도에 의한 조닝

보이는 빈도에 의한 조닝이란, 대상지에 대한 가시권분석을 시행하고, 가시빈도(Visibility Frequency, 可視頻度)를 지표로 하여 지역을 구분하는 방법을 말한다.

가시권분석을 위해서는 우선 대상지역의 범위를 설정하고, 수치지도를 이용하여 3차원 수치지형모델(Digital Elevation Modeling)을 작성한다. 대상지의 크기 및 분석범위에 따라 작성하는 메쉬(mesh)의 크기는 달라진다. 통상적으로는 원경일 때 50~100m, 근경이나 중경 위주일

그림 30 3차원 수치지형모델을 이용, 특정 조망점에서 가시권 분석을 시행한 예[2](전남 목포시)

경우에는 20m의 격자나 불규칙삼각망(TIN, Triangulated Irregular Network)을 이용하여 제작한다.

다음에는 주요 조망점을 선정하고, 작성한 수치지형도를 이용하여 각 조망점에서 대상지역이 보이는지 아닌지를 (가시, 비가시) 컴퓨터를 이용하여 판단토록 한다.

계획초기인 지역구분(Zoning)의 단계에서 가시권분석과 가시빈도에 의한 검토는, 대상지의 개방성 및 폐쇄성을 판단하는 기준이 되기도 하며, 새로운 시설이 들어갈 위치를 선정하거나, 역으로 들어가서는 안 될 지역을 선정하는데 매우 유용한 방법이다.

예를 들면 전망시설이 들어갈 지역을 결정한다거나, 우수한 도시경관지역이 한순간에 연출될 수 있는 진입도로의 위치를 조사하고 싶다거나, 기피시설이 설치되어도 그다지 눈에 뜨이지 않는 영역을 찾아보고 싶다거나 하는 경우가 이에 해당된다고 하겠다(가시권분석에 대해서는 제4장 참고).

㉡ 주대상의 영향력에 의한 조닝

「주대상」이 보이는 방법, 즉 경관적 영향력에 따른 지역구분 방법을 뜻한다. 이와 같은 조닝의 예로는, 기피시설로 간주되는 화력발전소, 용광로, 저장탱크, 송전탑 같은 시설 등이 주변경관에 미치는 영향력과의 관계를 생각할 수 있다. 그러한 시설들은 규모가 크고 수직적 성향이 강하다. 특히 기피시설이 들어가는 경우에는 주변 시설에서 어느 정도 떨어진 상태로 조성되는 경우가 많기 때문에, 역으로 눈에 잘 뜨이게 되는 현상이 나타나게 되는 것은 당연한 일일 것이다. 그렇기 때문에 긍정적이든 부정적이든

「주대상」이 갖게 되는 경관적 영향력이 커지게 되리라는 것은 예측가능한 상황이다. 물론 지역을 상징하는 랜드마크와 같은 경관요소인 경우도 경관적 영향력에 대한 판단기준은 동일하다.

이러한 경관구성요소가 존재하는 프로젝트에서의 조닝은, 「시점」과 「주대상」과의 관계검토가 계획에 영향을 미치는 결정적인 요인으로 작용하게 된다. 즉 주요한 「시점」이나 주요 접근 및 이동동선에서 「주대상」이 어떻게 보이느냐, 이격거리(離隔距離)가 어느 정도 되는가, 어느 지역(방향)에서 바라보게 되는지에 따라 대상지역에 미치는 영향이 달라지게 될 것이므로, 그에 따른 조닝을 먼저 시행한 후 다음 단계로 진행해야 할 것이다.

사진 161 프레즈노(Fresno) 인근 송전탑. 이격거리가 필요한 시설로 눈에 잘 뜨이는 배치구조이다(미국)

사진 162 수변을 끼고 배치된 기피시설은 눈에 잘 뜨이므로 경관영향력이 더 강해진다. 런던(London)(영국)

그림 31은 「시점」과 「주대상」의 관계를 살펴본 것이다. 상단의 그림은 「시점」 및 「시점장」의 위치에 따라 달라지는 「주대상」의 영향력 정도를 나타낸 것이며, 하단의 사진은 시점의 위

치변화에 따른 주대상의 변화를 대응시켜 살펴본 사례이다.

좌측의 사진은 경관의 저해요소로 작용하는 송전탑(주대상)을 가까운 거리에서 바라본 것이며, 우측 사진은 송전탑을 먼 거리에서 바라보는 경우에 해당된다. 사진을 비교해보면, 「주대상」이 되는 송전탑과 「시점」 사이의 거리(시거리, 사진촬영장소)가 가까우면 「주대상」이 주변경관에 미치는 영향력이 강하게 나타나고 있으며, 반대로 시거리가 멀어지게 되면 그 영향력은 점차 약해지는 것을 알 수 있다. 특히 우측의 사진에서는 송전탑의 존재자체가 인식하기 어려운, 즉 「주대상」이 아닌 경관의 일부요소가 되어 「대상장」으로 바뀌어버리는 것을 확인할 수 있다. 이는 「시점」의 위치선정이 때로는 「주대상」의 이미지 및 경관구성요소로서의 역할을 바꾸어버리기도 한다는 사실을 입증하는 것이기도 하다.

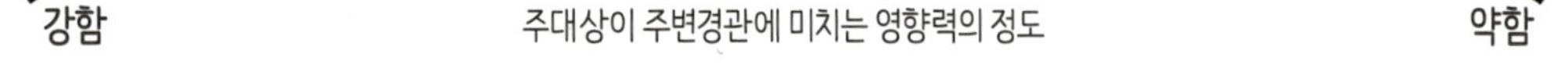

그림 31 주대상이 경관에 미치는 영향력은 시거리(視距離)에 따라 달라지므로, 조닝의 근거가 된다. 좌측사진에 나타난 송전탑에 비해, 우측사진(공공도로 시점)에 나타난 송전탑의 경관저해요소로서의 영향력은 극히 미약해 보인다. 조닝을 통한 시거리 확보로 주대상의 영향력을 완화시킨 좋은 사례이다(오스트리아)

부연 설명하자면, 그림 31의 하단 우측사진은 경관저해요소로 작용하기 쉬운 송전탑을 그 지역을 통과하는 도로, 즉 공적인 「시점」이 확보되는 위치에서 촬영한 것이다. 보는 바와 같이 「시점」과 송전탑 사이의 거리를, 대상의 인지정도에 따라 시거리를 확보하여(그림 32 참조) 시설을 배치함으로써 마이너스적인 경관영향력을 최소화시킨 좋은 사례라 하겠다.

사진 163, 164, 165는 중국 시안(西安)의 병마용갱(兵馬俑坑) 박물관 부지 내에서 인접도로를 바라본 것이다. 사진 163을 보면 부지경계와 인접 직교하는 형태로 고가도로가 배치되어 있으며, 부지 입구의 건축물 및 주변 수목 등의 스케일을 살펴볼 때 고가도로가 주변경관에 미치는 부정적인 영향력은 큰 것으로 보인다. 그러나 이 고가도로가 조망되는 「시점」의 위치가 사진 164와 같이 점차 멀어져감에 따라 수직벽으로 인식되던 고가도로는, 역으로 우측의 수목에 의해 일부가 가려진 고가도로의 수평적인 형태가 강조되어 보이게 된다. 그리고 사진 165와 같이 부지 입구와 「시점」과의 거리가 더 멀어지게 되면, 고가도로는 경관구성요소의 하나로 「대상장」의 일부로 변하게 되며, 전면부에 위치한 수목으로 인해 고가도로의 대부분이 가

사진 163 부지 내에서 고가도로를 조망. 경관영향력이 강한 영역

사진 164 고가도로 전체와 차폐목적의 수목이 인지되는 영역

사진 165 고가도로가 경관구성요소의 일부로만 인지되는 영역

려져, 부정적인 영향력을 주는 경관영역에서 벗어나게 된다.

따라서 대상경관에 마이너스적인 요소로 작용하는 건축물이나 시설물 등이 존재하는 경우에는, 사진 163과 같이 근경이 확보되는 영역으로의 접근은 최대한 지양하도록 하며, 아울러 관심을 끌 수 있는 요소를 그 영역 내에 배치하는 것은 적극 피하는 것이 좋겠다. 또한 사진 165와 같은 시거리(視距離)가 확보될 수 있는 범위를 파악하여 그 영향력을 최소화시킬 수 있다면, 계획대상지 밖에 존재하는 경관저해요소인 고가도로를 그대로 두면서도 대상경관을 디자인(관계디자인의 좋은 사례임) 하거나 수정 보완하는 것이 가능할 것이다.

이상에서 살펴본 바와 같이, 「시점」과 「주대상」과의 거리(시거리)에 따라 대상의 경관영향력은 달라지게 되므로, 경관대상의 인지거리에 따른 영역구분과 그에 따른 활용방안을 모색하는 것은 경관디자인의 기본적이자 필수적인 사항이 된다고 하겠다.

③ 시각적 한정성 및 구성요소 통합에 의한 지역구분(Zoning)

계획대상지를 시각적 한정성 및 경관의 유사성에 근거하여 지역을 구분하는 방법으로, 앞서 언급한 ①의 수법과 일맥상통하는 부분이 있다. 근래에는 대상지에 대한 지형데이터 등의 처리가 정교해지고 있어, 보다 명쾌한 조닝수법으로 정착되어가고 있다. 이 방법에는, ㉠시각적 한정성에 의한 조닝과, ㉡경관의 유사성에 의한 조닝이 있다.

㉠ 시각적 한정성에 의한 조닝

시각적 한정성에 의한 조닝이란, ②의 ㉠ 가시권분석을 활용하거나 가시범위 즉 인지한계를 근거로 지역을 나누는 방법이다. 간단히 표현하자면, 시점에서 대상이 눈에 보이는 거리 및 차폐유무 등의 상황여건에 따라 조닝을 하는 방법이다. 비교적 근·중경에서 많이 활용된다.

이처럼 경관계획에서는 인간의 시점과 대상과의 거리가 지역구분(Zoning)의 주요기준으로 사용된다. 아울러 경관특성 파악이 가능한 범위를 정하거나, 흥미와 개성을 부여하는 등의 계획작업 특히 도입되는 시설의 공간규모를 정하거나 특정구조물의 위치를 결정하는데 매우 중요한 기준으로 활용된다. 그러므로 시거리(Visual Distance) 및 한계영역에 따른 시거리 분할에 대해 살펴보기로 하자.

■ 시거리 (視距離, Visual Distance)

우리가 어떤 대상을 바라보는 경우, 대상이 가지고 있는 본연의 속성 즉 물리적인 실제 크기, 형태, 질감, 색채 등은 대상의 이미지를 결정하는 기본적 요소로 작용하게 된다.

그런데 우리가 경관측면에서 대상을 다루게 되는 경우에는, 대상 그 자체보다는 주변 환경을 구성하는 경관요소로서 표현되는 모습에 더 관심을 기울여야 한다. 따라서 우리가 대상을 바라볼 때 어느 정도 떨어진 거리에서 대상을 바라보는가, 주변은 어떠한 상황인가 하는 것은 가시(可視, Visibility)되는 대상을 인지하는 주요 요인으로 작용하게 된다.

이와 같이 대상과 인간의 시점과의 거리를 경관분야에서는 시거리(Visual Distance)라 정의하며, 대상이 보이는 정도나 상태를 좌우하는 중요한 기준으로 사용하고 있다. 경관계획지에서 대상(구조물이나 시설 등)의 존재는 이러한 시거리에 따라 인지정도 및 이미지가 달라지게 되므로 경관계획이나 외부공간

설계시 반드시 고려해야 할 주요한 검토항목이다.

예를 들어, 지역에 존재하고 있는 랜드마크의 특징이 잘 인지될 수 있는 장소의 위치와 규모를 시거리 기준을 적용하여 선정한다거나, 반대로 그 지역의 주요장소에서 잘 보이는 위치가 어디인가를 찾아서 그곳에 랜드마크를 위치하게 하는 식의 활용도 가능할 것이다. 또한 멀리서 전체적인 모습을 보는 것은 바람직하나 디테일한 부분은 보이고 싶지 않은 경우에도 시거리의 검토 및 조정을 통해 최상의 연출을 할 수 있다. 더불어 기피해야 할 대상인 경우에는 시설의 내용이나 디테일이 인지되지 않는 정도의 시거리를 확보하여 특정거리 이하로의 접근을 막는 것도 「시점」과 「주대상」의 거리조작을 통해 찾아낼 수

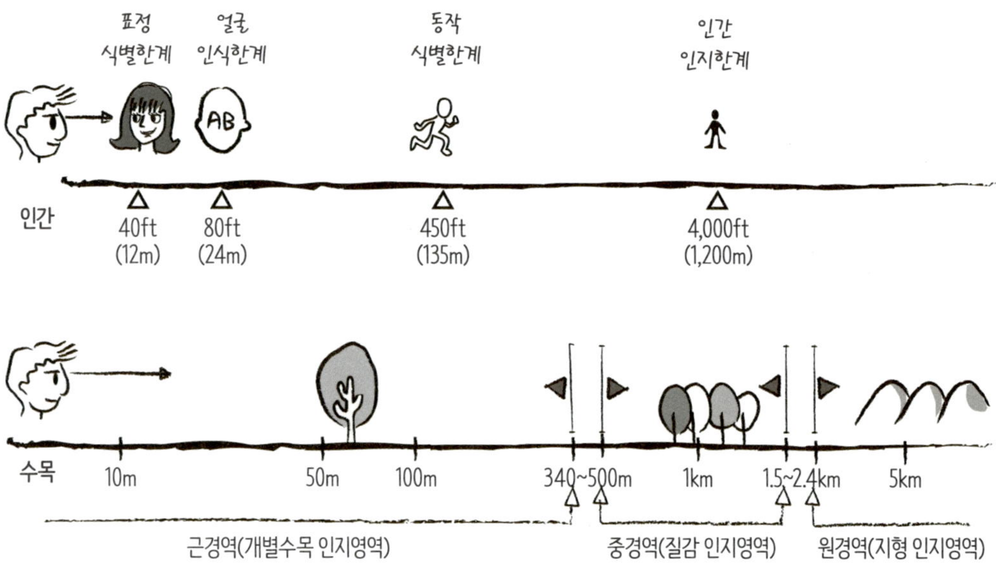

上 : 인간을 대상으로 한 시거리 한계. 거리에 대한 휴먼스케일에 기준함.

下 : 수목을 대상으로 한 시거리 한계. 경관이미지 및 수목효과의 영향은 약 3km까지로 봄.

그림 32 대상의 인지정도에 따른 시거리의 분할[3)]

있는 효과적인 계획안이 될 것이다.

물론 시거리는 상대적인 것이므로, 경관의 규모(Scale)나 주어진 조건, 주변 상황 등에 따라 그 수치가 달라지게 된다. 상대적인 개념이기는 하나 계획에 활용되는 대표적인 시거리 기준으로, 인간과 수목을 표준대상으로 하여 시거리 분할을 나타낸 것이 그림 32이다.

상단의 그림은 시거리에 따른 인간의 인지정도를 나타낸 것으로 이미 정착된 이론이다. 하단은 수목을 대상으로 수목의 형태나 질감 등의 인식정도에 따라 시거리를 분할해본 것이다. 통상적으로 대상이 보이는 한계영역에 따라 근경역(近景域, Near View Area), 중경역(中景域, Middle View Area), 원경역(遠景域, Distance View Area)으로 생각해 보았다.

근경역(近景域)은 개별 수목에 대한 인식이 가능한 영역이다. 수관 6~8m 정도의 교목(도로변 가로수 규모)을 기준으로 했을 때, 수목 한 그루 한 그루의 형태, 잎, 줄기, 가지 등 수목의 특징을 인지할 수 있는 범위이다. 시점에서부터 약 340m 떨어진 거리까지를 근경역의 범위로 취급한다. 그러나 근경역의 범위 안에서도 수목의 잎, 수피 등 디테일이 보이는 근접영역과 수목의 형태 등 수관이 인지되는 거리영역에는 차이가 있다.

중경역(中景域)은 수목군의 질감이 인식되는 0.5~1.5km까지의 범위이다. 이 영역에서는 수목 하나하나의 개별적인 형태가 인식되는 것이 아니라, 숲(수목군)의 질감단위가 보이게 된다. 예를 들면, 활엽수와 침엽수에서 느껴지는 숲의 이미지가 질감차이로 인식되는 것이라 이해하면 될 것이다.

원경역(遠景域)은 지형적인 경계가 인식되는 2.4km 이상의 거리로, 주어진 환경조건과 시정상태에 따라 확대 또는 축소가 가능한 영역이다. 수목의 형태나 질감 등에 대한 인식은 불가능하며, 수목군의 분포위치나 능선 등 지형의 경계 또는 윤곽선 형태로의 인식만이 가능한 영역이다.

■ 시정 (視程, Visibility Degree)

우리들이 주변을 조망할 수 있는 범위는 도시 내에서는 불과 몇 m 정도에 불과한 경우도 있으나, 자연풍경지의 경우에는 수십 km에 이를 만큼 다루게 되는 가시범위의 변동폭은 매우 크다. 그런데 시점과 대상과 일정거리 이상이 되게 되면, 공기가 혼탁한 정도나 기상조건 등이 제한조건으로 작용하게 되어, 경우에 따라서는 대상이 보이지 않게 되어버리는 일도 발생하게 된다. 이와 같이 기상조건이나 시간대 등에 좌우되는, 육안으로 대상을 분간할 수 있는 정도를 나타낸 개념이 시정(視程)이다.

시정은 기상과 시각에 의해 따라 차이가 있으나, 아주 쾌청한 낮 시간에는 20~30km 이상이 나오며, 맑은 날의 낮 시간

사진 166 기상상황에 따라 시정이 달라지는 자연경관지역. 신비로운 경관이 연출되기도 한다(중국)

사진 167 시정이 불량하여 대상의 인지도가 낮아진 라바트(Rabat) 하산탑(Hassan) 주변(모로코)

에는 약 15~18km, 흐리거나 비가 오는 날에는 약 6km, 아침과 저녁에는 낮 시간대의 절반정도가 된다고 한다. 그러나 실제로는 그 지역의 대기상황, 미기상, 지형지세, 인공시설물의 존재 등 주어진 환경조건에 따라 시정이 달라지므로, 현지를 방문하여 파악하고 그 수치를 조정하여 계획에 활용하는 것이 바람직할 것이다.

㉡ 경관의 유사성에 의한 조닝

경관의 유사성에 의한 조닝이란, 각 경관들의 상호관련성 즉 유사정도에 따라 경관을 그룹화하고 대상지역을 구분하는 방법으로, 경관지역의 주체성(Identity)에 근거하는 방법 역시 이에 포함된다. 경관에 대한 인간의 인지특성에 근거하는 것이며, 대중들의 동의나 합의를 얻어낼 수 있는 객관적인 방법이라 할 수 있다.

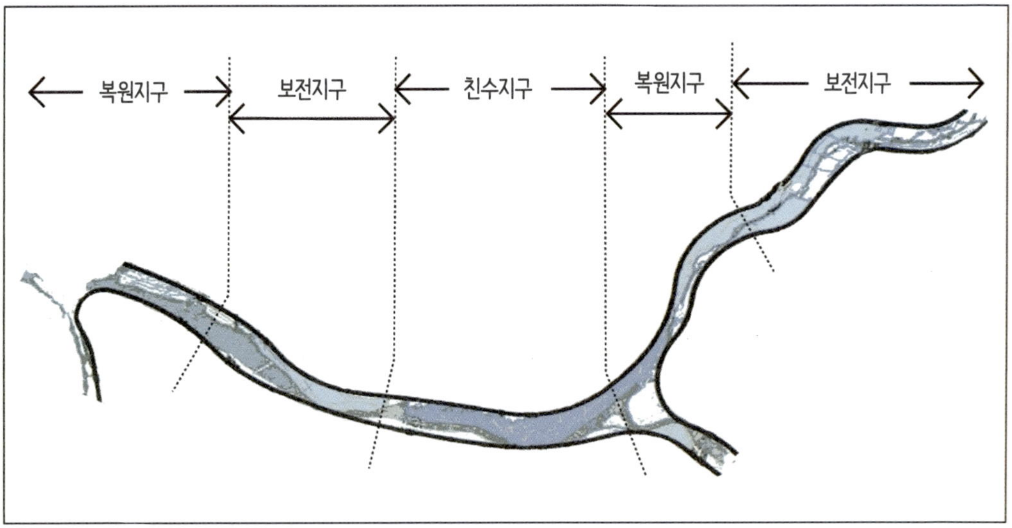

그림 33 경관 유사성에 의한 그룹화를 통한 조닝. 임의 하천을 대상으로 한 조닝의 예시

이 방법은 기존연구를 통해 타당성이 증명된 것으로, 현재 우리나라에서는 하천기본계획을 수립하는 경우 등에 활용하고 있는 조닝기법이다. 그림 33의 예시와 같이 하천이 보유하는 경관유사성에 의한 조닝을 「보전지구」, 「복원지구」, 「친수지구」로 구분하여 시행하고, 각 지구별 경관계획 및 관리방안을 제시하는 형태로 활용하고 있다.

구체적인 작업진행과정을 보면, 우선 현지 및 자료조사를 통해 하천지역을 인지적, 물리적 특성에 따라 유사한 요소를 갖는 구간들을 그룹화 한 후, 그것을 근거로 조닝을 시행하고 각각의 존(Zone)에 적합한 계획을 만들어가는 방법이다.

하천법 시행령(대통령령 제25840호, 2014.12.9)에서는, 하천의 생태, 역사, 문화, 경관이 우수하여 자연생태계를 그대로 유지할 가치가 있는 지역은 「보전지구」, 인간의 간섭이나 자연재해 등으로 훼손 또는 파괴되어 생태회복이 필요한 지역은 「복원지구」, 산책로, 생태공원 체험학습장 등 자연친화적 주민이용시설 조성이 요구되는 지역은 「친수지구」의 세 가지로 유형으로 조닝을 시행하고, 구분된 지구별로 계획을 수립하도록 정해놓고 있다.

b) 경관구성요소의 배치

일반적인 계획에서 배치란 시설의 위치를 선정하는 것을 의미한다. 그러나 경관계획에서 배치란, 「시설의 위치선정」은 물론이거니와 「시점의 위치선정」이 추가되게 된다. 그리고 이 시점의 위치와 시점의 이동계획(동선계획)이 경관의 배치계획에서는 더 중요한 역할을 담당하게 된다.

대표적인 「시점」으로는, 전망대, 광장, 역이나 터미널 등 많은 사람들이 모이고 정체하는 장소, 도시로 진입하는 게이트 등이 점적인 형태의 시점에 해당될 것이다. 선적인 시점으로는 연속적 경관이 연출되는 장소로, 도로나 공원이나 하천, 해안가의 산책로 등을 생각할 수 있다.

경관의 「주대상」이 되는 대표적인 예로는 그 지역을 대표하는 산이나 강, 바다 등을 들 수 있겠으나, 이러한 요소들은 자연환경요소로 그것들을 배치하는 등 조작에는 한계가 있다. 그러나 「주대상」이 바라보이는 「시점」의 위치를 조작하여 조망위치나 「주대상」의 형태를 변화시키는 것은 가능하다. 직접조작이 가능한 「주대상」의 배치계획으로는, 랜드마크나 교량, 상징적인 대형구조물이나 건축물 등의 위치선정을 생각할 수 있다.

대표적인 공원이나 녹지 등의 공공시설, 항만과 하천에 늘어서는 건축물군도 주요한 경관대상이므로 충분한 검토를 거친 배치계획이 이루어져야 한다. 특히 경관에 시각적, 심리적으로 악영향을 미치는 기피시설을 도입함에 있어서는 위치선정이 매우 중요하므로 시점과 대상물의 배치관계에 세심한 검토가 필요할 것이다.

다음에는 경관계획에서 자주 거론되는 경관구성요소의 배치 사례를 살펴보기로 하자.

시점의 존재 및 이동위치와 시설의 배치를 능숙하게 조절하여, 마이너스 적으로 작용할 토목구조물(입체도로)이 「주대상」(상징건축물)과 상호조화를 이루게 된 사례도 있다.

사진 168은 아랍 에미리트 두바이(Dubai)의 해안가에 있는 건축물로, 이곳으로 접근하기 위한 동선 상에서 조망되는 고가도로(Overpass)와 건축물의 배치는 매우 흥미로운 경관을 만

들어내고 있다. 사진 168에 나타난 바와 같이 건축물과 입체도로는 개별적으로 보면 단순한 구조물에 지나지 않으며 정적인 느낌을 주고 있다. 그러나 그것이 조망되는 시점위치가 바뀌어 감에 따라 건축물과 입체도로가 중첩되어 보이기 시작하며, 건축물과 도로의 형태 및 선형이 함께 어우러져 조화를 이루면서 동적인 느낌을 주는 특징적인 경관이 연출되고 있다. 이와 같이 경관계획에서 시설의 배치와 시점과의 관계는 마이너스적인(-) 요소를 플러스(+)로 바꾸어주는 역할을 하기도 하는 디자인 요소이다.

사진 168 시점의 이동을 고려한 건축물과 입체도로의 흥미로운 배치디자인의 사례. 두바이(Dubai)(아랍에미리트)

그림 34는 임의로 선정한 해안지역의 사진을 기본으로 하여, 해안가에 건축물을 여러 위치에 배치해본 모의 예시이다. 자연경관지역 및 해안지역에서 경관의 훼손가능성이 높다고 자주 거론되는 스카이라인(Skyline), 수변선, 곶(Cape, Headland)을 대상으로 하여, 지형변화가 나타나는 변곡점이나 결절점 등 풍경의 초점(焦點, Focus)과 같은 부분에 가상건축물을 배치하여 건축물의 조정위치에 따른 기존경관에의 영향을 검토해보고자 작성한 것이다.

이에 관련해서는 스카이라인과 건물위치와의 관계 및 영향에 대해 설문조사를 실시하고 심리분석을 시행하는 등의 연구가 지금까지 빈번히 이루어져왔으며, 어느 정도의 이론은 정착되었다고 생각한다. 뒤에서 다루게 되겠으나, 환경영향평가 등의 체크항목에서도 건축물 및 구조물 등에 의한 스카이라인의 침해여부, 산림경관의 보존, 임연부(林緣部, 숲 가장자리)의 처리, 해안선 등 수경관과의 조화 등에 관한 내용이 명시되어 있다.

여기에서는 그림 34의 예시를 통해 시설배치에 따라 경관에 미치는 영향을 실제적인 사례를 통해 살펴보기로 하자. 이 모의 예시는 자연경관지역에서 인공시설 도입시 고려해야 할 대상의 위치 및 규모 등의 결정, 즉 시설배치와 시점과의 관계를

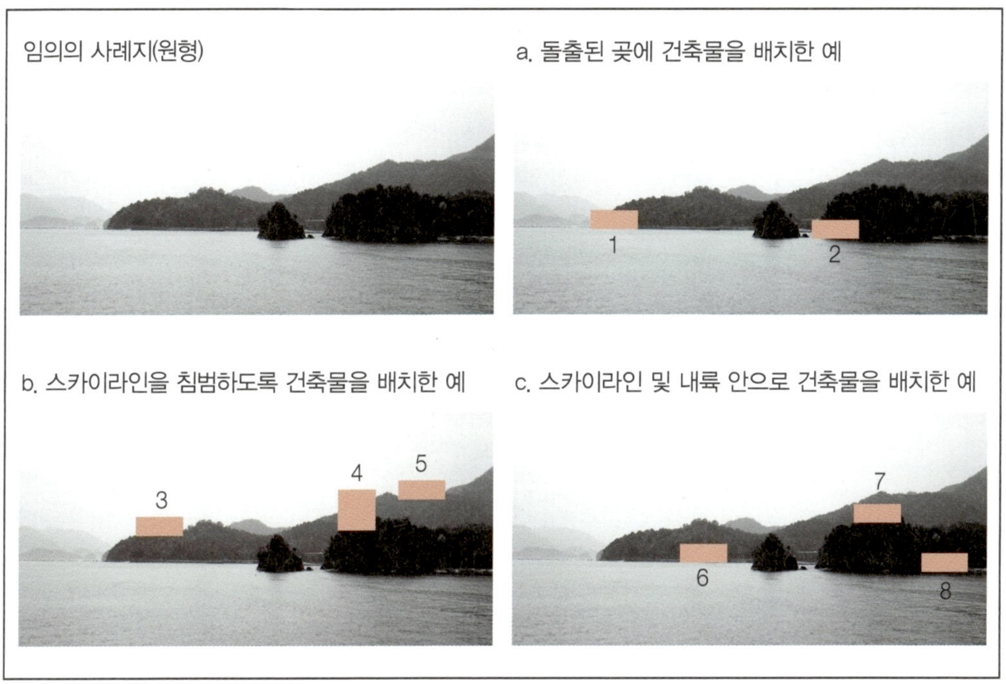

그림 34 도입시설의 배치위치에 따른 경관영향을 검토해보기 위한 모의 예시

검토하고 계획방향을 설정하는데 참고가 될 것이다.

그림 34의 a와 같이 돌출된 지형의 선단부인 곶에 건축물을 배치한 경우에는, 제시된 위치 1과 위치 2위 모두 기존지형라인을 훼손시키는 것으로 나타나고 있다. 따라서 기본적으로는 이 곳에 시설을 배치하는 계획은 지양해야 할 것이다.

다만 최선단부에 해당하는 위치 1의 경우는 이질적인 요소의 도입이 시선을 집중시키는 반면, 위치 2의 경우는 배후에 중첩되어 보이는 산지로 인해 인공적인 요소가 완화되어 시선집중의 효과는 다소 저하되는 것을 알 수 있다. 따라서 해당지역에 반드시 시설이 도입되어야 하는 상황이라면, 1과 같은 배치는 적극 삼가 하여야 할 것이며, 차선책으로 2의 위치에 시설을 배치하는 편이 경관훼손을 다소 줄일 수 있는 방안이 되겠다.

이에 관련된 사례를 살펴보자. 사진 169는 이태리 나폴리의 카브리(Capri) 섬이다. 사진에 나타난 바와 같이, 천혜의 자연경관지형의 보전을 위해 바다 쪽으로 돌출된 곶과 스카이라인은 철저히 보호되고 있는 등 시설물의 배치계획이 돋보이는 바

사진 169 천혜의 경관보전을 위한 시설배치가 돋보이는 사례. 곶은 철저히 보호되고 있는 카브리섬(이태리)

사진 170 凸형 곶은 시선을 끄는 경관대상으로, 수변선이 자연 그대로 보전되고 있는 예. 스크라딘(크로아티아)

람직한 사례이다. 유사한 예로 사진 170은 크로아티아 크르카(Krka) 휴게소에서 스크라딘(Skradin) 해협에 자리한 마을을 내려다 본 전경이다. 매우 아름다운 경관이 펼쳐지는 곳으로, 수면과 접하는 다수의 돌출지형, 즉 곶에는 어떠한 인공구조물의 침범도 없이 자연그대로 보존되고 있는 것을 알 수 있다. 아울러 안쪽으로 들어간 요(凹)형 부분의 지형에는 건축물이나 요트선착장 등을 배치함으로써 기능측면을 충족시키면서도 기존경관과의 조화를 얻어내고 있다. 이러한 노력을 통해 크로아티아의 아름다운 경관이 완성된 것이 아닐까 생각한다.

사진 171~사진 174는 지형의 첨단돌출부인 곶을 침범하지 않고 내륙 안쪽으로 건축물을 배치한 사례이다. 특히 사진 173은 주어진 여건상 해당지역에 반드시 시설물 배치가 이루어져야 하는 경우라면, 차선책으로 고려할 수 있는 그림 34 a의 위치 2에 해당하는 사례이다. 다만 사진 174의 사례는, 주변경관과의 상호관계를 고려한 시설물의 규모 및 적정 이격거리를 확보한 위치선정 등에 대한 검토가 아쉬움으로 남는 배치계획이

사진 171 특징적인 해양경관이 보전, 유지되고 있는 시설배치 사례. 시고쿠(四國)(일본)

사진 172 인공시설물을 안쪽으로 배치, 자연경관을 보전한 사례. 오클랜드(Auckland)(뉴질랜드)

사진 173 주목을 끄는 첨단부를 피해, 내륙 쪽으로 건축물을 배치한 사례. 아사무시(淺蟲)(일본)

사진 174 첨단부는 피했으나 건축물의 규모 및 이격거리에 대한 검토가 아쉬운 배치사례. 무안군(한국)

다. 게다가 도로건설로 인한 스카이라인의 단절 등이 기존경관을 훼손하고 있으므로, 경관의 보완 및 개선작업이 필요할 것으로 보인다.

그림 34의 b는 스카이라인에 대한 영향을 검토해본 것이다. 그림 b에 제시한 위치 3, 4, 5 모두 기존 스카이라인을 침범하는 바람직하지 못한 배치이다. 다만 이 경우에도 풍경의 초점에 해당하는 돌출 선단부에 가까울수록 경관훼손에 대한 영향력이 커지는 것을 알 수 있다(3 〉 4 〉 5). 이와 같이 스카이라인의 훼손이 예상되는 경우라면, 배후에 보이는 스카이라인의 연장선 또는 평행하는 선형을 유지하는 시설의 규모나 형태를 선택하는 것이 훼손을 최소화 할 수 있는 방안이 되겠다.

해당 사례를 살펴보자. 사진 175는 2000년 꽃박람회가 열렸던 일본 효고현(兵庫縣) 아와지시마(淡路島)의 공원에서 섬으로 접근하는 대규모 입체도로를 바라본 모습이다. 사진을 보면 건축물 배후에 있는 산의 스카이라인과 입체도로의 입체선형이 동일 연장선상에 맞추어 조성되어 있는 것을 알 수 있다. 특히 이 공원에 존재하는 다수의 시점 어느 곳에서 보더라도 거대한 입체도로와 산지의 스카이라인이 자연스럽게 연결되어 이질감이 최소화되고 있다. 경관디자이너의 능력이 돋보이는 배치계획이라 생각한다.

사진 176은 뉴질랜드 오클랜드(Auckland) 인근의 휴양지인 와이헤케(Waiheke) 섬이다. 사진 우측에 원경으로 조망되는 산 능성이를 잘 살펴보면 인공시설물을 확인할 수 있을 것이다. 그리고 시설물이 도입된 부분을 확대해 본 것이 사진 177

사진 175 산지 스카이라인과의 조화를 고려한 입체도로의 배치 사례. 아와지(淡路)(일본)

사진 176 와이헤케(Waiheke)섬의 산 능선에 맞추어 건축물을 조성, 배치한 사례(뉴질랜드)

사진 177 산 능성과 평행을 이루는 수평형 저층건물을 배치하여 경관조화를 도모한 사례(사진 176 참조)

사진 178 스카이라인을 훼손하는 형태로 배치된 건축물. 두브로브닉(Dubrovnik)(크로아티아)

로, 스카이라인(Skyline)에 배치된 건축물의 지붕선을 보면 기존 스카이라인과 평행하는 형태를 취하고 있으며 인접 수목군과 높이를 맞추고 있어, 멀리서 보면 그 존재를 인식하기 어렵다. 즉 스카이라인을 침범하는 배치를 하고 있음에도 불구하고 주변 경관구성요소와의 조화와 배려를 통해 이질감 및 경관훼손을 최소화한 사례로, 실제 적용 가능한 디자인 포인트가 될 수 있다.

사진 178은 해안의 스카이라인을 침범하는 형태로 건축물이 도입된 사례이다. 기존 바위와 건축물의 색채를 맞추고 있어 다소 완화효과를 의도하고 있는 것 같기는 하나, 수림과 대비되어 인공구조물이 더 두드러지는 효과가 나타나고 있다. 건축물 위주의 배치계획이 진행되어, 주변경관과의 부조화가 나타나게 된 바람직하지 못한 시설배치의 사례이다. 사진 179와 사진 180 역시 스카이라인을 침범하여 기존경관을 심각하게 훼손시킨 인공시설물의 배치사례이다.

여기서 그림 34-b의 예시에서 4번 위치의 건축물과 그림

사진 179 스카이라인을 침범한 송전탑 배치와 절개사면 노출로 심각한 경관훼손이 발생. 홍콩(Hong Kong)

사진 180 부적절한 배치계획으로 경관 부조화 및 훼손을 유발시킨 사례. 안탈리아(Antalya)(터키)

34-c의 7번 위치의 건축물 배치를 비교해보기로 하자. 유사한 위치에 건축물이 배치되어 있으나, 건축물 규모(높이)가 배후 스카이라인 범위를 벋어나는 경우와 범위 내에 포함되는 차이가 보일 것이다. 두 경우를 비교해보면, 시설의 배치뿐 아니라 규모의 조정을 통해서도 주변경관에 대한 영향력은 크게 차이가 나는 것을 확인할 수 있다.

그림 34의 c는 스카이라인 및 지형선단의 돌출부(곶), 초점 등을 피해 건축물을 배치한 예시이다. 기존 스카이라인이 유지되고 있으며, 풍경의 초점지역에 대한 훼손도 이루어지지 않고 있어 시설배치로 인한 경관훼손에 대한 우려는 적을 것으로 보인다. 그러나 이와 같은 위치에 시설물의 배치하고 있는 경우라 하더라도, 주변경관과 조화되기 어려운 형태를 사용한다거나, 부적절한 색채 또는 재료사용 등으로 인해 이질감이 두드러지게 되면 더 심각한 경관훼손이 발생할 가능성도 있다.

따라서 우선 큰 틀에서의 배치범위를 선정한 후, 시설의 규모, 형태, 색채, 질감 등을 적용해가면서 검토, 조정하는 순서

사진 181 부적절한 위치에 건축물이 배치되어 경관훼손이 발생된 사례. 마드리드(Madrid)(스페인)

사진 182 자연경관지역의 스카이라인을 훼손시키며 돌출된 형태로 배치, 조성된 아파트단지. 서울(한국)

로 경관디자인이 진행되어야 할 것이다.

사진 183은 배후에는 산, 전면은 바다와 접하고 있는 모나코(Monaco)의 경관이다. 대규모의 건축물이 빽빽하게 조성되어 있는 인공적인 해양도시의 이미지가 표출되고 있다. 그러나 배후 산의 일정범위 아래로 건축물 배치가 이루어지고 있으며, 스카이라인도 보호되고 있다. 특히 건축물들의 규모는 서로 다르나 가로선의 사용 및 채도가 낮은 중간색을 사용하고 있어 조화로운 경관을 형성하고 있다. 물론 이 지역에서 보전, 유지되고 있는 배후의 자연경관은 다소 딱딱하고 복잡해 보이는 건축물군을 돋보이게 해주는 효과를 발휘하고 있다고 생각된다.

경관구성요소의 배치가 다른 사례도 있다. 사진 184는 캘리포니아의 해변에 위치한 샌프란시스코(San Francisco)를 배를 타고 이동하면서 바라본 모습이다. 다채로운 형태의 건축물들에 의해 특징적인 도시경관이 연출되고 있다. 이 사례에서는 내륙의 도로에서 바라보는 경관과는 달리, 수면의 존재로 인해

사진 183 모나코(Monaco)의 도시경관이 아름다워 보이는 이유는 배후의 자연경관이 보전되는 배치계획이 이루어지고 있기 때문이다(모나코)

사진 184 복잡하고 다양한 인공적인 경관요소들을 통합시켜주고 있는 것은, 전면에 배치되어 있는 자연지형의 존재이다. 샌프란시스코(San Francisco)(미국)

열려진 시야가 확보되어 조망시점의 이동(배의 이동)에 따라 변해가는 경관체험이 가능하다. 사진 184의 경우에는 자연지형이 도시의 전면부에 배치되는 관계를 형성하여 다소 복잡해 보일 수도 있는 거대도시의 모습을 통합시켜줌으로써 건축물군에 의해 형성되는 스카이라인을 부각시켜주는 역할을 하고 있다. 시점과 경관대상과의 관계조작에 다양한 가능성을 엿볼 수 있는 사례이다.

배후 산의 스카이라인을 유지하면서 수평적인 건축물 배치로 경관조화를 이루어낸 사례는 사진 185와 사진 186이다. 사진 185는 한국 나주의 영상테마파크를 영산강 유람선을 타고 바라본 것으로, 배후산의 능선을 유지하면서 테마파크단지를 수평적으로 배치하고 통일된 색채사용 등으로 경관조화를 얻어내고 있는 사례이다.

사진 186은 일본 나오시마(直島)의 베네세 하우스(Benesse House)로, 기존의 수려한 자연경관을 보전하기 위해 미술관 겸 숙박시설인 건축물의 층수는 낮추면서 지면선과 평행한 형

사진 185 스카이라인 보전 및 기존지형과의 조화를 고려한 도입 건축물의 배치 사례. 나주(한국)

사진 186 기존 자연경관을 고려한 건축물 디자인 및 배치가 이루어진 사례. 나오시마(直島)(일본)

태를 선택하고 저층 일부는 땅 속에 묻히도록 도입시설물을 배치한 바람직한 사례라 할 수 있다.

그 외에 도시지역에서 스카이라인 보전이 어려운 경우, 그 상황을 역으로 이용하여 흥미로운 경관을 창출해낸 사례도 자주 발견할 수 있다. 사진 187은 미국 샌프란시스코(San Francisco)로 언덕에 조성되어 있는 주택단지의 인공경관이다. 스카이라인의 침범이 이루어지고 있으나, 이처럼 기존 구릉지 전체를 이용하여 건축물을 배치하는 것도 그 지역만의 독특한 경관을 창출해낼 수 있다는 점에서 흥미로운 배치계획이라 할 수 있다. 어설프게 기존지형이나 녹지를 남겨 경관부조화를 만들어내고 그것을 해결하기 위해 또 다른 인위적 조작을 가하는 것보다는, 새로운 경관을 만들어내어 그 지역만의 특색을 부여했다는 의미에서 참고가 될 만한 경관디자인 수법이다.

사진 188은 일본 교토(京都) 북부지역 이네(伊根)의 후나야(舟屋)의 모습이다. 곶의 선단까지 주택이 들어서있기는 하나, 배후 산의 스카이라인은 잘 유지되고 있다. 그러나 이 경우는

사진 187 구릉지 전체를 이용한 단지배치가 이루어진 사례. 샌프란시스코(San Francisco)(미국)

사진 188 스카이라인 보전은 기능측면에서 이루어진 수상가옥 배치계획의 결과물이다. 이네(伊根)(일본)

기존경관을 보전하기 위해 지면부에 건축물을 배치한 계획사례라 보기는 어려우며, 바다마을의 일상적인 경관으로 생활의 편리를 위해 후나야(舟屋)라 불리는 수상가옥이 돌출지형의 아래 부분 즉 수면과 접한 위치에 조성된 배치사례에 해당된다. 따라서 배후의 산은 경관적 측면보다는 해안풍 등 자연재해로부터의 보호라는 기능적 측면에서 보전되고 있는 예외적인 사례라 하겠다.

그러나 이처럼 단지 일상적인 생활의 편리함을 도모하기 위해 보전하고 유지해 왔던 기존 경관과의 연계 및 배치관계 등이, 현대에 이르러서는 기존 경관과의 조화 및 친환경적이며 지속가능한 경관디자인을 찾아내기 위한 주요한 실마리가 된다는 점은 반드시 기억해야 할 것이다.

한편 스카이라인이나 곶을 의도적으로 침범하여 관심집중효과를 유도하는 경우도 있다. 사진 189는 그리스 메테오라(Meteora)로 바위산 정상에 수도원이 스카이라인을 의도적으로 침범하는 위치에 조성되어 있다. 기존경관에 시선집중 및 위

사진 189 시선집중 및 신비감을 부여할 목적으로 산 정상에 배치한 수도원. 메테오라(Meteora)(그리스)

사진 190 스카이라인을 의도적으로 침범하고 있는 도입시설의 배치 사례. 가츠라하마(桂浜)(일본)

압감과 신성함을 주기위해 새로운 경관구성요소를 도입한 의도된 배치이다. 다만 이 경우에도 시선집중과 경관부조화는 별개의 문제로 다루어야 하며, 기존경관과의 조화를 위해 도입시설물의 형태 및 재료, 색채 등에 대한 디자인 검토는 필수적인 사항이 될 것이다.

사진 190은 일본 고치(高知) 가츠라하마(桂浜)의 모습으로, 곶의 선단 상부에 전통적인 신사(神社)를 배치하여 시선과 동선 모두를 집중시키는 효과를 얻어내고 있다. 어느 지역에 가더라도 있을 법한 평범한 경관지역의 경우, 기존경관에 특징을 부여하기 위한 연출기법으로 참고가 될 만한 사례이다.

이상에서 살펴본 검토내용은 한 장의 사진 즉「장면경관」에 근거하여 경관대상의 배치를 검토한 것이나, 이와 같은 검토를 복수의 시점에서 실시한 후 그 결과를 중첩시켜 종합적인 판단을 내린다면,「장소의 경관」에서 해당시설에 대한 최적의 배치계획안을 제시하는 것이 가능할 것이다.

경관대상의 배치검토는 다음의 두 가지 관점에서 접근하도록 한다.

① 주요 시점과 계획시설과의 관계

② 계획시설과 주변 경관대상과의 관계, 특히 주대상과의 관계

지금까지 소개한 사례는, ②에 초점을 맞추어 기존의 주변경관과 도입시설물의 배치관계를 검토해 본 것이지만, 규모가 큰 대규모 공공토목시설의 경우에는 ①의 관계에서 발생하는 경관훼손의 문제도 시설의 조성위치 등 배치계획 수립시 반드시

주의를 기울여야할 사항이다(사진 175 참조). 이 부분은, 앞서 a)-②-ⓛ에서 소개한 그림 31의 경관영향력과도 상응되는 항목이라 하겠다.

시점에 의한 것이든, 경관대상이 되는 계획시설에 의한 것이든 그 배치방식과 평가에 대한 가능성은 무한하다고 할 수 있으나, 일반상식에 의존하던 기존의 판단범위는 줄이고 정성적으로 이루어지는 스카이라인이나 풍경의 초점 등에 대한 검증, 그리고 데이터 등의 활용을 통한 정량화의 폭을 늘려가는 것이 중요하다.

물론 최종적인 판단과 결정은 프로젝트 관계자들의 종합적인 판단에 의해 경관구성요소를 배치해 가는 것이 바람직한 방법이 되겠다.

c) 경관구성요소의 형식선택과 형태결정

경관계획 대상지의 지역구분과 경관구성요소의 배치 및 동선계획이 이루어지고 나면, 보다 구체적인 경관디자인 과정을 진행해야 한다. 이 단계에서는 구조물의 형태결정 즉 구체적인 구조물의 형태, 크기, 색채, 소재 그리고 의장 등의 결정에 주력해야 한다. 그러나 경관디자인의 경우, 대중이 공유해야 하는 부분과 사회기반 공공시설이 대부분을 차지하므로, 구체적인 형태를 결정하기 이전에 적절한 구조형식을 선택하는 문제도 간과해서는 안 될 것이다.

형식선택의 문제는 대규모 공공토목시설을 다루게 되는 경우 특히 중시 되어야한다. 예를 들어 입체도로에 대해 살펴보자. 여기서 입체도로란 고가도로, 도시고속도로, 입체보행교, 교량, 잔도(棧道, 험한 벼랑 같은 곳에 선반을 매듯이 하여 낸 길)

그리고 절성토 사면의 발생을 피하기 위해 만드는 터널 등을 포함하는 포괄적 의미이다. 이들을 대상으로 하는 경관디자인을 생각해보기 위해 교량을 예로 들어 형식선택에 대해 살펴보자.

교량미학의 분야에서는 예전부터 깊은 계곡에는 아치교가, 큰 하천에는 수평교가 잘 어울린다는 평가가 있다(사진 191, 192, 193 참조). 물론 정량적, 실증적인 데이터가 제시되어 있는 것이 아니기에 프로젝트 시행 시에는 기본적인 요구조건 등을 정확하게 파악한 후 선택이 이루어져야 할 것이나, 경관의 큰 틀을 형성한다고 하는 관점에서 볼 때 형식을 선택하는 과정은 매우 중요하다. 이는 형식이 결정되고 난 이후에 형태를 조정하는 단계에서 할 수 있는 경관디자인에는 한계가 있을 수밖에 없기 때문이다. 특히 바다 및 대규모 하천에 조성되는 교량의 경우, 대상지역의 지형 및 조류 등 다양한 조건에 따라 구조형식에 제한이 가해지는 경우가 많으므로, 거대규모의 교량을 건설하는 경우 구조형식의 결정은 경관구성요소로서의 역할을 부여, 조정하기 이전에 검토되어야 할 사항이다.

아울러 형식결정 이후에는 교량의 설치위치 등에 대해 「시점」, 「시점장」 및 「주대상」과의 관계조작을 통해 배치계획을 재검토한 후, 교량의 형태를 결정하는 순서로 경관디자인이 이루어져야 할 것이다(사진 194~197 참조).

입체도로의 형식선택에는 다양한 요구조건들이 작용하게 된다. 도로의 위치, 차선수, 상하행의 일체화와 분리, 구조물의 중량, 입체화의 수준(높이, 지면과의 거리 등), 교각의 형태, 교각의 수, 기존도로 및 인접시설물과의 관계 등이 형식을 찾아내고 선택하는데 작용하게 될 것이다. 그리고 최적의 형식이 결정되고 나면, 예를 들면 교각이 하나인 형식인지 두 개인 형식

사진 191 요시노 강(吉野川) 협곡의 오보케바시(大歩危橋). 교각이 없는 교량의 형식(일본)

사진 192 넓은 하천에 거부감 없이 어울리는 수평교 형식의 교량. 루아르(Loire)(프랑스)

사진 193 좁은 하천에 잘 어울리는 아치형 모스타르(Mostar)의 다리(보스니아 헤르체고비나)

사진 194 무어강에 설치된 형식보다는 형태가 중시된 무린젤(Murinsel). 그라츠(Graz)(오스트리아)

사진 195 나이아가라(Niagara) 폭포에 설치되어 있는 미국과 캐나다를 연결하는 교량(미국)

사진 196 샌프란시스코와 머린 카운티를 연결하는 랜드마크인 금문교(Gold Gate Bridge)(미국)

사진 197 전남 여수시 묘도와 광양시를 연결하는 이순신 대교. 한국 최장의 현수교 형식을 채택(한국)

사진 198 절벽 위의 에즈 마을(Eze village)로 접근하는 상징적인 입체도로(프랑스)

사진 199 산림 내부에 입체도로(Great Ocean Road)를 배치, 조성하여 비일상 경관체험을 유도(호주)

이 선택되었는지에 따라, 그 자체의 형태에 대한 디자인 작업이 진행되게 된다(사진 198, 199 참조).

사진 200은 일본 시코쿠(四國)의 산악지역에 조성된 도로의 모습이다. 기존의 자연지형에 맞추어 곡선형 도로가 만들어져 있기는 하나, 지나친 경사지의 처리가 심각한 위압감과 이질감을 주고 있다. 이러한 경우라면 터널형식의 선택을 고려하는 것이 좋지 않았나 하는 아쉬움이 남는 디자인이다. 반면 사진 201은 터널이라는 형식을 선택하여 도로경관을 디자인 한 사례이

다. 이처럼 시설의 형식이 결정되고 나면 다음 단계인 형태검토로 이어지게 되며, 사례에서는 터널형식을 적용하여 기존 자연지형의 훼손을 최소화 하는 경관디자인을 마련하고 적용한 것으로 보인다. 두 사례의 비교에서 알 수 있듯이, 좌측 사례지에서 일반적인 도로 이외의 형식선택이 검토되었더라면, 보다 다양한 형태의 디자인과 경관훼손을 막을 수 있는 방안제시가 가능했으리라 생각된다.

사진 200 산악지역에 무리하게 조성된 도로(일본)

사진 201 터널형식을 선택해 도로조성(크로아티아)

경관구성요소의 형태를 결정하는 단계에서도 다양한 사항들이 고려되어야만 한다. 반복되는 이야기이나 경관디자인이란 사물 자체에 대한 디자인에 국한된 것이 아니므로, 형태결정에 있어서도 주변요소들과의 조화, 대상지역의 특성과 분위기, 역사, 문화 등을 고려한 디자인이 제안되어야 하기 때문이다.

따라서 형태를 결정하는 단계에서 재차 대상지 현황에 대해 정리 분석된 내용이나 조건들을 되돌아 볼 필요가 있다. 왜냐하면 계획의 시작점으로 되돌아가 대상지의 환경을 재인식해보는 과정을 거치게 되면, 지역의 정체성(Identity)이나 역사적 문맥 등을 읽어내는 것이 용이해지기 때문이다. 그리고 그러한 작업은 그 지역에 잘 어울리는 혹은 그 곳에서만 가능한 디자인 아이디어를 찾아내는데 결정적인 역할을 할 수도 있다.

기존의 자연환경이나 인공시설 특히 동선 등 인프라시설에 관한 사람들의 생각 등에서 반영시키고 싶은 이미지를 찾아낼 수도 있을 것이며, 계획대상지의 전체면적과 요소도입이 가능한 면적, 위치 그리고 시점장의 위치 등에서 시설의 개별이미지가 아닌 전체이미지를 파악하는 것이 가능할 것이다. 대상지역의 가치와 특성을 증가시키기 위한 아이디어, 환경을 조절하는 아이디어, 방향성이나 축, 접근용이성에 관한 아이디어 그리고 경관디자인에 영향을 미치는 여러 문제 등을 인식하는 것은 형태디자인의 원활한 진행을 도와줄 수 있을 것이다. 물론 경관계획가가 개별적인 형태를 디자인하는 전문능력은 갖추어져 있다고 믿는 전제조건이 수반된 이야기이다.

여기서 잠시 계획의 초기단계로 돌아가 보기로 하자. 우리가 특정한 프로젝트를 진행하게 되는 경우, 사실 대상지에 어느 정도의 제약조건이 있어야 경관디자인을 하기가 쉽다. 그 제약조건이나 문제점들을 이것저것 피하고 해결해가다 보면, 대상지에서 할 수 있는 작업들이 한정되기 때문이다. 반대로 대상지에 제약조건이 전혀 없는 상황이 되면 어떤 디자인이든지 가능한 자유로운 상황이 되는 것이나, 바꾸어 말하면 무엇을 디자인해야 하는지 쉽게 결정하기 어려운, 매우 부담스러운 상황이 된다. 물론 단순히 과제를 해결해 가는 것만으로는 경관디자인이 성공적으로 이루어졌다고 말하기는 어렵다. 과제해결과 더불어 그 지역에 매력을 창출하고 공간에 생명을 불어넣어 쾌적한 환경으로 만들어가는 행위가 바로 경관디자인이기 때문이다.

그런데 이론상으로 보면, 대상지에 대해 면밀한 조사와 분석이 이루어지게 된다면, 당연히 최선의 계획방향과 탁월한 디자인이 눈앞에 보여야 할 것이다. 그러나 실제는 그렇지 않은 경우도 많다. 아무리 살펴보아도 좋은 생각이 떠오르지 않는다면 다음에 제시하는 몇 가지 사항을 검토해보자. 좋은 아이디어를 찾아낼지도 모르기 때문이다.

우선, 지역의 자원을 활용해보자. 그 지역의 환경구조가 파악된다면 거기서 나타난 공간특징은 디자인의 자원으로 활용할 수 있을 것이다. 아울러 지역특산물이나 흙이나 물 그리고 하늘 등 자연의 형태나 색채, 소재 등의 이미지에서 디자인 아이디어를 발견해낼 수도 있다.

또 하나의 방법은, 흘러간 시간들 즉 지역의 역사에 귀 기울여 보는 것이다. 지역의 환경은 자연과 사람의 만남에 의해 만들어지고 변화되어 왔다. 그래서 흔적도 없이 사라져버린 역사도 있으며, 변하지 않고 계속되어온 것도 있다. 고지도나 역사문헌 등을 뒤적여보자. 변한 것도, 변하지 않은 것도 모두 경관디자인의 소재가 될 수 있다. 최근에는 환경의 중요성이 강조되면서 생태측면이 중시되고 있으나, 지속가능한 생태환경의 유지라는 말의 근간에는 역사가 깔려있는 것이다. 따라서 토지의 기억들인 역사를 살펴보는 일은 생태환경 측면에서도 그리고 그 지역만의 정체성을 찾아내는데 매우 중요한 작업이 된다.

경관을 디자인하는 사람에게 중요한 것은, 현상만을 보고 미래의 계획을 세우는 것이 아니라, 과거의 역사를 배경으로 하여 현재의 모습이 성립하는 것이며 그 연장선상에 미래가 있다고 하는 인식을 갖는 것이라 하겠다.

이상에서 찾아낸 디자인 아이디어는 현상에 잘 어울리도록 적용, 즉 형태의 변화, 의미의 재해석, 관계성 부여 등이 전제조건이 되어야 할 것이며, 이는 전문디자이너에게 기대하는 대중들의 바람이기도 하다. 토지의 기억을 근간으로 하고, 그 지역이 보유하고 있는 자원을 활용하여, 현재 만들어낼 수 있는 최선의 모습을 디자인하고 그것들을 미래로 연결시켜가는 것이 경관디자인에 관여하는 사람들의 사명일 것이다.

아울러 발굴된 디자인을 적용함에 있어서는, 공간구성에 여유가 있는 형태를 지향해야 한다. 이는 경관계획이 「모두 함께 완성시켜가는 그림」이라는 점을 떠올린다면 쉽게 이해할 수 있는 사실로, 집이나 도로 등의 구조물만으로 그림 전체를 빡빡하게 채워가는 것은 불가한 일이기 때문이다. 특히 여백의 미를 강조하는 우리의 동양화 기법 등 동양권 문화를 고려할 때, 여백 즉 비어있는 여유공간이 갖는 의미는 매우 중요하며, 경관의 완성 및 성숙의 가능성을 높여줄 수 있을 것이다.

d) 경관의 보완 및 개선작업

경관디자인의 작업진행을 소개한 그림 28과 29에서는 독자들의 이해를 돕기 위해 a)에서 d)의 순서로 소개하였으나, 실제 작업의 진행순서는 조금 다르다.

물론 매우 확정적인 작업을 진행하는 경우나, 더 이상의 대안을 생각할 수 없는 상황에서 계획을 수행하는 것이라면 연속되는 진행과정이 될 수도 있겠으나, 다수의 대안을 고려하는 경우라면 경관의 보완 및 개선작업(경관구성요소 및 부수적인 요소의 상호 관계개선)은 그 순서가 조금 다음 단계로 미루어져야 할 것이다.

그 이유는 경관계획에서는 다수의 대안을 작성하고 이것들을 검토, 평가한 후 최종안을 결정하는 것이 일반적인 과정이기 때문이다. 따라서 경관의 보완 및 개선작업은 충분한 대안 검토와 평가가 이루어진 이후에 시행하는 것이 보다 합리적이고 효율적인 진행순서가 된다.

그러나 경관의 보완과 개선작업은 계획을 수행해나가는 각각의 단계에서, 예를 들면 「시점」과 「주대상」, 「시점장」 등의 관계조작 및 경관구성요소의 상호관계 등을 검토해가면서 시행하는 것이 보다 근본적인 해결방법이 되며 또 지속적인 효과를 기대할 수 있는 것이라 하겠다.

또한 최후단계에 이루어지는 보완작업은 단편적이기는 하나 매우 효과적인 방안이 될 수 있다. 그러나 과다한 보완 및 수정작업은 계획자체의 본질을 흩트려버리는 경우가 생겨날 수도 있으므로 각별한 주의를 요한다.

e) 대안의 검토 및 평가

지금까지 설명한 것은 경관대상지의 지역구분(Zoning), 경관구성요소의 배치, 대상의 구조형식선택 및 형태결정에 수반되는 작업내용이다. 그리고 이것들은 구상단계에서 설정된 경관계획의 목표에 도달하기 위한 수단에 해당된다. 이미 언급한 바와 같이 경관계획에서 목표에 도달하기 위한 수단은 여러 가지로 제안하는 즉 복수의 대안을 마련하는 것이 가능하여야 하며, 당연히 그 대안들을 분석하고 검토하는 과정 그리고 평가를 통해 그 대안들 중 최적안을 선별하고 결정하는 작업 역시 계획진행에 필수불가결한 과정이다.

이번에는 경관디자인의 진행과정에서 제안되는 여러 개의 대안들을 검토, 분석, 평가하는 과정을 살펴보기로 하자. 물론 경관계획의 특성상 대안을 분석, 평가하는 방법, 그리고 경관계획에 의해 예상되는 경관변화에 대한 사전평가(Assessment) 등은 객관적이며 명쾌하게 이루어져야 한다.

먼저 총정리 하는 의미에서, 경관계획의 진행과정을 하나의 프로차트로 나타내 본 것이 그림 35이다. 프로젝트의 성격이나 주어진 과제 그리고 계획대상지의 상황이나 계획의 위계에 따라 진행순서나 각 단계에서의 작업내용이 달라질 수도 있다는 점은 이해하길 바란다.

① 대안의 작성

이 단계의 작업목적은 주어진 전제·제약조건 속에서 계획목표를 달성하기 위한 여러 가지의 수단을 도출해 내는 것, 즉 대안의 작성이며, 이것을 예비계획·설계라 한다. 대안의 작성은 계획안 전체에 관련되는 거시적 단계에서, 개개의 구조물 디자인, 경관개선에 이르는 미시적인 단계에 이르기까지 여러 단계를 생각할 수 있으나, 대안검토에 필요한 사항에 한정하여 작업을 시행하고, 최종적으로 요구되는 레벨 내에서 마무리 하는 것이 현명한 진행방법이다.

대안의 작성요령은 다음과 같다. 1차 계획·설계단계에서 시행한 내용의 결과를 정리하여, 몇 가지 대안을 작성한다. 그리고 그 대안 상호간의 차이점과 공통점을 기록, 평가하고 그 위에 대안작성의 레벨도 명시하여 둔다. 동시에 이 단계에서 대안검토의 전제가 된 경관분석의 결과를 정리하고 평가내용도 추가해 두는 것이 좋다. 그 이유는 차후 피드백 하여 대안을 재검

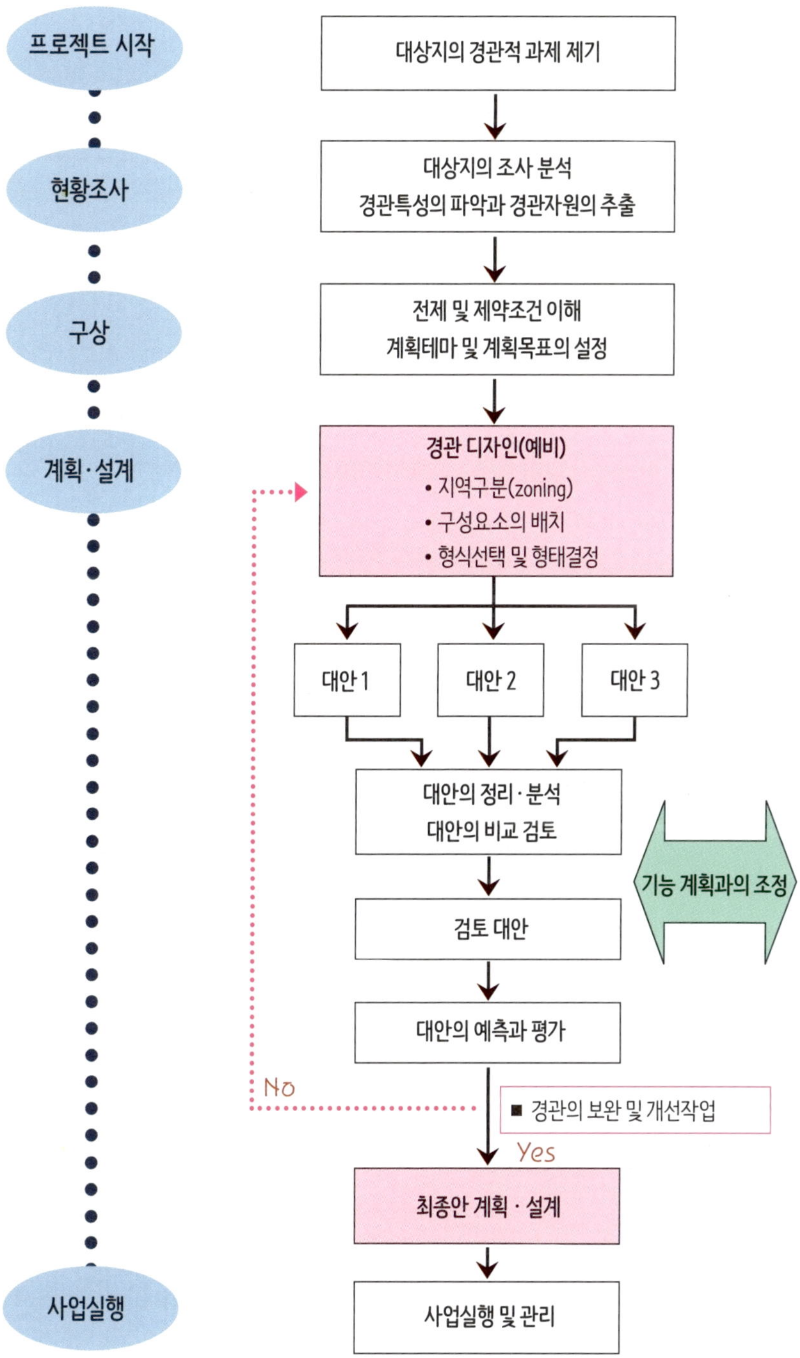

그림 35 경관계획의 진행과정

토하는 경우 필요하기 때문이다.

대안 중에서 하나의 안이 모든 측면에서 훌륭하다고 평가될 가능성은 낮으므로, 대안작성 단계에서는 그것들을 나란히 열거해 놓는 것으로 충분하며, 상세한 검토와 판단은 후에 경관의 종합평가 및 기능계획과의 득실 평가에 맡기는 것이 좋다.

대안을 검토하는 경우, 기능계획과의 조정 역시 중요하다. 경관계획상 정말로 좋은 계획안이라 하더라도 기능계획의 관점에서 볼 때 큰 지장을 초래하거나 건설비용이 크게 증가한다면 실현가능성은 희박해진다. 하지만 큰 폭의 경관개선이 이루어질 가능성이 있다면, 이 단계에서 기능계획 측면에서의 재검토 및 변경을 요구하는 것도 가능할 것이다.

종합정리하면, 대안의 작성 시에는 대안 상호간 및 기능계획과의 비교검토와 조정 등이 가능하도록 작업을 진행하여야 한다.

② 대안의 검토·분석

대안검토의 요령을 검토순서와 대안작성의 관점에서 살펴보자.

대안의 검토는 위계적인 순서에 따라 이루어져야 한다. 일반적인 방법은 경관적 영향력이 큰 수준의 것들을 우선 검토하고, 순차적으로 영향력의 수준에 따라 대안들을 검토해가도록 한다. 대안비교를 통하여 만족할 만한 대안이 결정되기도 하나, 납득하기 어려운 경우도 간혹 발생한다. 이러한 경우에는 과감하게 프로젝트의 전제조건을 재검토해 보는 것도 필요하다. 주어진 조건이나 틀에서 벗어난 제안 등 기존관념을 타파하는 것으로 예상치 못했던 흥미로운 대안이 마련될 수도 있기 때문이다.

하지만 비슷한 대안이 나열되거나 큰 차이가 없는 경우도 있을 수 있다. 그건 아마도 이미 검토할 필요가 없는 내용이거나, 구현방법이 극히 제한되어 있는 상황이거나, 계획가의 능력이 부족한 경우에 해당될 것이다.

③ 대안의 예측

지금까지는 투시도나 스케치 그리고 사진합성 등을 이용한 경관예측 모의실험(Simulation) 등의 수법이 사용되었다. 최종적으로 작성된 대안에 근거하여 보다 정교한 예측과 평가를 하고 그 결과를 종합적으로 판단하여 최종계획안을 작성하게 되므로, 경관평가에 활용되는 예측작업은 매우 신중하게 이루어져야 한다. 주의해야 할 점은 다음과 같다.

㉠ 예측의 수준

대안에 대한 경관예측의 수준은 높으면 높을수록 좋다. 그러나 예측수준 특히 정밀도에 대한 판단은 평가를 내리는 집단의 특성을 고려하여 결정하도록 한다.

지역주민이나 일반대중들에게 계획의 완성 예상도를 제시하는 경우라면 가능한 한 높은 수준의 것이 좋다. 그러나 다수의 대안을 계획가나 경관전문가가 판단하는 경우에는, 대안에 대한 간단한 이미지를 나타낸 그림이나 스케치 정도로 충분할 것이다. 그 이유는 비용과 시간이 소요되는 상세결과물의 정밀함과 정확도보다는 각 대안들의 차이를 알리는 것이 계획안의 판단에 더 중요하기 때문이다.

㉡ 예측시점과 시선의 방향

포괄적인 경관이미지를 표현하는 것이 아니라(장소의 경관), 대상지의 특정장소나 동선이동을 통한 경관이미지(장면경관 또는 연속적 경관을 활용하는 경우)를 예측하고

자 하는 경우, 시점의 위치는 사람들의 이용빈도와 시점(또는 시점장)의 질을 기준으로 한다. 즉 일반적으로 사람들이 눈으로 보는 기회가 많은 장소(기존 시점)에 대한 경관과, 현재 실제이용은 적더라도 경관평가가 높은 장소(개발 시점) 두 가지 모두에 대한 변화를 예측해 보도록 한다. 그 외에 대규모 공공시설에서 경관적인 영향이 클 것으로 예상되는 공적인 시점도 경관예측을 위한 필수적인 조망점이 될 것이다. 그리고 경관측면에서 나타나는 영향이 긍정적이라면 그 시점은 새로운 조망점이 될 수 있으며, 반대로 영향이 부정적으로 나타난다면 그 시점은 피해야 하는 시점이자 경관평가 시 가장 비중있는 또는 영향력이 큰 시점으로 작용하게 될 것이다.

또한 시선 또는 시선축의 방향은 해당시설을 중심으로 하는 것과, 종래 구도상의 초점을 중심으로 하는 두 가지 모두를 검토할 필요가 있다. 해당시설이 중심이 되면, 시설도입으로 인해 나타날 것으로 예상되는 경관에 대한 영향력이 실제 이상으로 평가될 위험성이 있다. 따라서 아주 소규모이거나 주변에의 영향력이 미비하다거나 도입시설이 경관계획의 중심이 되는 경우를 제외한다면, 기존 주대상과의 관계를 살펴보는 후자가 더 적합한 방법이 되겠다.

현장에서 자주 발견되는 오류는, 조감도나 마스터플랜을 경관평가의 수단으로 사용하는 경우이다. 위에서 내려다보는 조감도적인 시점이나 평면도로 표현되는 마스터플랜은 계획가가 변화 이후의 전체전인 모습을 파악함에 있어서는 유용한 수단임에 틀림없다. 그러나 일반인들에게 경관계획의 현상이나 내용을 설명한다거나, 계획 후의 모습을 예측하는 자료로 사용하는 것은 아무런 도움이 못되며 오히려 잘못된 이미지를 줄 위험성이 있으므로 주의해야 한다.

㉢ 경관변천 및 변동요인에 대한 배려

대규모 토목시설이나 공공시설 등은 세월이 경과하면 더럽혀지거나 풍화하여 주변환경에 자연스럽게 융화되어가게 된다. 그러므로 세월과 함께 변해가는 식물재료를 사용하고 있는 경우나, 자연경관지역에 인공구조물이 도입되는 경우, 자연경관의 훼손우려가 있거나 대규모 개발 등으로 인한 현격한 경관변화가 예상되는 경우에는, 사업시행 후 시간경과에 따른 경관변화예측도 필요하다. 만약 단순히 계획 시행 후(준공시)의 예측만을 살펴본다면 그것은 반쪽에 불과한 부적절한 예측작업이 될 것이며, 반대로 20~30년 후의 성장한 수목을 합성한 사진만으로 예측을 한다면 사람들을 기만하는 결과가 될 것이다.

이러한 경우에는 대체로 적절한 경관관리만 이루어진다면, 시간경과에 따른 경관개선효과가 기대되는 경우가 많으므로, 시간경과에 따라 몇 단계의 시뮬레이션을 시행하여 신뢰도 높은 예측자료를 제시한다면 긍정적인 평가를 얻어내게 되어 원활한 사업시행으로 이어질 수 있는 유효한 작업이 될 것이다.

예측작업에서는 보통 변화의 중심이 되는 해당시설을 매우 깔끔하게 표현하는 경우가 많다. 그러나 실제로는 일조의 방향, 날씨, 계절변화에 의해 시설의 인상은 크게 달라지며, 특히 변동요인의 영향을 받기 쉬운 것은 대상의 색채와 질감이다. 따라서 시설이 설치되는 장소 및 그것이 바라보이는 방향, 시거리 등을 감안하여 예측표현을 실제적으로 행하지 않으면 안 된다. 물론 이들 변동요인 및 변천에 따라 대상이 어떻게 보이는가 하는 미묘한 변화를 예측한다는 것은 쉬운 일이 아니나, 그 부분이 바로 계획가의 경험을 필요로 하는 작업이기도 하다.

④ 대안에 대한 평가

우리가 무언가를 인식하고 평가하는 경우, 본인들이 이미 가지고 있는 가치관에 의거한 평가가 의식적이든 무의식적이든 이루어지게 된다. 하지만 경관계획의 진행과정에서 만들어진 대안을 평가할 때 가장 중요한 것은 누구나가(복수의 평가주체) 공통적으로 인정하는 객관적 평가결과를 얻어내야 한다는 사실이다.

그러한 이유로 계량심리학적인 평가수법을 중심으로 한 다양한 기법들이 검토 적용되고 있다. 계량심리학 수법을 사용하는 이유는, 우선 복수의 사람들의 주관적인 평가를 통계적으로 처리함으로써 평균화된 결과를 얻어낼 수 있기에 비교적 안정된 평가와 분석이 가능하기 때문이다. 아울러 그 평균적인 평가를 예측할 수 있는 일종의 모델구축의 기초가 되는 경관의 평가구조 즉 법칙성을 찾아내기 위함이기도 하다.

전자의 예로는, 보존해야 하는 경관대상을 선정하기 위해 현 상태의 경관에 대한 평가, 또는 구체적인 계획·설계의 효과를 비교 검토하는 경우를 생각할 수 있다. 이것은 구체적인 평가치를 측정한 후에 그 결과를 통계처리 하는 평가수법이다.

후자의 예로는, 심리실험 등에 의해 측정된 평가치 데이터를 정성분석·정량분석을 시행하고, 그것을 기초로 평가예측모델을 작성하는 것이다.

그런데 어떠한 수법을 선택하든 논리적이고 객관적인 평가가 이루어지도록 하기 위해서는, 누가(평가주체), 무엇을(평가대상), 어떤 관점에서(평가항목 및 평가기준) 평가할 것인가를 숙지하여야 한다. 그리고 그것의 진행을 위해서는 어떤 방법(평가수법)을 선택해야 하는가를 검토하여 결정해야 한다.

아울러 이러한 맥락에 따라 조망의 평가구조를 명확하게 하기 위해서는 단순히 계량심리학수법을 적용하는 것뿐만 아니라, 정평있는 역사 및 전통경관의 특성분석, 사후평가라 불리는 지속적인 경관의 관찰과 조사에 근거한 평가 그리고 생태학, 문화인류학, 민속학적인 이론을 참고하는 등의 정성적인 평가도 반드시 필요하다고 하겠다.

대안을 평가하는데 있어 신중하게 고려하고 유의하여야 할 점은 다음의 세 가지이다.

㉠ 평가주체

대안을 평가하는 주체는, 계획가(전문가), 지역주민(그 지역의 경관을 일상적 경관으로써 체험하는 사람), 방문자(그 지역의 경관을 비일상적 경관으로써 체험하는 사람)로 나눌 수 있다. 이들 집단에서 이루어지는 평가의 차이는 당연히 존재한다.

일반적으로 거주밀도가 높은 도시 및 전원지역에 있어서는 해당 지역주민의 평가결과에, 자연풍경지에서는 방문자들의 평가결과에 더 큰 가치를 부여하는 것이 보통이다. 그러나 각각의 집단에는 다음과 같은 경향이 있으므로 이를 고려하여, 최종평가는 계획가가 종합적으로 판단하도록 한다.

- 계획가 – 계획시설의 긍정적 측면을 강조하고 부정적 측면을 과소평가하는 경향이 있다. 단 계획시설의 유형사례, 조작과 그 효과의 인과관계에 관한 지식은 가장 풍부할 것이나 장기적인 사고방식을 취하기 쉬운 것이 이 집단이다.
- 지역주민 – 계획지의 경관을 상세한 부분까지 잘 알고 있으며 또 기존요소가 갖는 의미를 실제효과와 동시에 몸으로 체험하고 있는 집단이다. 그러나 지역의 거시적인 경관특색을 인지하기는 어려우며 또 가치부여를 하지 않는 경향이 강하다.
- 방문자 – 지역경관에 대한 의식은 희박한 것이 보통이며, 경관에 대한 평가는 체험시의 변동요인과 평가자의 심리상태에 따라 좌우되는 경우가 많다. 그러나 평가자 중에서는 최다수의 집단임과 동시에 보는 방법이 거칠기 때문에, 오히려 특정한 부분 등 세세함에 좌우되는 일 없이 지역의 경관특성을 큰 맥락으로 파악하고 이해한다는 장점이 있다.

당연한 사실이나 계획은 계획가의 책임하에 진행되는 것이다. 따라서 최종적인 평가는 계획가가 다른 사람에게 책임을 전가하는 일 없이 결정을 내려야 한다는 것을 재인식 해 둘 필요가 있다.

㉡ 평가기준

경관을 평가함에 있어, 어떠한 측면을 어떠한 기준에 따라 평가해야 할 것인가를 생각해보자. 모든 경관을 동일한 항목과 기준에 의해 평가한다면 간단하겠으나 그건 현실적으로 어렵다. 왜냐하면 우선 평가대상지가 자연경관지역인가 인공경관지역인가에 따라 크게 달라지며, 또 대상지의 규모나 지역지구 설정유무 등 주변여건에 따라 평가내용이나 기준이 각기 달라지기 때문이다. 아울러 경관을 대하는 대중들이나 평가자의 기대 역시 다르기 때문에 명확한 평가기준을 정하는 건 어려우나, 그래도 어느 정도의 기준설정은 필요할 것이다.

실현성과 계획측면을 고려할 때, 평가기준은 대상지에 설정된 계획목표를 구체적으로 나타낼 수 있는 것으로 정하는 것이 바람직하다. 만약 계획목적에서 약간 벗어난 평가기준이 이 단계에서 필요하다고 느껴지는 경우라면, 이는 계획목표의 수립방법이 미숙하였거나 계획자의 판단에 편견이 생겨났거나의 둘 중 하나라고 판단하고, 반드시 피드백을 시행해 보아야만 할 것이다.

또한 대상지역을 평가함에 있어, 대상지 전체가 하나의 경관권역으로 되어 있는 것이 아니라 지역구분(Zoning)이 되어 있는 경우에는(예를 들면 경관변화가 심한 지역이나 계획대상지가 대규모인 경우가 해당될 것이다), 각 구역의 경관특성을 고려한 기준을 별도로 설정하는 것이 바람직하다.

㉢ 평가수법

경관계획의 평가수법은 크게 세 가지로 나눌 수 있다. 계획가의 현장 및 경관관련 경험에 의한 판단, 경관관련분야 전문가의 판단, 일반대중의 판단이다.

평가는 객관적으로 이루어져야 한다. 따라서 심리학적 수법을 사용한 평가 및 결과의 통계적인 분석이 선택되게 된다. 또한 평가는 정량평가와 정성평가로 나누어진다.

정량평가는, 평가치를 구체적인 수치 및 수식으로 표현하는 것인데 비해, 정성평가는 평가의 경향이나 관계성으로 나타내지는 것이다. 어떠한 것이든 경관과 같이 복잡한 현상을 수치적으로 평가하기 위해서는, 처음부터 평가대상이나 척도를 최소한으로 한정시킬 필요가 있다는 것을 염두에 두어야 한다. 정량적, 정성적의 어느 쪽이더라도 평가를 위해서는 평가결과의 보편성과 정밀도를 기안할 필요도 있다. 또한 현재 인정되고 있는 평가수법을 사용하는 것만으로 평가가 이루어진다고 생각하지 말고, 평가의 관점 및 가치, 목표를 명확히 한 평가를 하는 것이 경관디자인 분야에서는 특히 중요하다.

최근에는 계량심리학에서의 자료처리기법이 발전하여 대중들에 의한 평가를 통계적으로 처리하는 평균적인 평가방식이 선택되는 경우가 많아졌다. 물론 그것이 한사람 또는 소수 평가자의 평가보다 비교적 객관성이 높다고 생각되기 때문이다. 그러나 경관에 대한 평가를 단순히 통계처리에 의존하다보면 지나치게 추상화되는 경향이 나타나기도 한다. 특히 SD(語義區別尺度, Semantic Differential)법이나 수량화 수법에 의한 평가축의 설정항목 등에서 명심해야 할 사항이다. 추상화가 지나치게 진행되면 구체성이 희박해지므로 그것이 경관의 어떠한 측면과 대응하고 있는지 파악하기 어려워져 계획안의 평가에 오류가 생길 수도 있기 때문이다.

따라서 다수에 의한 평가를 통계적으로 처리하는 경우에

는, 그 후의 해석이 쉽게 이루어질 수 있도록 가능한 한 구체적이어야 하며 동시에 평가항목을 한정시키는 것이 바람직하다.

한편 평가분석에 사용되는 데이터는 평가실험, 즉 평가대상(표본)을 평가자로 하여 그것에 대한 평가가치를 측정하는 방법을 통해 얻어진다. 그래서 평가실험을 하는 경우, 평가치의 측정방법과 평가대상 및 평가주체의 선정은, 그 목적에 맞추어 적절하게 계획되어야만 한다.

평가대상은 실제의 공간이나 풍경을 대상으로 하는 경우도 있으나, 평가대상의 조작성이나 실험시행에 물리적인 제약조건 등을 고려하여, 사진이나 화상처리된 2차원 매체, 비디오 영상, 모형 등의 시각적 표현매체를 통해 만들어진 예측자료를 이용하는 경우가 많다. 따라서 표현매체의 선정과 정밀도 그리고 표본을 피험자에게 제시하는 방법 — 예를 들면 사진을 그대로 보여주느냐 화면에 투사시켜 보여주느냐 — 이나 순서도 평가결과에 영향을 미치게 되므로 신중을 기하여야 한다.

그리고 평가자(피험자)의 속성과 인원수 역시 평가측정방법, 평가항목의 수, 표본의 수 등 실험의 성격과 규모에 따라 적절하게 조정하여야 한다. 피험자의 속성은 경관계획이나 구조물 설계전문가와 일반인 혹은 대상지를 잘 알고 있는 사람과 그렇지 않은 사람 사이에 평가경향의 차이가 나타나는 경우가 있으므로 신중한 검토가 필요하다.

또한 경관의 종합평가는 계획가 자신이 해야 할 행위와 분리시켜 생각하는 것도 유용한 방법의 하나가 될 것이다. 물론 변화가 예측되는 경관의 이미지와 내용을 주민 또는 일반대중에게 보여주고 판단하도록 하는 과정도 계획가 자신의 계획을 점검한다는 의미에서 중요하다.

마지막으로 위에서 설명한 항목을 명확히 다룬 대안들을 상호 평가하고, 다시 통합된 계획안(최종계획안)으로 완성시켜 가는 것이 경관디자인이며, 최종안에 따라 사업실행(시행 및 관리)이 이루어지게 된다.

1) 디자인(Design): 마음 속에 이미 세워져 있거나 밑그림으로 나타낸 구상이나 계획 자체를 뜻하기도 한다(출전: 브리태니커).
설계(設計): 공학, 특히 토목, 건축, 기계, 전기, 전자 분야에서 목적물을 만들거나 변경, 해체하는 일에 대한 계획을 세우는 일로 도면이나 각종 계산서, 산출내역서, 시방서 따위를 합쳐서 부르는 말이다. 일반적으로 계획을 세우는 일을 통틀어서 설계라고 부르기도 한다(출전: 한국어 위키백과).

2) 목포시, 2008, 목포시 기본경관계획, p.149에서 인용

3) 篠原 修, 1981, 土木景觀計劃, 技報堂出版, p.91을 참고로 수정 보완하여 재구성

제4장 계획안의 예측과 평가

각종 사업이 계획되고 시행되는 경우, 그것이 어떠한 형태로 대상지역에 나타나게 되는가, 또 그것이 지역경관에 적합한 것인가 아닌가에 대해 사전에 예측하고 평가하는 작업은 매우 중요하다. 왜냐하면 경관은 일단 파괴되고 나면 원래의 상태로 되돌린다는 것이 거의 불가능하기 때문이다.

따라서 우수한 경관이 훼손되거나 심각한 변화를 입게 되는 상황을 미연에 방지하기 위한 방안 등을 함께 고민하고 그에 적합한 대책을 마련하는 장치는 반드시 필요하다. 그런 까닭에 현재는 각종 사업을 추진함에 있어 경관에 관한 다양한 측면에서의 검토와 분석을 거쳐 계획을 수립하는 것은 물론이거니와, 제안된 계획안을 미리 예측하고 평가해보는 재검토 과정이 필수불가결의 요건으로 작용하고 있다.

그래서 경관영향평가 및 경관심의라는 제도적 장치까지 마련하여 경관훼손에 대한 사전예측과 저감방안을 마련하는 등 경관평가를 시행하고 있다. 게다가 최근에는 경관관련 연구나 프로젝트를 시행함에 있어, 누구나가 공유할 수 있는 문화자산인 경관을 가능한 한 객관적, 정량적으로 평가하고자 하는 움직임도 강해지고 있다. 이는 경관이라고 하는 다양하고 총체적인, 게다가 공공성이 높은 대상을 조작하여 바람직한 경관을 만들어내고 보전·관리·형성하기 위해서는, 그 대상이 되는 「조망(바라봄)」에 대해 객관적인 예측과 평가가 요구되기 때문이다.

경관계획안에 대한 평가는 ①프로젝트의 진행과정에서 계획수립을 위한 하나의 검토과정으로 이루어지는 경우와, ②법으로 규정되어 있는 환경영향평가의 과정, 즉 경관영향평가, 산지전용 등에 대한 경관영향 검토, 건축물 등의 경관심의와 같이 실제 사업시행으로 진행하기 위한 허가과정의 하나로 이루어지는 경우가 있다.

물론 대상지에 계획수행으로 인해 나타나게 될 경관변화와 영향 등을 면밀히 점검해본다는 점에서는 동일하다고 하겠으나, ①은 계획가 및 사업주체 그리고 지역주민 등이 중심이 되어 이루어지는 것이며, ②는 대상사업의 계획과는 직접적으로 관계되지 않는 전문가집단이나 대상지역의 공공기관 등에 의해 계획안의 검토와 평가가 이루어진다는 점에서 크게 다르다.

새롭게 추진되는 계획으로 인해 대상지 및 주변경관에 미치게 될 영향 및 효과를 명확하게 파악하고 예측하는 작업은, 경관계획수행의 성패와 합의를 얻어낼 수 있는 실마리이자 효과적인 수단이 되기도 한다. 그러므로 이번에는 제안된 계획안을 예측하는 방법에 대해 살펴보기로 하자. 아울러 경관을 평가하는 과정과 검토방법에 대해서도 상세히 다루어보자. 단, ①의 프로젝트 시행과정에서 다루어야 하는 대안의 검토와 평가에 대해서는 이미 언급하였으므로(제3장 경관계획의 진행방법), 여기서는 경관관련 현행법에 근거한 ②의 환경영향평가 등의 내용을 중심으로 설명하기로 한다.

1. 계획안의 예측

경관의 예측이란, 제안된 계획안에 의해 앞으로 나타나게 될 경관의 모습을 미리 헤아려 짐작하는 것으로, 당연히 미래의 예측에는 객관적이고 과학적인 방법을 사용하여 표현한다는 것이 전제조건이 된다. 이러한 경관예측을 통해 제안된 계획안에 대해 검토와 분석 등의 평가가 이루어지게 되므로, 경관예측의 방법이나 기준, 표현기법 등은 매우 중요하다고 하겠다.

경관예측에는, ①특정 대상지에서 현 시점에는 존재하지 않는 대상이나 새로운 계획안에 의해 완성되었을 때의 모습을 예상하여 시각적으로 표현하는 완성적 예측과, ②비교적 광역범위에서 새로운 도시계획이나 신도시개발 등 무언가의 계획에 의해 일어나게 될 경관변화의 가능성을 예상하는 확률적 예측이 있다.

1) 완성적 예측

가장 흔한 예측의 예는 구체적인 공간이나 시설의 계획·설계가 실시되는 경우에 그것이 어떠한 모습으로 만들어지는가를 예측하는 것이다. 이 경우 계획·설계의 진행상태 또는 예측되는 결과를 어떤 관점에서 평가하느냐에 따라, 적절한 예측범위, 정밀도, 방법이 각기 달라지게 된다.

일례로 규모가 큰 구조물을 계획하는 경우를 생각해보기로 하자. 계획초기단계에서는 주변지역에서의 가시·비가시의 판단이나 윤곽선의 형태, 질감 등 개략적이긴 하나 넓은 대상영역에 걸친 영향을 예측할 필요가 있을 것이다. 따라서 간단한 투시도나 가시·비가시 영역을 표현한 정도의 것들이 사용되게 될 것이다.

그런데 점차 계획·설계가 구체적으로 진행되게 되면, 대상물의 세밀한 부분이나 상호관계 등의 예측이 필요하게 되므로 보다 상세한 투시도나 모형 등을 작성해야 할 필요가 있다. 또한 투시도 작성을 위해서는 시점의 선정방법도 중요한 문제이자 결정사항이 된다. 일반적으로 완성도적인 예측은, 어떤 고정된 시점에서 얻어지는 사진과 같은 「장면경관」을 이용하여 표현하는 경우가 많다. 그러나 그 외에 시간의 경과 및 계절변화 등에 대한 검토도 필요하다. 시간에 따라 변화하는 햇빛이나, 천기의 영향, 계절에 의한 주변경관의 변화, 보다 장기적인 관점에서 식물의 성장 및 재료의 노화(Aging, 성숙) 등에 대해서는 특히 디자인 측면에서의 검토가 중요하기 때문이다.

최근에는 사진합성 등 CG 작업을 통한 경관시뮬레이션 작업이 비교적 간단하게 되어, 도입시설의 위치나 규모 또는 색채나 크기 등의 특정요인을 체계적으로 변화시킨 상태를 시각적으로 표현 예측하고 상호비교 하는 작업이 가능해졌다. 예를 들면 시설의 도입위치에 따른 경관변화를 예측하는 것, 건축물의 높이와 도로 폭에 따른 가로경관의 변화를 시뮬레이션을 통해

그림 36 경관정비 이전(좌측사진)과 이후(우측사진)의 비교가 가능하도록 작성한 현실감 있는 예측자료로, 경관평가에 활용가능함. 경관변화에 대한 예측은 현황사진을 기초로 사진합성 등을 이용하는 것이 편리하다.[1]

상호분석해 보는 것, 또는 구조물의 색채나 소재 등을 변화시켜 주변과의 조화를 검토하고 선택하도록 하는 경우를 생각할 수 있다.

여기서 우리가 흔히 행하고 있는 경관 프레젠테이션(예를 들면 경관심의나 자문회의 등에서 설명수단으로 사용되는)과 경관평가를 위한 사전작업인 경관예측의 차이에 대해 살펴보기로 하자.

두 가지 모두 사진합성 등 CG를 활용한 경관시뮬레이션이나 투시도, 스케치 등을 사용하여 계획안을 표현하게 되는 경우가 많다는 점은 동일하다. 그런데 경관예측은 경관평가를 위한 사전작업에 해당되는 것으로, 제안된 복수의 계획안들 중 최적안을 선정해내기 위해 반드시 파악하고 주목해야 하는 경관특징이나 변화 등을 사실 그대로 정확하게 제시하는 것을 목적으로 시행하는 것이다.

이에 비해 경관 프레젠테이션이란 계획·설계의 의도와 방향을 보다 알기 쉽게 설명하기 위한 자료로써의 이용을 목적으로 시행되는 것이란 점에서 결정적 차이가 있다.

따라서 경관 프레젠테이션에서는 계획·설계자의 의도적인 왜곡이나 강조가 행해지거나, 일상에서 얻을 수 없는 특별한 시점에서 투시도를 작성하거나 시뮬레이션이 이루어지게 되는 경우가 많다. 실제로 현황과 경관정비 이후의 모습을 상정한 경관예측 이미지도 등도 프레젠테이션을 위해 일부가 과장된 형태로 작성되는 경우가 있으므로, 이것을 근거로 경관분석과 평가를 시행하는 것은 바람직한 일이 아니라 하겠다.

사례를 들어보자. 아래에 제시된 그림 37은 계획안 시행 이후 또는 새롭게 만들어진 변화의 모습을 이해하기에는 매우 유용한 예측자료이다. 그러나 이 그림은 시점이 매우 높은 곳에서 아래를 내려다보는 형태로 설정되어 있는 것을 알 수 있다. 즉 조감도(鳥瞰圖, A Bird's-Eye View, An Airplane View)에서 사용되는 시점은 우리가 일상에서 체험할 수 있는 시점은 아니므로, 경관변화를 살펴보기 위한 예측자료로 사용하는 것은

그림 37 대상지 전체를 높은 시점에서 내려다보는 계획조감도[2)]

그림 38 실제 눈높이에서 작성한 투시도[3)]

부적절하다.

반면 계획대상지에서 부분적인 공간의 이미지를 살펴볼 목적으로 제작된 그림 38과 같은 투시도는, 사람들의 눈높이를 기준으로 작성된 예측자료이므로 경관평가시 활용 가능할 것이다. 특히 그림 38 하단의 경우는 이번 계획에서 새롭게 계획되어 선정된 시점에서 체험 가능한 야간경관의 아름다운 모습을 상정하고 있어, 시간흐름에 따른 경관변화를 살펴볼 수 있는 유용한 예측자료가 될 수 있겠다. 아울러 경관평가에 플러스적인 요소로 작용할 수 있는 자료가 될 가능성이 높다고 하겠으나, 다만 표현에 있어서는 과장됨이 없도록 실제 실현가능한 형태로 제시되어야 할 것이다.

공간의 이미지를 간단히 표현하는 스케치의 경우에도, 그것을 경관평가를 위한 예측자료로 선택할 것인지 아닌지를 판단해야 하는 상황이라면, 시점의 높이나 방향 등에 대해서도 살펴보아야 할 것이다. 그림 39의 경우를 보면, 기존 지형을 활용한 진입부 계획안에 대한 이미지가 잘 표현되어 있기는 하나, 시점이 높게 설정되어 있어 계획수행으로 인한 실제 경관변화

그림 39 높은 시점에서 작성한 공간이미지 스케치[4)]

그림 40 일상적인 시점에서 작성한 공간이미지 스케치[5)]

와 영향을 살펴보기에는 부적합한 이미지이다. 그러나 그림 40은 일상에서 얻어지는 시점, 즉 인간의 눈높이에서 바라본 이미지를 표현한 것이므로, 계획안의 예측이 가능한 자료가 된다. 따라서 경관평가를 시행하는 경우에는, 제시된 자료가 경관특징이나 변화를 정확히 표현한 현실적인 자료인가, 아울러 일상적인 시점에서 얻어질 수 있는 예측자료인 것인가를 확인하여 평가오류를 범하는 일이 없도록 하여야 한다.

2) 확률적 예측

물리적인 공간이나 시설의 형태조작뿐 아니라 도시계획이나 지구단위계획 등 토지이용 컨트롤과 같이 경관에 간접적으로 영향을 주는 요소이자 장기적이고 근원적인 영향력을 미치게 될 작업을 시각적으로 예측해보는 것도 중요하다.

예를 들면, 도시계획에서 용도지역의 구분과 배치에 따라 확연히 달라지는 도시경관이나, 특정지구에서 용적률이나 사선규제 등의 규제를 바꾸는 것에 의해 변화하는 가로경관, 그리고 도로인접지역에서 우회도로 건설 등으로 인해 예상되는 주변경관의 변화 등에 대한 검토가 이에 해당된다.

이와 같은 거시적(Macro) 변화가 경관에 미치는 확률적 영향을 예측하기 위해서는 이론모델을 구축하는 것이 바람직하나, 현재로서는 보편성 있는 이론이나 수법이 확립되어 있지 않다. 따라서 대상에 관한 지금까지의 변화이력이나 유사사례 등을 참고로 할 필요가 있으며, 이러한 예측방법으로는 지리정보시스템(GIS)이나 시뮬레이션 등을 활용하는 것이 일반적이다.

당연히 경관예측의 결과는 수치데이터보다는 시각적 표현매체에 의해 나타내는 경우가 바람직하며, 손으로 하는 스케치나 투시도, 컴퓨터그래픽스(CG), 모형 등의 매체 중 목적에 상응하는 적정한 것을 선택하면 된다. 물론 그 경우에도 재현성, 정밀도, 조작성, 비용 등을 고려하여야 한다.

재현성이란 경관을 어느 정도 사실성(Reality)을 갖도록 표현하는가에 대한 것이다. 일반적으로는 사실성이 높은 것이 바람직하다고 하겠으나, 고비용을 요구하며 조작성이 저하되는 경우도 있으므로 적절한 균형과 조정이 필요하다. 즉 목적에 맞추어 특정 포인트만으로 체크가 가능하도록 간단한 부분 스케치나 투시도, 모형 등을 작성하는 것도 효과적인 방안이 된다.

정밀도(Detailed Drawing)란 표현된 것이 현실의 공간에서 스케일, 색채나 질감 등의 특징을 어느 정도 정확하게 표현하고 있는 가를 의미하는 것이다.

조작성과 비용은 경관예측을 위한 시행단계에서 제약조건으로 작용하게 되는 것으로, 최종 프레젠테이션 이외의 단계에서는 시점의 이동이나 부분적인 변경 또는 추가로 제안된 수정 등을 그 장소에서 즉시 표현해낼 수 있는 조작성을 보유하는 것도 중요한 관점이 된다.

2. 경관영향평가

국토의 경관을 바람직한 상태로 유지 관리하는 일은 매우 의미있는 일이다.

환경부에서는 환경에 영향을 미치는 계획 또는 사업을 수립·시행할 때에 해당 계획과 사업이 환경에 미치는 영향을 미리 예측·평가하고 환경보전방안 등을 마련하도록 하여 친환경적이고 지속가능한 발전과 건강하고 쾌적한 국민생활을 도모함을 목적으로 환경영향평가법(개정 2015.1.20. 법률 제13040호)을 지정하고 있다.

「환경영향평가」란 대상지역에서 사업계획을 수립하려고 할 때에, 그 사업의 시행으로 인해 환경에 미치게 될 영향을 미리 조사, 예측, 평가하여 새로운 환경에의 영향을 피하거나 최소화 할 수 있는 환경보전방안을 강구하는 것을 말한다. 검토항목으로는, ①자연생태환경, ②대기질, 악취, ③수질, 해양환경, ④토지이용, 토양, 지형·지질, ⑤친환경적 자원순환, 소음·진동, ⑥경관, ⑦전파장애, 일조장애, ⑧인구, 주거, 산업 등이 있다. 단 본서에서는 ⑥경관에 관한 사항만을 중점적으로 살펴보기로 한다.

「환경영향평가」의 8가지 검토항목 중, 경관영향에 대해 검토해 보는 것이 「경관영향평가」이다.

「경관영향평가」란 새롭게 계획되고 시행되는 사업이 기존경관에 어떠한 영향을 가져올 것인가를 사전에 예측하고 분석하여 계획수행으로 인한 경관변화 및 훼손을 최소화하고자 하는 평가작업을 뜻한다. 경관영향평가는 제안된 사업의 분석, 사업이 시행될 주변경관에 대한 이해, 사업안의 시각적 영향분석, 부정적 영향의 저감방안 모색 등으로 나누어 볼 수 있다. 이 과정에서 제기되는 주요한 문제는 평가대상, 평가자, 평가시점, 평가도구, 평가항목 및 척도, 저감방안 등에 관한 것이다.

「경관영향」이란 개발사업이 대상지와 그 주변 경관에 미치는 시각적인 영향을 가리키는 것으로, 양자 간의 조화여부가 주요한 체크포인트가 된다. 따라서 개발사업 자체의 특성뿐 만아니라 그 사업이 어떠한 환경조건하에 놓이게 될 것인가가 동시에 고려되어야 한다. 그러므로 계획대상지역의 경관유형과 주변여건 등을 명확히 파악한 후, 해당유형에 따른 경관특성과 예상되는 훼손요인 등을 고려한 사업규모나 성격 등을 설정하여야 한다.

1) 자연경관영향 검토

자연경관이란, 자연환경적 측면에서 시각적·심미적인 가치를 가지는 지역·지형 및 이에 부속된 자연요소 또는 사물이 복합적으로 어우러진 자연의 경치를 말한다(자연환경보전법 제2조 제10호). 현재 자연환경보전법 제28조, 29조에는 「개발사업 등에 대한 자연경관 심의지침」(환경부예규 제561호, 2015.8.31 일부개정)이 규정되어 있다. 이 지침은 개발계획 및 개발사업에 대하여 환경부 중앙환경정책위원회 또는 지방 환경관서 자연경관심의위원회에서 자연경관심의를 함에 있어, 자연경관에 미치는 영향을 검토할 수 있도록 검토사항·심의기준·절차 등에 대한 사항을 제시하여 자연경관영향 심의제도의 원활한 운영을 도모함을 목적으로 한 것이다. 아울러 지방자치단체의 자연경관 검토지침(환경부예규 제390호, 개정 2009.9.11)도 별도로 규정되어 있다.

단 관련법 및 규정, 지침 등은 개발 및 시설 등으로 인해 나타나게 될 경관영향을 검토, 평가하기 위한 최소한의 내용만을 다루고 있는 것으로, 실제 경관계획 및 경관사업을 진행함에 있어서는 다소 부족하거나 때로는 과다한 부분이 있다고 생각된다.

이에 본서에서는 실제 경관영향을 검토·분석하고 평가하는 과정에서 필요한 주요한 방법과 내용에 대해 환경부, 산림청, 국토해양부 등의 관련규정을 근거로 하되, 그 외의 사항들을 추가하여 설명하기로 한다.

여기에서 법 규정에 나와 있는 경관영향 검토대상을 살펴보는 이유는, 단순히 규정을 나열하는 것에 그치는 것이 아니라, 그러한 정리작업을 통해 경관에 영향을 미치게 되는 사업의 유형이나 규모 등을 파악할 수 있기 때문이다.

아울러 평가기준 및 체크리스트 등을 통해서는 경관계획 진행시 유의해야 할 구체적인 내용을 이해하는데 도움을 줄 수 있을 것이다. 따라서 계획초기 단계에 이러한 내용을 숙지해두는 것은 계획자체의 수준을 높일 수 있을 뿐 아니라, 원활한 사업시행을 위해서도 필수적인 사항이 되므로 구체적인 내용을 살펴보기로 하자.

a) 자연경관영향 검토 대상

자연경관영향 평가는 환경부와 지방 환경관서에서 시행한다.

① 검토대상 범위

환경부 및 지방 환경관서에서 자연경관영향을 검토하는 대상은 다음과 같다.

㉠ 보호지역 주변 : 보호지역이란 자연공원, 습지보호지역, 생태경관보전지역을 의미하며, 전략환경영향평가 대상 개발기본계획, 환경영향평가협의 대상사업, 소규모 환경영향평가협의 대상사업이 포함된다. 지방 환경관서의 경우에는 전략 환경영향평가, 환경영향평가 및 소규모 환경영향평가 협의대상이 아닌 개발사업이 이에 해당된다.

㉡ 보호지역 주변 외 : 환경영향평가 및 소규모 환경영향평가 협의대상 개발사업 중 대통령이 정하는 개발사업이 해당된다. 지방 환경관서의 경우에는, 전략 환경영향평가, 환

경영향평가 및 소규모 환경영향평가 협의대상이 아닌 개발사업 중 지자체의 조례로 정하는 사업이다.

- 전략 환경영향평가 : 환경에 영향을 미치는 상위계획을 수립할 때에 환경보전계획과의 부합 여부 확인 및 대안의 설정·분석 등을 통하여 환경적 측면에서 해당 계획의 적정성 및 입지의 타당성 등을 검토하여 국토의 지속가능한 발전을 도모하는 것을 말한다.
- 환경영향평가 : 환경에 영향을 미치는 실시계획·시행계획 등의 허가·인가·승인·면허 또는 결정 등을 할 때에 해당사업이 환경에 미치는 영향을 미리 조사·예측·평가하여 해로운 환경영향을 피하거나 제거 또는 감소시킬 수 있는 방안을 마련하는 것을 말한다.
- 소규모 환경영향평가 : 환경보전이 필요한 지역이나 난개발이 우려되어 계획적 개발이 필요한 지역에서 개발사업을 시행할 때에 입지의 타당성과 환경에 미치는 영향을 미리 조사·예측·평가하여 환경보전방안을 마련하는 것을 말한다.

(환경영향평가법, 법률 제13040호 인용)

② 지역별 세부심의 대상범위

㉠ 보호지역 주변 : 자연공원, 습지보호지역, 생태경관보호지역으로 부터 일정거리 이내의 개발사업 등이다(표 1 참조).

표 1 자연경관심의 대상이 되는 보호지역 경계로부터의 거리

구 분		경계로 부터의 거리
자연공원	최고봉 1,200m 이상	2,000m
	최고봉 700m 이상	1,500m
	최고봉 700m 미만 또는 해상형	1,000m
습지보호지역		300m
생태 · 경관 보전지역	최고봉 700m 이상	1,000m
	최고봉 700m 미만 및 해상형	500m

주) 1. 습지보호지역 및 생태 · 경관 보전지역이 중복되는 경우에는 습지보호지역 거리기준을 우선 적용.
2. 보호지역이 도시지역 또는 계획관리지역에 위치한 경우는 거리기준을 300m로 함.

㉡ 보호지역 주변 외 지역 : 소규모 환경영향평가 대상사업과 환경영향평가 협의 대상사업 중 영 제20조 제2항 별표 2에서 정하는 개발사업이다. 아울러 지방자치단계의 경관 심의는 전략 환경영향평가, 환경영향평가 및 소규모 환경영향평가 협의 대상이 아닌 개발사업 중 지자체의 조례로 정하는 사업이 심의대상에 포함된다.

■ 소규모 환경영향평가 대상사업

소규모 환경영향평가 대상사업에는 일반기준과 특별기준이 있다.

먼저 일반기준에서는, ⓐ에 포함되고, ⓑ의 요건 중 어느 하나에 해당되며, ⓒ의 시행면적의 요건에 해당하는 경우, 자연경관영향 협의대상으로 한다(영 제20조 제2항 별표2 제1호).

ⓐ 관계법령별 개발사업에 제시된, 관리지역·농림지역 또는 자연환경보전지역 안에서의 개발사업, 개발제한구역에서의 개발사업, 야생동·식물특별보호구역에서의 개발사업, 공익용산지 및 공익용산지 외의 산지에서의 개발사업, 광역상수도가 설치된 호소의 경계면으로부터 상류로 1.0km 이내인 지역에서의 개발사업, 하천구역에서의 개발사업, 소하천구역에서의 개발사업.

ⓑ 높이 15m 이상의 건축물이 입지하는 경우, 높이 20m 이상의 전신주, 송신탑 또는 굴뚝 등 수직 구조물을 설치하는 경우, 길이 50m 이상의 교량을 설치하는 경우, 길이 2.0km 이상의 도로나 철도를 개설 또는 확장하는 경우, 자연경관에 미치는 영향이 큰 다음의 각 지역을 합하여 5,000m^2 이상 포함하는 개발사업(표고 300m 이상의 봉우리를 가진 지형에서 가장 높은 지점표고의 100분 50 이상인 지역, 「연안관리법」 제2조 제1호에 따른 연안에 해당하는 지역, 「하천법」 제2조 제1호에 따른 국가하천, 지방하천의 양안 중 당해 하천의 경계로부터 200m 이내인 지역).

ⓒ 시행면적이 30,000m^2 이상인 개발사업.

그리고 특별기준의 경우에는, 다음 중 어느 하나에 해당하는 경우 자연경관영향 협의대상으로 한다.

- 송전선로의 경우에는 송전탑에 편입되는 토지면적들의 합이 30,000m^2 이상인 154kV 이상의 지상 송전선로.
- 지하자원 개발사업의 경우에는, 산지관리법에 따라 공익용 산지에서의 사업계획 중 그 사업면적이 30,000m^2 이상인 것 또는 공익용 산지 외의 산지에서의 사업계획 중 그 사업면적이 50,000m^2 이상인 것. 다만, 「광업법」 제3조 제2호의 규정에 따른 광업 중 에너지개발을 목적으로 하는 광업의 경우를 제외한다.

■ 환경영향평가 협의대상 개발사업

환경영향평가 협의 대상사업 중 영 제20조 제2항 별표2 제2호에서 정하는 다음의 개발사업인 경우 경관영향에 대한 검토가 필요하다.

ⓐ도시의 개발, ⓑ산업입지 및 산업단지의 조성, ⓒ에너지 개발, ⓓ항만의 건설, ⓔ도로의 건설, ⓕ수자원의 개발, ⓖ철도(도시철도를 포함)의 건설, ⓗ개간 및 공유수면의 매립, ⓘ관광단지의 개발, ⓙ산지의 개발, ⓚ특정지역의 개발, ⓛ체육시설의 설치, ⓜ토석·모래·자갈·광물 등의 채취의 경우가 해당되며, 각각에 대한 세부사항에 대해서는 관련규정을 참고로 하기 바란다.

③ 지방자치단체의 조례 제정시 포함할 대상(권장사항)

개발사업에 의해 조성되는 시설물의 종류 및 규모가, ㉠의 형질변경 면적기준에 해당하고 동시에 ㉡, ㉢, ㉣ 중의 어느 하나에 해당하면 지방자치단체 자연경관영향 검토대상으로 포함시킬 것을 권장하고 있다(지방자치단체의 자연경관검토지침, 환경부예규 제390호).

㉠ 형질변경 : 사전환경성검토 미만 규모로, 다음의 표 2에서

제시하는 규모 이상의 사업.

ⓛ 건축물 : 건축허가 또는 개발행위허가를 수반하는 사업으로서 보전지역 및 그 주변에서 층고 15m 이상 또는 연면적 500m² 이상의 건축물.

ⓒ 구조물 : 보전지역 및 그 주변에서 산 능선에 높이 20m 이상의 수직구조물을 설치하는 사업, 길이 30m 이상의 교량을 설치하는 사업, 하천법 규정에 의한 하천공사구간의 길이가 1,000m 이상인 것, 길이 500m 이상의 도로·철도를 개설·확장하는 사업(임도의 경우 200m 이상).

ⓔ 자연입지 : 경사 25% 이상에서 높이 5m 이상의 공작물을 설치하는 사업, 5부 능선 이상의 산림에서 1,000m² 이상

표 2 형질변경 기준 : 자치단체 조례 권장

구분 \ 사업계획면적	2,000m² 이상	5,000m² 이상	10,000m² 이상	20,000m² 이상
국토의 계획 및 이용에 관한 법률	자연환경보전지역, 관리지역(보전)	농림지역, 관리지역 (생산) 관리지역(계획)		
개발제한구역의 지정 및 관리에 관한 특별조치법	개발제한구역			
자연환경보전법	생태경관보전지역, 시 · 도 생태경관보전지역, 자연유보지역			
야생동식물보호법	야생동식물 특별보호구역			
산지관리법	공익용산지	공익용산지외 산지		
자연공원법	자연보존지구	자연환경지구		
습지보전법	습지보호지역			
수도법	광역상수도설치지역 (공동주택의 건설)	광역상수도 설치지역 (공동주택은 제외)		
하천법			하천구역	
소하천정비법		소하천구역		
지하수법	지하수보전구역			
수질환경보전법	호소수질보전구역 (공동주택의 건설)	호소수질보전구역 (공동주택은 제외)		

의 산림형질변경을 수반하는 개발행위.

b) 자연경관영향 검토 과정

자연경관에 대한 영향을 살펴보기 위한 검토과정은 다음과 같다.

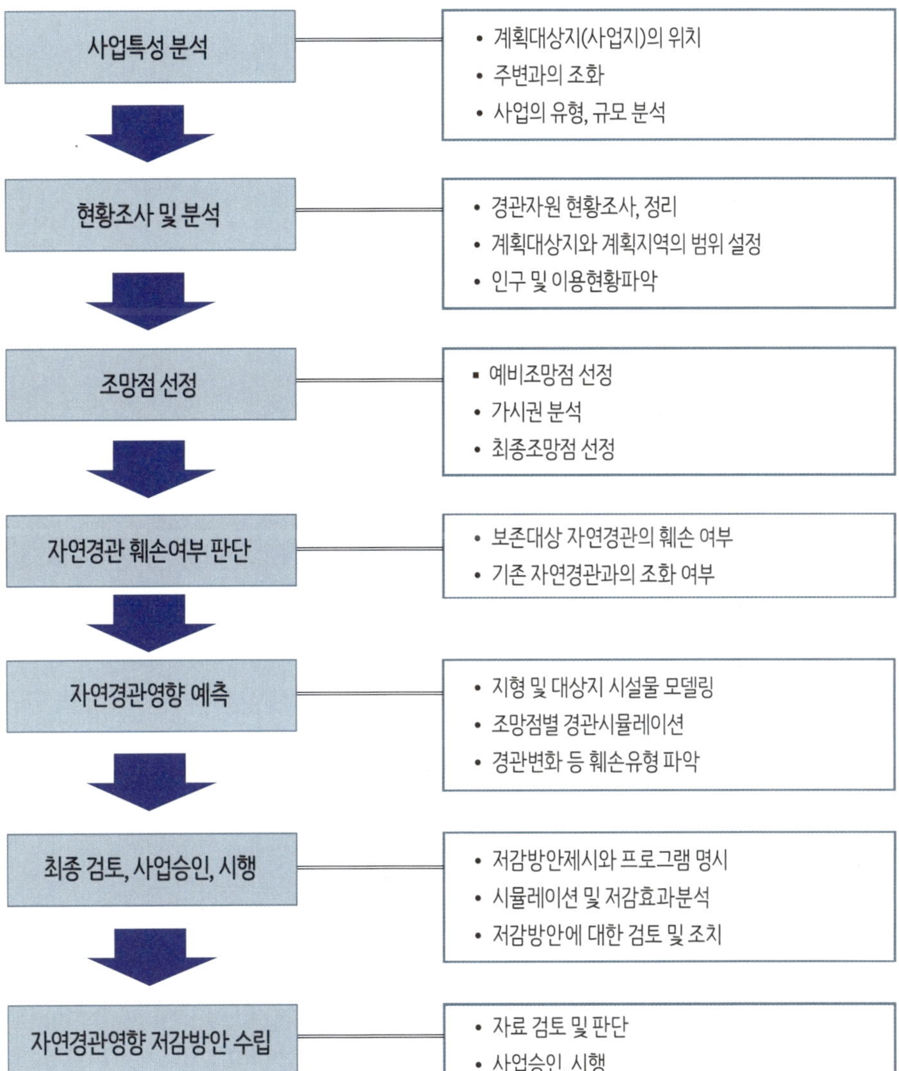

그림 41 자연경관영향에 대한 검토과정 및 주요 검토사항

c) 자연경관영향 검토 내용 및 방법

① 현황조사 및 분석

사업시행으로 인한 예상되는 경관변화 및 영향을 살펴보기 위하여, 우선 대상지에 대한 현황조사가 필수적이다. 그런데 자연경관에 관한 검토와 평가를 시행해야 할 단계라면 이미 대상지에서의 관련계획(즉 부분적인 시설도입이나 전체적인 개발계획 등)의 검토가 진행된 상황이므로, 현황에 관한 기본적인 자료는 충분한 상태일 것이다. 그러므로 기존의 일반현황자료(인문, 사회, 자연환경 등)를 최대한 활용하되, 그 자료를 그대로 사용하는 것이 아니라 경관계획에 필요한 부분을 추출, 정리하는 과정을 거쳐야 할 것이다. 경관영향에 직접적인 관련이 없는 현황자료를 나열하는 식의 자료정리는 무의미하며, 계획진행에 혼란을 가져올 우려가 있으므로 적극 삼가는 것이 좋다.

다만 자연경관에 대한 영향을 살펴보기 위한 것이므로 계획대상지와 주변지역(계획지역이라 한다)의 자연환경에 관한 최신의 자료를 수집함은 물론이거니와 추가로 경관자원에 대한 조사와 정리분석을 시행해야 한다. 아울러 주요한 조사결과를 계획과정에서 누락시키는 일이 없도록 지형도 상에 명확히 표기해 두도록 한다.

이 단계에서 조사 정리된 자료를 기초로 하여 반드시 진행해야 할 주요한 작업은, 「계획지역」의 범위를 정하는 것이다. 「계획지역」이란 계획대상지 주변의 영역을 의미하는 것으로, 계획대상지 이외의 공간이기는 하나 경관계획을 수행할 때 반드시 검토대상이 되어야 하는 공간범위를 말한다(II편 3장 참조).

계획대상지는 처음부터 결정되는 경우가 대부분이나, 대상지 주변지역 즉 「계획지역」의 범위를 어디까지 할 것인가는, 현황조사를 근거로 그 한계영역을 정하게 되는 것이 일반적이다. 그런 까닭에 대상지와 주변지역에 대한 폭넓은 현황조사가 필요한 것이며 차후 이루어지는 계획내용에 지대한 영향을 미치게 된다. 때로는 이 계획지역의 환경여건이나 경관특성에 따라, 당초 계획대상지의 위치나 규모를 이동, 조정, 변경하게 되는 경우도 생기는데, 이것이야 말로 경관영향에 대한 검토가 지향하는 목표이기도 하다.

그 외에 경관형성에는 언제나 인간의 시점이 작용하므로, 거주인구 및 지역주민의 이용현황 그리고 주요시점이 형성되는 장소 등에 대한 파악도 필요하다.

② 조망점 선정

㉠ 조망점의 선정 (예비조망점과 최종조망점)

「조망점(시점)」의 위치는 대상지역의 경관 및 지형특성, 이용특성, 경관변화 및 시설물 입지 등을 고려하여 선정한다.

우선 첫 단계로 「예비조망점」을 선정하도록 한다. 「조망점」은 다양한 방향에서 지역의 경관을 파악할 수 있도록 방향과 거리 등을 고려하여 선정하되, 특히 근경(近景)·중경(中景)·원경(遠景)에 해당하는 각각의 위치에 「예비조망점」을 선정하고 그 위치를 지형도에 표기하도록 한다. 또한 필요시에는 「내부조망점」과 「외부조망점」을 구분하여 선정하고 검토하여야 한다. 「예비조망점」의 위치선정에 대한 구체적인 기준은 다음과 같다.

- 이용특성 : 이용이 많은 도로나 결절점, 이용객이 많은 장소, 인구밀집지 등 주요거주지, 공적인 장소(주차장, 광장, 진입부, 공원, 산책로), 정체 예상지역, 주요 접근도로, 교차

로 등을 근경·중경·원경의 거리에 따라 선정한다.

- 경관 및 지형특성 : 명승지, 기념물 등을 포함하는 주요경관자원이나 시설 등이 존재하는 장소와 그것이 조망되는 곳, 대상지역의 전체 또는 일부가 조망되는 곳, 산 정상, 전망대 등 주변의 조망이 가능한 지점, 지형지세에 따른 노출 및 은폐가 가능한 지점, 경관자원의 경계 지점 등이다.
- 경관변화 : 계획으로 인해 현저한 경관변화가 예상되는 곳, 사업시행으로 인한 절성토 발생지역 및 그 곳이 조망되는 지점, 배후녹지 등의 차폐 및 스카이라인 등의 조화여부를 검토할 필요가 있는 지점 즉 상호 비교분석이 가능한 지점 등이다.

도로신설이나 확장, 하천정비 등 선적사업의 경우, 사업대상지역의 형태나 영향을 미치게 되는 범위가 점적 및 면적사업과는 다르나, 기본적으로 조망점 선정의 검토기준이나 방법은 동일하다. 다만 선적사업의 경우 대상 및 주변지형과의 관계에 따라 경관에 조화된 이상적인 형태가 만들어지기도 하며, 때로는 심각한 이질적 경관이 만들어지기도 하는 당황스러운 상황이 발생될 가능성이 높다. 그래서 계획안의 문제점을 명확히 판단하고 평가할 수 있는 주요지점을 선정하는 이 단계의 작업은 매우 중요하다.

이상의 기준으로 「예비조망점」을 선정하고 난 후, 이 지점을 중심으로 가시권 분석을 시행한다. 그리고 이하 ㉡의 가시권 분석 결과를 근거로, 대상사업시행으로 인해 경관훼손 등의 악영향 및 현격한 경관변화 등이 조망될 것으로 예상되는 주요지점을 파악한다. 아울러 현지 확인 등을 통해 그 지점에서의 가시성을 판단한 후, 「최종조망점」을 확정하게 된다(환경부 경관영향평가에서는 주요조망점으로 표현하고 있음).

- 조망(View) : 관찰자와 일정한 거리를 두고 한 눈에 바라다 보이는 대상물과 그 주변 환경.
- 조망점(View Point) : 조망대상을 바라다 볼 수 있는 지점을 말하며, 시점(視點)이라고도 함.
- 조망분석 : 대상경관에 대한 주요 조망점에서의 조망양상을 분석하는 것을 말하며, 주요 조망점을 선정하고 경관자원을 파악하고 가시지역을 분석하는 등의 일련의 과정을 말한다.
- 가시권 : 특정 조망점에서 보여지는 대상지역의 시각적 범위를 말한다.
- 가시지역분석 : 지형적 특성에 의해 생기는 시각 영향권을 파악하기 위해 기준점에서 보이는 영역을 확인하는 것을 말한다.
- 스카이라인(Skyline) : 지형·지물의 윤곽선이 하늘과 맞닿아 드러난 선.

(개발사업 등에 의한 자연경관심의 지침, 산지전용 등에 따른 경관영향 검토 및 운영지침을 참조하여 작성)

㉡ 가시권 분석 (Visibility Area Analysis)

가시권 분석이란 「조망점(시점)」에서 대상지 및 주변지역이 보이는지 아닌지를 판단해보는 것으로, 「최종조망점」 선정을 위한 주요과정의 하나로 사용된다. 「예비조망점」 및 「최종조망점」 선정에 대해서는 ㉠에서 이미 설명하였으므로, 여기서는 가시권 및 가시권 분석 등에 대해 상세히 살펴보자.

가시·비가시란, 특정의 시점에서 대상이 인간의 눈에 보이는지, 보이지 않는지를 나타내는 지표로, 보이는 경우를 가시(可

視, Visibility), 보이지 않는 경우를 비가시(非可視, Invisibility)라 한다.

또한 「가시권(Visibility Area)」이란, 눈으로 볼 수 있는 범위 즉 가시지역을 영역으로 표시한 것을 뜻한다. 이와는 반대되는 개념으로 대상이 앞에 있는 지형이나 건물 등의 장애물에 의해 보이지 않게 되는 영역을 「비가시권(Invisibility Area)」이라 한다.

「가시권」과 「비가시권」의 도출에는, 수치화된 지형정보(DTM: Digital Elevation Model)를 바탕으로 시점과 대상 사이의 조망확보 즉 시선(Line of Sight)의 차단여부를 판단하여 계산해내는 「가시권 분석」이라는 방법이 사용된다. 물론 「가시권」 또는 「비가시권」을 정하는 판단은, 단순히 시점과 대상과의 거리만이 아니라 3차원적인 입체공간에 관한 위치관계가 근거로 작용하게 되므로, 차후 조정하는 작업은 필수적이다. 그리고 이 분석자료는 경관계획 및 경관평가를 진행함에 있어 대상지점에서 내부 또는 외부가 보이는지 그렇지 못한지를 판단하는 근거로 활용된다. 역으로 특정지점에서 대상물이나 대상지역이 조망되는지 혹은 차폐되어 조망되지 않는지를 살펴보는 유용한 자료가 되기도 한다.

한편 「가시권」과 「비가시권」에 대해 조금 더 세밀한 검토를 목적으로 다중점(多重點, 여러 시점에서)에 의한 분석을 시행하여, 가시빈도의 분포를 표현하는 방법을 「가시빈도 분석(Viewshed Frequency Analysis)」이라 한다. 「가시빈도 분석」은 기존의 「가시권 분석」과는 달리 가시여부가 빈도로 표현되기 때문에, 중요한 가시위치와 잘 보이지 않는 위치(개발로 인한 경관영향이 비교적 미비할 것으로 예상되는 장소) 등을 판별해내는 것도 가능하다. 이러한 관점에서 볼 때, 「가시빈도 분석」은 가시권과 비가시권에 대한 분석의 질을 한 차원 더 높일 수 있다는 점에 의의가 있다.

가시빈도의 개념을 도식으로 살펴보기로 하자.

그림 42는 가상의 대상지에서 임의로 3개의 조망점을 선정하고, 각각의 조망점에 대한 가시영역 및 비가시영역의 분석을 통해 「가시빈도 분석」을 시행하는 과정을 나타낸 것이다. 우선 그림 42 상단에 표기한 바와 같이 대상지에서 조망점을 선정한다. 그리고 선정된 a, b, c의 조망점에서 각각 「가시권 분석」을 시행한 후, 조망점 3개소의 가시·비가시에 대한 분석결과를 중첩시키게 되면 가시빈도를 파악할 수 있다(0, 1, 2 등의 숫자는 가시 또는 비가시의 빈도수를 의미함). 그림에서 보는 바와 같이 대상지 내에서의 위치, 즉 영역에 따라 조망점에서 보여지는 빈도가 달라지는 것을 알 수 있다. 그리고 이러한 분석결과는 경관계획에서 매우 과학적이고 객관적인 근거자료로 활용 가능하다.

분석결과 얻어진 「가시빈도 분포도」는 보전지구의 선정이나 범위조정 등의 근거가 되기도 하며, 아울러 개발 가능한 지역이나 규모를 검토하는데도 활용된다. 역으로 각 시점에서 확보 가능한 가시권(가시영역)을 상호 비교함으로서 우수한 경관요소 및 지역이 잘 보이는 시점을 선정하고, 이것을 전망대 위치를 결정하거나 조정하는 등의 작업에 활용하기도 한다. 실제 사업시행에 있어서는 시점과 대상과의 거리, 시야의 범위, 방향, 높이차, 각 시점의 이용자 수 등을 중첩시켜 가면서 도입되는 구조물이나 관련시설 등의 위치를 정하게 되는 경우가 많다.

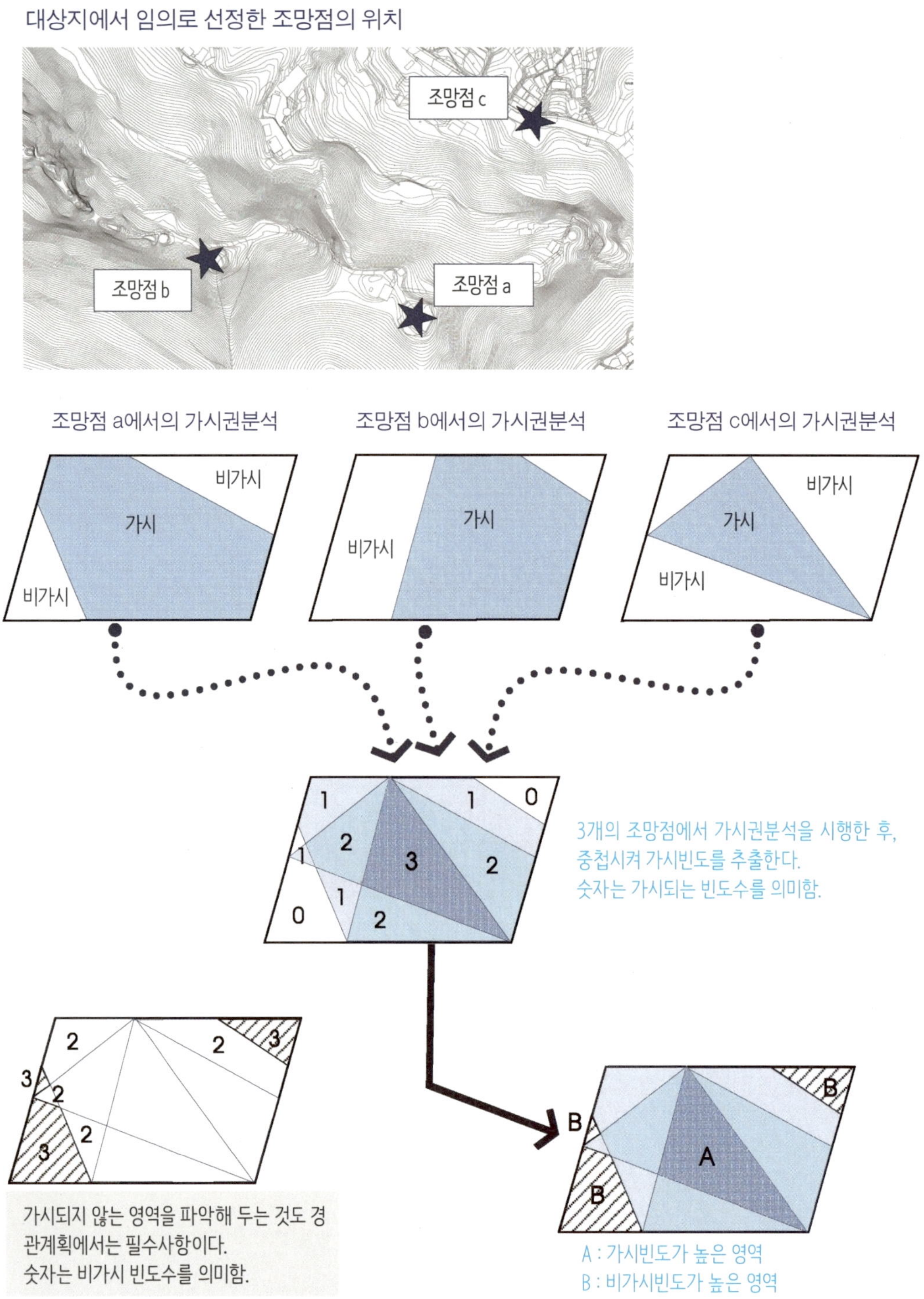

그림 42 가시권·비가시권 분석 및 가시빈도 분석의 개념

여기서 잠시 보이지 않는 「비가시권」을 경관계획에 활용하는 방법에 대해 생각해보기로 하자. 그림 43은 관찰자 시점(조망점)에서 어떤 대상을 바라보는 경우, 기존 지형조건에 의해 달라지는 조망범위를 나타낸 것이다. 지형과 관찰자 시점의 관계를 살펴보면 가시영역과 비가시영역의 범위를 파악할 수 있다.

그런데 산지 등의 지형요소에 의해 차폐되는 「비가시권」의 경우 a, b, c 각각의 위치에 따라 수직구조물의 한계높이가 Ha, Hb, Hc로 달라지는 것을 알 수 있다. 이와 같이 「비가시권」에는, 지표의 어떤 지점에서 대상을 바라보는 경우 그 조망시선(Line of Sight, 시선)과 지형선 사이에 높이차(Level)가 존재하는 것을 알 수 있다. 그리고 이 높이차에 의해 만들어지게 되는 조망시선 아래의 공간, 즉 「비가시권」에 어떤 구조물이나 시설이 만들어지는 경우를 생각해보자. 그곳에 도입되는 구조물의 높이가 대상지에 형성된 조망시선보다 낮은 경우라면 조망지점에서는 보이지 않게 된다. 그러나 반대로 그 한계높이보다 높은 구조물이 만들어지게 된다면 눈에 뜨이게 될 것이다. 아니 보이는 정도가 아니라 지금까지 없었던 시설물에 의해 시선이 차단

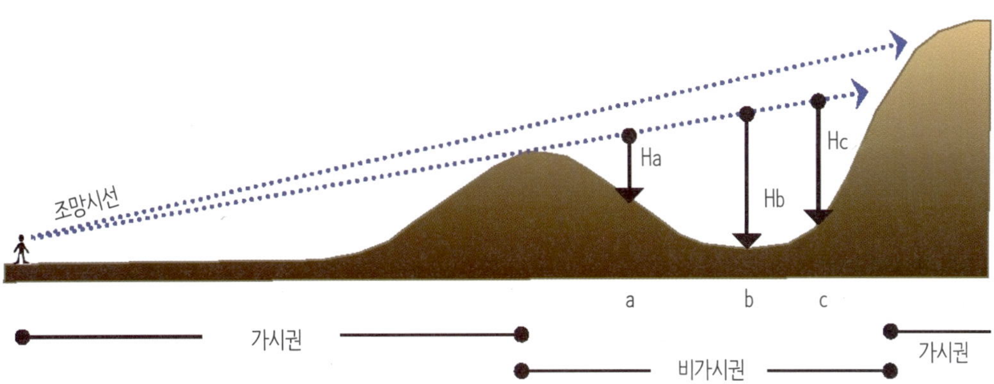

그림 43 조망점과 지형과의 관계에 따른 가시·비가시권의 범위 및 한계높이

되게 되므로 관심을 끌어 눈에 더 잘 뜨이는 효과까지도 생겨나게 될 것이다.

그런 까닭에 「비가시권」의 조망시선 아래의 공간범위는 경관계획 및 경관평가 등에서 개발의 허용한도를 측정하기 위한 지표로서 활용되게 된다. 예를 들어 자연 및 인공경관지역 모두에서 계획대상지 전면에 지형지물이나 수림대 등이 있는 경우라면 그것은 대상지를 조망하는 시선을 차단하는 효과를 발휘하게 될 것이다. 따라서 그러한 상황이 예상되는 장소라면, 「가시권」과 「비가시권」의 범위 그리고 각 위치별 한계높이 등을 미리 측정해 둠으로써, 그곳에 건설예정인 구조물이나 시설 등의 높이를 어느 정도로 하면 주요 「시점」 및 「시점장」에서 대상이 보이지 않도록 할 수 있을까 또는 눈에 잘 뜨이도록 할 수 있을까를 예측하는 자료로 활용할 수 있다.

다음에는 그림 44에서 시점과 대상사이에 놓여지는 구조물에 의한 차폐효과에 대해 살펴보기로 하자.

시점에서 비교적 멀리 떨어진 장소에 기피시설(회색 사각기둥)이 존재한다고 가정하자. 이 시설이 보이지 않도록 하기 위

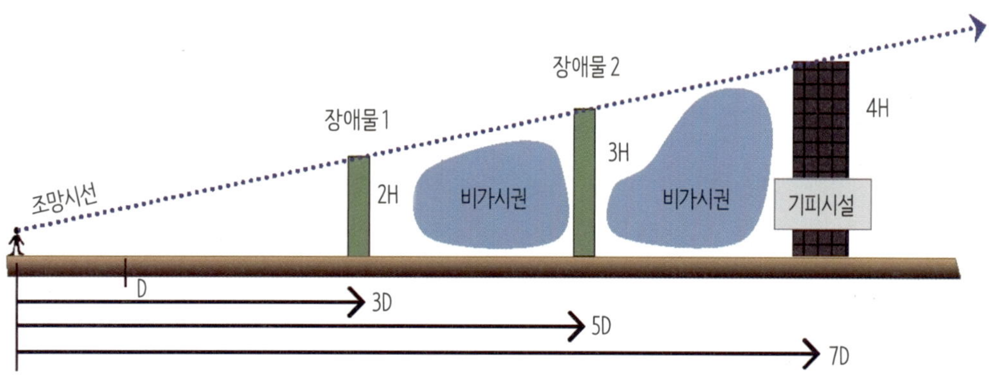

그림 44 시점과 대상사이의 관계디자인 1

해서는 관찰자의 시점과 대상 사이에 차폐시설을 설치할 필요가 있다. 이 경우 앞에서 살펴본 사례와 같이(그림 43), 관찰자 시점과 대상과의 조망시선 사이에 차폐시설로 작용할 장애물(지형지물)을 설치하여 새로운 비가시 영역을 만들어내는 방법을 생각할 수 있을 것이다. 그리고 이 비가시 영역 내에 문제의 기피시설이 포함되도록 한다면 기피시설 자체에 손을 대지 않고도 경관개선을 하는 것이 가능할 것으로 보인다.

물론 이 경우에도 시점과 대상사이의 공간에는 일정한 관계가 성립하는 것을 확인할 수 있다. 그림 44에서 보면, 시점에서 7D의 거리만큼 떨어져 있는 높이 4H의 기피시설을 차폐하기 위해서는, 시점에서 3D만큼 떨어진 거리에서는 높이가 2H인 장애물 1의 설치가, 5D만큼 떨어진 거리에서는 높이 3H의 장애물 2이 설치되어야 한다는 것을 알 수 있다. 즉「비가시권」내에 기피시설이 포함되도록 하기 위해서는, 시점에서의 거리에 따라 차폐시설의 높이가 달라져야 동일한 효과를 낼 수 있는 것으로 나타나고 있다.

이와 동일한 상황을 그림 45를 통해 다시 살펴보자. 그림 45

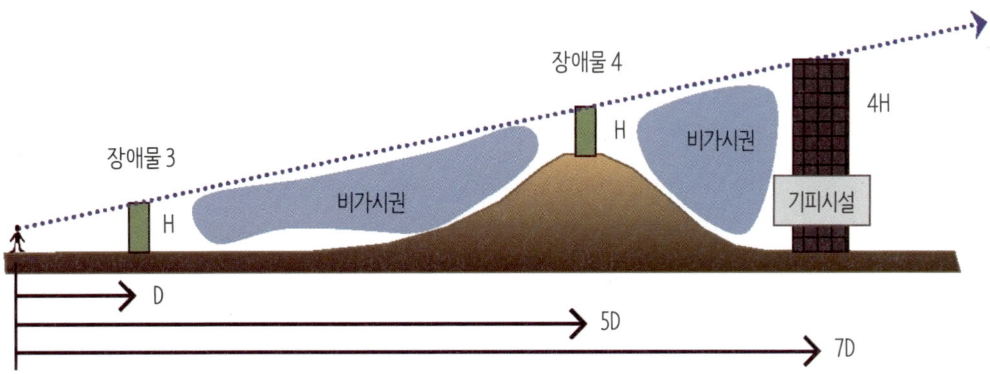

그림 45 시점과 대상사이의 관계디자인 2

를 보면, 시점에서 D만큼 떨어진 거리에 장애물 3을 설치하는 경우 높이 1H의 높이만으로도 앞에서 살펴본 2H, 3H 높이의 장애물 설치사례와 동일한 효과를 내는 것을 알 수 있다.

이것은 시점 부근에서 이루어지는 조작은 특히 수직적 성격을 갖는 대상구조물을 은폐하는데 보다 효과적이라는 사실을 입증하는 것이기도 하다. 이러한 관점에서 볼 때, 시점과 조망시선의 관계검토에 의한 「가시권」과 「비가시권」에 대한 파악과 활용은 경관디자인에 중요한 포인트로 작용하게 된다.

게다가 장애물 4와 같이 기존지형 및 레벨변화를 이용한다면, 대규모의 인위적 요소를 도입하지 않고도 「비가시권」을 만들어낼 수 있는 등 의도하는 계획효과를 얻어내는 것이 가능하다는 것을 알 수 있다.

③ 자연경관 훼손여부 판단

자연경관 훼손여부에 대한 판단은, ㉠보전대상이 되는 자연경관에 대한 훼손 여부와, ㉡도입되는 시설과 기존 경관과의 조화여부에 대한 부분이 검토의 중심이 된다. 구체적인 사항은 다음과 같다.

㉠ 보전대상이 되는 자연경관에 대한 훼손 여부

보전대상이 되는 자연경관의 훼손은 원칙적으로 발생하지 않는 것이 가장 바람직한 방안이다. 그러나 부득이한 경우 경관에 미치는 영향을 최소화하기 위해서는 우선 주요한 보전대상이나 경관적으로 가치가 있는 구성요소들이 시각적으로 차폐되지 않도록 하는 것이 중요하다. 경관훼손여부에 대한 판단은, 「최종조망점」에서 주요 경관자원으로의 향하는 조망경관이 확보 되는가 아닌가가 주요한 기준으로 작용하게 된다. 또한 계획지역의 경관특성에 따라 보전해야 할 대상 역시 달라지게 되므로, 「조망점」에서 각 경관대상에 대한 조망여부 그리고 경관변화에 대한 예측과 판단이 필요하다.

자연경관영향 검토 시 고려해야 할 주요요소는, 크게 스카이라인(건축물, 구조물의 배경이 되는 산림스카이라인), 산림녹지경관(산지 및 구릉지의 능선 및 주변부), 수경관(하천, 해안 및 도서, 호수 및 습지)이다.

주요 검토항목으로는, 건축물, 구조물 등으로 인한 산림스카이라인 침해 여부, 산림경관의 훼손 여부 및 조화성, 수경관과의 조화 등을 생각할 수 있다. 특히 스카이라인의 검토에 대해서는, 주요 조망점에서 배후에 자리한 산악이나 녹지 등이 7부 능선 이상 조망되도록 관련지침에는 규정되어 있다. 그러나 필요에 따라서는 보다 강력히 규제하는 방안, 예를 들면 배후의 산이 절대보전이 필요한 주요경관자원이라면 5부 능선 이상을 확보하는 등의 방안을 검토하는 것도 바람직할 것이다.

또한 구조물 설치 등에 의한 경관변화와 시설조성으로 인해 생겨나는 절토와 성토에 의한 경관훼손에 대해서는 실제 상황예측이 가능하도록 정확한 자료를 제시하는 것이 필요하며, 때로는 비교대안 등을 마련하는 것도 사업진행의 효율성을 위해서는 유용한 작업이 될 것이다.

㉡ 도입시설과 기존경관과의 조화 여부

대상지역에 도입되는 시설이 기존지역 및 주변지역의 경관과 조화를 이루는가 그렇지 못한가는 새롭게 만들어지는 경관의 질을 결정하는 매우 중요한 요인으로 작용한다.

따라서 도입되는 구조물 및 시설은 기존경관의 유형 및 특성을 이해한 후에 시설의 위치나 형태, 규모, 질감, 색채 등의 측면에서 조화를 이룰 수 있도록 계획되고 검토되어야 한다.

기존경관과의 조화는 독립적인 검토항목이라기보다는 ㉠의 보전대상에의 조망확보와 함께 검토하여 조화여부를 판정하는 것이 좋다.

④ 자연경관영향 예측

경관변화를 예측하기 위한 경관시뮬레이션은, 사업시행전의 경관현황과 사업시행후의 경관변화를 정확하게 비교, 파악할 수 있도록 작성되어야 한다. 경관예측은 현상에 대한 모델링 및 현황사진을 이용하는 것을 원칙으로 하며, 이를 근거로 새롭게 작성된 모델링 및 시뮬레이션은 경관변화를 예측·평가할 수 있는 수준을 확보하여야 한다.

먼저 계획대상지의 지형관련 수치데이터를 활용하여 지형모델링을 시행하고, 그것을 기초로 하여 사업대상지 및 시설물에 대한 모델링도 진행한다. 이 때 계획대상지뿐 아니라 대상경관에 영향을 미치는 주변지역에 대한 모델링도 동시에 시행하는 것이 좋다.

다음 단계에서는 최종적으로 선정된 「조망점」 별로 경관시뮬레이션을 시행하고, 경관변화 즉 경관훼손의 유무 및 훼손유형을 명확히 파악하도록 한다.

⑤ 자연경관영향 저감방안 수립

㉠ 저감방안에 대한 구체적인 자료제시 및 프로그램 명시

사업에 의해 발생이 예상되는 경관훼손을 최소화할 수 있는 저감대책을 강구하고 구체적인 자료를 제시하도록 한다. 아울러 저감방안의 실행을 위한 실제적인 프로그램에 대해서도 검토해두는 것이 좋다.

㉡ 저감방안 마련 및 시뮬레이션을 통한 효과분석

마련된 저감방안에 대해서는 그 효과를 확인할 수 있도록 시뮬레이션을 시행하는 것이 바람직하다. 이 단계에서는 제안된 저감방안의 효과를 분석하는 것이 주요한 작업이 되나, 그 외에 저감방안 시행에 따른 2차적인 환경영향에 대한 분석 역시 이루어져야 한다. 예를 들면 식재를 이용한 차폐효과로 경관영향을 저감하고자 하는 수법을 채택한 경우에는, 저감방안 시행 이후 수목의 성장에 따른 변화와 그에 따른 경관변화 등에 대한 저감대책까지도 필요하다는 의미이다.

사실상 가장 바람직한 저감방안은, 계획초기에 각 단계별로 계획진행시 고려해야 할 검토사항을 정하여 놓는 것이다. 즉 대상의 입지선정 등 계획의 초기단계에서부터 효과적인 저감방안을 검토하면서 계획을 진행하거나, 경관훼손이 최소화되도록 계획을 진행한다면 저감대책 자체가 불필요하게 될 것이라는 의미이다.

특히 해당사업이 자연경관에 장기적으로 영향을 미치게 될 것이라 판단되는 경우라면, 개발사업과 관련된 부정적인 자연경관에의 영향을 고려하여 단계별로 저감방안을 작성하되, 공사진행 단계, 준공 후 단계, 복원단계의 전

과정에 대한 저감방안을 마련해두는 것이 좋겠다. 또 지역적 경관특성 및 사업의 특성을 고려하여 저감방안을 차별화하는 것도 필요하다. 아울러 효과적인 저감방안으로 주변자연경관과 연계되는 시설물의 배치 및 녹지축 조성을 활용한 통경축의 확보 그리고 시설물 등에 의한 위압감, 이질감의 완화를 검토하는 것도 고려해 볼 만하다.

㉢ 저감방안에 대한 검토 및 조치대책

제안된 저감방안에 대해서는, 기존 경관자원의 훼손이 최소화 될 수 있는 방안인가 아울러 기존경관과 조화되는 것인가에 대한 검토가 필요하다. 그 이유는 경관훼손의 최소화, 기존경관과의 조화성 등이 저감방안에 대한 기본적인 평가원칙이 되기 때문이다.

그러나 제안된 저감방안을 통해서도 경관훼손 및 부조화 현상이 극심할 것으로 예상되는 경우에는, 대상사업의 재고 및 사업규모의 축소와 구조형식의 변경 등 적극적인 재조정 작업이 이루어져야 할 것이다. 그러나 단순한 부조화일 경우에는 시설물 배치계획 및 형태, 색채, 재료선택 등에 대한 조정을 통해 어느 정도까지는 경관훼손을 최소화하는 작업이 가능할 것이다.

2) 산지전용 등에 따른 경관영향 검토

산림청에서는 산지전용 등에 따른 경관영향 검토 및 운영지침(2015.6.29. 개정)을 산지전용 및 산지일시사용, 토석채취로 인해 발생할 수 있는 산지경관의 변화를 사전에 파악하고, 경관훼손을 방지하기 위한 대책을 수립하여 아름다운 경관을 보전하는 등 합리적이고 자연친화적인 산지전용 및 산지일시사용,

토석채취가 이루어지도록 하기 위해 운용하고 있다.

이 지침은 환경영향평가 중 자연환경보전법에 의한 경관영향 검토대상의 일부에 해당하는 사항이나, 산지경관영향에 대해 특별히 살펴보는 이유는 검토기준이 구체적이며 상세한 내용이 제시되어 있기 때문이다. 경관에의 영향을 고려한 계획수행과 훼손 등 경관변화를 검토하는데 좋은 본보기가 된다고 판단되므로, 산지경관영향의 검토과정 및 경관시뮬레이션에 관한 기준·절차·방법 등에 관해 소개하기로 한다.

다만 앞에서 설명한 바와 같이, 관련규정 및 지침에서 다루고 있는 내용을 근거로 하되 그 외에 실무에서 필요로 하는 사항들을 추가하여 설명하기로 한다.

- 산지경관 : 산지의 시각적, 심미적 가치와 이에 부속된 자연요소 또는 사물을 포함하는 어우러진 대상을 말한다. 산지를 조망하는 위치와 대상이 되는 산지사이의 시각적인 관계로 파악될 수 있으며, 스카이라인, 임상, 산세(山勢) 등이 주요 고려요소가 된다.
- 산지경관영향 모의실험 : 산지전용 등이 산지경관에 미치는 영향을 확인하기 위하여 산지전용 등의 전후 경관변화 양상에 대해 비교·분석하는 모의실험 전 과정을 말한다. 모의실험을 시뮬레이션(Simulation)이라고 하며, 자연경관심의 지침 및 관련규정에서는 경관시뮬레이션이란 용어를 사용하고 있다.

(산지전용 등에 따른 경관영향 검토 및 운영지침 참조)

- 경관시뮬레이션 : 특정 개발사업이 주변경관에 미치는 영향을 평가하기 위해 실험적으로 만들어내는 모의경관으로, 이를 위해 모형제작, 사진합성, 컴퓨터이미지 합성, 가상 동영상 등이 활용되고 있다.

(개발사업 등에 의한 자연경관심의 지침 참조)

a) 산지경관 조망분석 및 경관시뮬레이션의 검토 대상

산지전용허가기준(산지관리법 시행령 제20조)에 따르면, 30만m^2 이상의 산지전용이 이루어지는 경우에는 조망분석을 시행하여야 하며, 전용면적이 50만m^2 이상의 경우에는 조망분석 및 경관 시뮬레이션(산림청에서는 모의실험으로 표현)을 실시하여 경관훼손 저감대책을 수립하여야 한다.

그리고 토석채취면적이 7만m^2 이상인 경우에는 조망분석 및 경관시뮬레이션을 실시하고 토석채취지역의 표고를 낮추는 등 경관훼손에 대한 저감대책을 수립하도록 규정하고 있다.

또한 산지전용·일시사용제한지역, 백두대간보호지역(백두대간 보호에 관한 법률 제2조 제2호), 자연휴양림(산림문화·휴양에 관한 법률 제2조 제2호), 생태경관보전지역(자연환경보전법 제2조 제12호), 산림유전자원보호구역(산림보호법 제7조 제5호)에서 송전탑을 설치하는 경우에도 조망분석 및 산지경관 영향 모의실험을 실시하고, 경관훼손을 줄이는 저감대책을 수립하도록 하고 있다. 보다 상세한 검토대상에 관해서는 관련법규를 참조하기 바란다.

b) 산지경관영향의 검토 과정

산지전용 등에 따른 경관에의 영향을 살펴보기 위한 검토 과정은 그림 46과 같다.

c) 산지경관영향 검토내용 및 방법

산지의 지형적 특성을 이해하고 산지전용에 따른 경관변화를 효율적으로 파악하기 위해서는, ①경관자원 등 경관현황조사를 근간으로 하여 ②조망점 선정을 포함한 조망분석을 실시

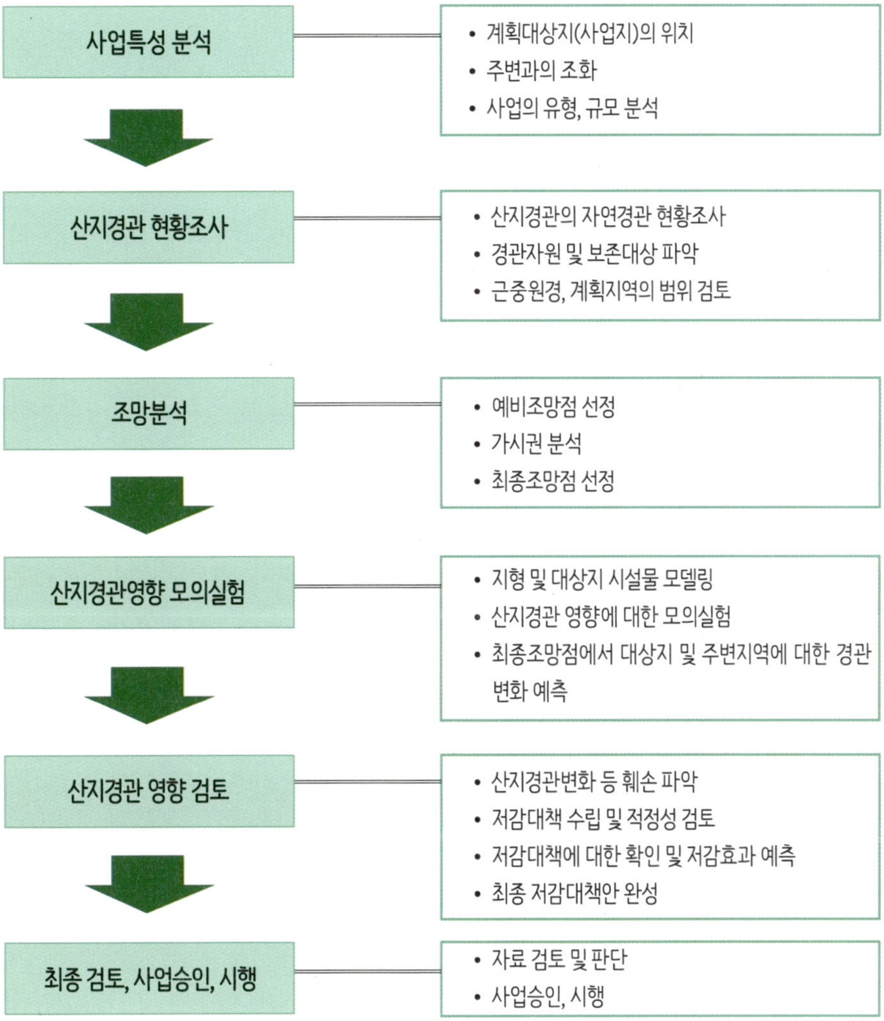

그림 46 산지경관영향에 대한 검토과정 및 주요 검토사항

하도록 한다. 조망분석은 정확한 경관예측과 평가를 위해 가장 중요한 단계로, 우선 「예비조망점」을 선정하고 이 중 최종적인 조망점 선정을 위해 가시지역에 대한 분석을 시행하고, 최종적으로 모의실험을 시행할 「최종조망점」을 결정하는 과정이다. 이 후, ③산지경관영향 모의실험(경관 시뮬레이션)과 ④산지경

관영향 검토를 시행하는 순서로 진행되게 된다.

① 산지경관의 현황조사

산지전용이 예상되는 계획대상지 및 주변지역에 분포하는 경관자원을 조사한다. 이때 현황조사에서는 기존의 일반현황 자료를 기초로 하되, 그 외에 추가로 주요한 자연경관요소, 즉 산봉우리, 지형지맥, 강, 계곡, 바위, 주요한 역사자원 및 지물 등의 분포현황과 특성 등을 중점적으로 파악하고 정리하도록 한다.

산지의 경우 특히 백두대간보호지역, 생태경관보전지역, 산림유전자보호구역, 자연보호구역 등의 포함여부와 인접여부 및 이격거리 등을 확인하여야 한다. 아울러 지형도상에 경관자원의 위치나 상황 등을 표기하여 검토시 누락되는 일이 없도록 정리해두는 것이 좋다. 이때 우수한 경관자원의 파악뿐 아니라, 훼손된 자원이나 기피하거나 숨겨야 할 자원 등에 대해서도 기록해두도록 한다.

경관영향 검토를 위해 현황조사단계에서 반드시 정리해 두어야 할 사항은, 경관자원의 존재 및 위치, 특성에 관한 것 그리고 이용이 많거나 증가될 것으로 예상되는「시점」및「시점장」의 위치와 종류 등이다. 이는 다음 단계에서 진행될 조망점 선정작업의 근거가 되는 주요한 자료로 활용되게 된다. 그리고 어느 지점에서 대상경관을 조망하게 되느냐에 따라, 사업시행으로 인한 경관영향에 대한 검토가 충실하게 이루어질 수도, 매우 부적절하게 이루어질 수도 있기 때문에 초기단계의 조사과정이 매우 중요하다 하겠다.

체크해 두어야 할 경관자원으로는, 산악, 고원, 평야, 습원,

호소, 협곡, 폭포, 하천, 해안, 곶(岬, Headland) 도서, 암석, 동굴, 식물(보호식물 군락지, 보호수, 주요수림대 등), 자연현상(화산, 조류현상 등) 등의 자연자원과 사적, 명승, 사찰, 성곽, 기념물 등의 인문자원을 생각할 수 있다. 「시점(조망점)」 및 「시점장」이 형성되기 쉬운 장소로는, 전망대, 곶, 관광도로, 군락, 사찰 등, 야외활동시설, 광장, 공원, 공공시설, 도로 등이 있으므로 그 위치와 규모, 주변상황 등을 파악해 두도록 한다.

② 조망분석

조망분석은 계획대상지 및 주변지역(계획지역) 내에 존재하는 모든 조망점(시점)에 대해 시행할 필요는 없다. 왜냐하면 경관이란 인간의 존재를 전제조건으로 하고 있으므로, 기본적으로 「시점」이 형성되지 않는 즉 인간의 접근이 불가능한 장소에 조망점을 선정하는 것은 무의미한 일이기 때문이다.

따라서 비교적 어디든 접근이 가능한 도시지역과는 달리 자연지역 특히 산지경관지역에서는 계획대상지 및 주변지역의 지형지세 등 주어진 환경조건에 따라 접근이 전혀 불가능한 장소도 다수 존재하며, 외부 또는 내부로의 조망이 제한되는 경우도 많다. 그런 이유로 산지경관영향 검토를 시행하는 경우에 대상지를 중심으로 일률적인 거리와 간격으로 조망점을 선정하는 것은 무의미한 비능률적인 작업으로, 전문성 결여로 인한 결과라 생각된다. 경관에 관한 전문지식이 어느 정도 있는 사람이라면 2차원 지형도를 살펴보는 작업만으로, 산지경관 변화 예측을 위한 조망점으로 적절한지 아닌지를 즉시 판단할 수 있기 때문이다. 물론 1차로 「예비조망점」을 선정한 후, 다시 「최종조망점」을 선별하는 과정을 거치기는 하나, 그렇다고 해서

대상지가 전혀 보이지 않을 것이 명확히 읽혀지는 다수의 지점을 「예비조망점」으로 선정하는 것 그리고 그 조망점에서 다시 「가시권 분석」을 시행하는 일은 부적절하고 비효율적인 방법임에 틀림없다.

여기에서는 우선 조망점 선정 및 조망분석 기준에 대한 관련 규정을 살펴본 후, 임의로 대상지를 선정하여 보다 구체적인 조망점 선정방법을 점검해보기로 하자.

㉠ 예비조망점의 선정

대상지역에서 경관변화에 따른 영향 검토를 위한 기준이 되는 조망점의 선정에는, 가장 첫 단계인 「예비조망점」의 선정이 매우 중요하다. 「예비조망점」은 조사된 경관자원의 분포와 특성, 경관적 가치, 접근거리 및 대상지역에서의 이격거리, 조망방향 등을 고려하여 다음의 기준에 따라 선정한다.

- 주요건축물 및 주요 지형지물 주변, 문화재, 자연휴양림 등 주변의 주요 경관자원과 해당 지역이 잘 조망되는 전망대(산봉우리, 파노라마), 진입부 등을 선정한다.
- 이용도가 높은 주요 접근도로 및 교차로, 공원 및 광장, 이용자 밀집시설, 거주지, 공공시설 주변 등.
- 가시거리에 따라 근경(0.5km 이내), 중경(0.5~2.5km 이내), 원경(2.5~10.0km 이내)의 조망점을 선정한다. 단 대상지역이 분지이거나 지형 등에 의해 둘러싸여 외부에서의 조망이 불가능한 상황에서는, 중원경의 조망점이 불필요한 경우도 있다.
- 조망방향은 실제 이용자의 시점방향 또는 계획 후 이용이 예상되는 방향을 기준으로 하여 분석하되, 각 조망

점의 상황에 따라 달라지며 필요시에는 추가 분석을 시행한다.

㉡ 가시권 분석 (최종조망점 선정을 위한)

가시지역은 일반적으로 GIS(Arc view, Arc GIS, Auto cad 등) 등의 3차원 가시권 분석도구를 사용하여 파악하며, 가시권 분석은 다음의 기준에 따라 5개 이상 선정하는 것을 원칙으로 한다(가시권 분석에 대해서는 자연경관의 검토내용 및 방법 ②-㉡을 참조할 것).

- 산지전용 등의 예정지역 중앙부와 2개 이상 방향의 종횡단 양 끝 지점을 포함하여 가시권분석을 실시한다.
- 산지전용 등의 예정지역이 2개 이상의 봉우리를 포함하거나 사면의 향이 2개 이상으로 조성되는 등 범위가 넓고 지형의 변화가 불규칙할 경우에는 주요봉우리와 능선, 사면의 중앙부와 경계부 등을 포함하여야 한다.

㉢ 최종조망점의 선정

「최종조망점」은 가시권 분석 결과를 근거로 하되, 다음 기준에 따라 5개 이상 선정하는 것을 원칙으로 한다.

- 가시권분석에서 3회 이상의 가시가 확인된 조망점
- 장래의 개발이나 지형변화 등에 의해 주요조망점이 될 것으로 판단되는 지점
- 기타 경관적으로 중요하다고 판단되는 지점

이번에는 구체적인 조망점 선정에 대해 사례를 들어가면서 살펴보기로 하자. 그림 47은 계획대상지를 중심으로 하여 근경(0.5km 이내), 중경(0.5~2.5km 이내), 원경(2.5~10km 이내)의 가시거리를 기준으로 조망점을 선정하고자 범위를 표시한 것

이다. 해당되는 각각의 범위 내에서 조망점을 선정하고 조망 및 가시권 분석을 시행하게 되나, 지형도에서 확인해보면 산림지역의 경우에는 도로가 없는 경우나, 일반인들의 접근이 어려운 지점이 다수 존재하는 것을 알 수 있다. 이와 같이 일상적인 시점이 형성되기 어렵거나 불가능한 장소를 조망점으로 선정하는 것은 부적절한 방법이라 하겠다.

따라서 단순히 기계적으로 일정 거리에 따라 혹은 평면상에서 조망점이 골고루 분포되도록 배치, 선택하는 방식의 조망점 선정은 지양하고, 산지경관의 특성 및 경관변화를 효과적으로 살펴볼 수 있는 지점을 파악하여 「예비조망점」으로 선정해야 할 것이다.

그러나 지형도상에서 가시여부를 쉽게 판단하기 어려운 경우

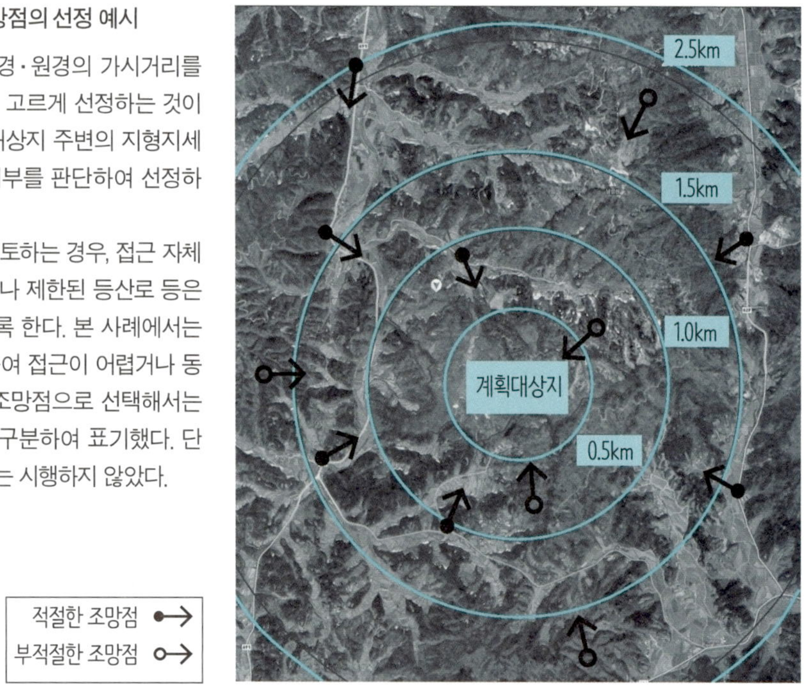

그림 47 산지에서 조망점의 선정 예시

조망점은 근경·중경·원경의 가시거리를 근거로 여러 방향에서 고르게 선정하는 것이 원칙이나, 실제로는 대상지 주변의 지형지세 및 시점자체의 존재여부를 판단하여 선정하여야 한다.

특히 산지경관을 검토하는 경우, 접근 자체가 불가능한 장소이거나 제한된 등산로 등은 조망점에서 제외하도록 한다. 본 사례에서는 이해를 도모하기 위하여 접근이 어렵거나 동선이 존재하지 않아 조망점으로 선택해서는 안 될 지점을 별도로 구분하여 표기했다. 단 지형지세에 의한 검토는 시행하지 않았다.

나 가변적인 요소가 작용할 것으로 예상되는 지점, 그리고 주요 접근도로나 경관자원이 존재하는 경우에 대상지가 노출되지 않는다는 분석 등의 근거자료 제공을 위해서라면 그러한 조망점 선정도 필요한 작업이 될 것이다. 또한 계획대상지와 주변지역 등 광역적인 가시영역을 파악하거나 전망대 등 새로운 조망점을 개발하기 위한 목적이 있는 경우라면 의미는 있다.

이와 같은 조망점 선정에 대한 특수성은 산지경관 이외에 해양경관에 대한 영향을 검토 분석하는 경우에도 마찬가지이다. 산지경관과 해양경관이 인접하는 형태로 공존하는 경우도 자주 접할 수 있는 계획대상지이며, 그러한 경우라면 당연히 내륙측과 해양측 모두에서 경관에 대한 검토가 필요하다.

해양경관을 검토할 목적으로 조망점을 선정해야 하는 경우

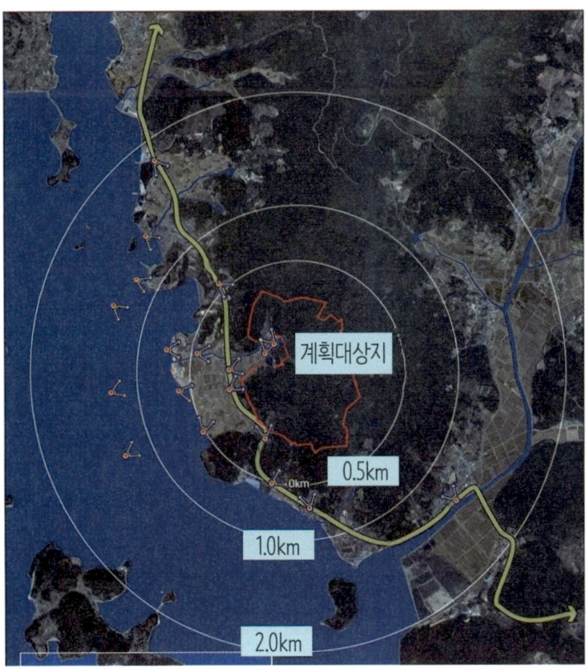

그림 48 해양측에서 바라보는 경관을 검토하기 위해 선정된 조망점의 부적절한 사례[6)]

계획대상지를 중심으로 일정 가시거리 0.5km, 1.0km, 2.0km를 확보한 후, 그 범위 내의 해상 및 해안주변 임의의 지점이 조망점으로 선정되어 있는 것을 알 수 있다. 그러나 가시범위 1.0~2.0km 사이 해상에 선정된 조망점 3개소 등은 현실적으로는 시점이 형성되기 어려운 장소이므로, 조망점 선정 및 조망분석은 무의미한 작업이 된다.

에는, 우선 내륙측에서의 조망과 해양측에서의 조망을 함께 고려하여야 한다. 내륙부와 해안주변에서의 조망, 그리고 해양에서 접근하면서 내륙을 바라보는 경우와 인접 또는 건너편 내륙이나 섬에서의 조망 등 다양한 위치와 방향에서 조망점 형성이 가능하기 때문이다.

특히 해상에서 조망점을 선정해야 하는 경우라면 앞서 설명한 바와 같이 조망점을 거리에 따라 임의로 선정하는 오류를 범해서는 안 될 것이다(그림 48참조). 이는 육지에서 도로가 주요시점장으로 작용하는 것과 마찬가지로, 해상에서도 실제 설정되어 있는 바닷길 즉 선박항로가 시점 또는 시점장이 될 것이며 당연히 이 노선을 기준으로 조망점이 선정되어야 하기 때문이다. 물론 이 경우에도 새로운 항로를 개척할 계획이 포함되어 있다면, 반드시 계획항로상에 추가로 새로운 조망점을 선정하고 그 지점에서의 경관변화까지도 살펴보아야 할 것이다.

그렇다면 동일한 대상지를 예시로 사용하여, 조망점을 선정하는 방법을 살펴보기로 하자. 대상지는 산과 바다가 인접해 있는 곳으로, 내륙과 해양의 양측 모두에서의 경관검토가 이루어져야 한다. 그러나 여기서는 해양측을 중심으로 하여 대상지의 경관현황 및 변화를 살펴보기 위한 조망점 선정에 대해 생각해보기로 하자.

앞서 소개한 그림 48과는 달리 그림 49에는 각각의 섬과 육지를 연결하는 현재의 선박항로가 표기되어 있는 것을 알 수 있다. 해상에서는 정해져 있는 항로를 통해서만 이동이 가능하기 때문에, 우리들이 실제로 체험할 수 있는 경관과 조망영역은 이 항로상의 시점들을 통해서 얻어질 수밖에 없다. 이는 산지에서 도로가 없어 접근자체가 불가능한 지역에는 조망점이

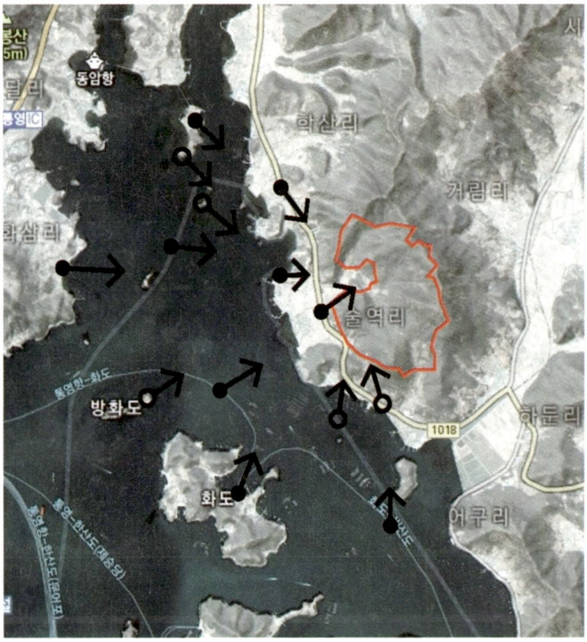

그림 49 해양측에서의 조망점 선정 예시

경관계획대상지가 바다와 인접하고 있는 경우로, 내륙과 해양 양측에서의 경관검토가 필요하다. 단 본 예시에서는 해양측을 중심으로 하여 대상지의 경관현황 및 변화를 살펴보기 위한 조망점 선정을 표기한 것이다.

해상에서의 조망점은 기존 선박항로를 기준으로 선정하도록 한다. 도서지역에 조망점을 선정하는 경우에는 무인도를 제외한 유인도, 도로의 존재유무 등 실제로 조망점이 존재할 수 있는 지점인지 아닌지를 파악하는 등 지역특성을 고려한 검토가 이루어져야 한다.

적절한 조망점 ●→
부적절한 조망점 ○→

형성될 수 없다는 것과 동일한 이유라 하겠다.

따라서 이 사례에서 내륙에 위치한 대상지를 해양 측에서 바라보기 위한 조망점의 선정은 당연히 선박의 운행항로 선상에서 이루어져야 할 것이다.

이번에는 그림 49를 사용하여 인접한 내륙 및 도서(섬)지역에서의 조망점 선정방법을 생각해보자. 대상지를 맞은편 해안에서 바라보는 경관을 대안경(對岸景)이라 하며, 일반적으로 해양뿐 아니라 하천, 호수 등 물(水)과 접하는 공간에서 자주 사용되는 개념이다. 서로 마주하는 구성요소에 의해 만들어지는 이 경관유형은, 그 사이에 형성되는 공간의 성격에 따라 매우 다양한 이미지를 만들어낼 수 있다는 특징을 갖는다. 그래서 이 개념은 수공간에서 뿐만 아니라 때때로 도시의 내륙지역에서 활용되기도 한다.

사진 202 대안경: 시드니(Sydney) 오페라하우스를 맞은편 공원에서 조망. 경관대상물의 전체적인 형태 및 주변경관과의 조화가 인지되는 중·원경역이 확보(호주)

사진 203 대안경: 도시 내의 수로 맞은편에서 바라본 경관. 근·중경역으로, 건축물 정면형태 및 세부디테일이 인지되는 배치. 암스테르담(Amsterdam)(네덜란드)

사진 204 대안경: 코펜하겐(Copenhagen) 뉘하운(Nyhavn) 항의 경관. 인공적으로 조성된 수로 맞은편의 건축물 배치 및 세부디테일 인지되는 근경역(덴마크)

사진 205 대안경: 런던(London) 템즈강 맞은편에서 조망. 시점과 경관대상 사이에 열려진 수공간의 존재로 건축물군의 형태 및 스카이라인이 인지되는 중경역(영국)

사진 206 대안경: 템즈강 교량 위에서의 조망. 근경 에서 원경까지의 다양한 경관체험이 가능. 런던(영국)

사진 207 대안경: 교량 건너편 원경 및 도로교차로 등 다방향에서 조망 가능. 스톡홀름(Stockholm)(스웨덴)

잠시 대안경의 사례 및 경관특성에 대해 살펴보기로 하자. 사진 202~205는 수공간을 사이에 두고 서로 마주하는 위치에서 형성되는 경관이다. 장애물이 없는 열려진 공간이 시점과 경관대상 사이에 존재하게 되므로, 맞은편 공간과의 이격거리에 따라 대상의 전체적인 형태에서 세부 디테일까지 다양한 경관체험이 가능하다. 따라서 이격거리 즉 예를 들면 도시하천의 경우 강의 폭에 따라 시거리가 달라지게 되므로 이에 적정한 경관디자인이 이루어져야 할 것이다.

사진 206과 사진 207은 하천을 연결하는 교량 위에서 맞은편을 조망한 것이다. 두 사례 모두 시점과 평행하는 양측방향은 근경으로, 수직방향으로는 원경이 인지되는 등 다양한 영역의 경관이 동시에 인지되는 경관특성을 갖는 「시점」 또는 「시점장」이 형성되고 있다. 이와 같은 사례는 다양한 공간연출 및 관계조작이 필요한 경우 활용 가능한 경관디자인이다.

또한 배를 타고 수공간 위에서 내륙을 바라보는 경관도 생각할 수 있을 것이다. 사진 208~211은 선박 위에서 경관대상을

사진 208 안탈리아(Antalya) 항구에서 배를 타고 조망. 시점이동에 따른 연속적 경관체험이 가능하다(터키)

사진 209 카브리섬으로 접근하면서 조망. 원경에서 근경까지 연속적 경관 체험이 가능하다(이태리)

바라본 사례이다. 사진 208과 209는 선착장에서 배를 타고 다른 곳으로 떠나가거나 대상지에 도착하면서 조망되는 경관으로, 근경에서 중경, 원경으로 이어지는 연속적 경관체험이 가능한 사례이다.

이에 비해 사진 210과 사진 211은 수변공간을 따라 배로 이동하면서 조망되는 경관으로, 일정한 범위 내에서의 연속적인 경관변화와 체험이 가능한 사례이다. 특히 사진 210은 바다 측

사진 210 배를 타고 바다 측에서 시드니를 조망. 시점위치에 따라 연출되는 경관은 확연하게 달라진다(호주)

사진 211 생말로(Saint Malo) 항구의 화물창고를 바다 측에서 조망. 경관저해요소로 작용하므로, 시점과 경관 대상과의 시거리를 고려한 저감대책이 필요(프랑스)

시점에서 시드니의 상징적인 랜드마크 오페라하우스(Opera House)와 하버브리지(Harbor Bridge)를 바라본 것이다. 앞서 오페라하우스와 마주하고 있는 공원에서 바라본 사진 202와 비교해보면, 시점의 위치에 따라 동일한 대상 및 주변경관이 확연히 달라지는 것을 알 수 있는 흥미로운 예시이다. 즉 「시점」과 「주대상」의 관계조작이 경관디자인에 미치는 영향은 매우 크다는 사실을 확인할 수 있다.

사진 211은 프랑스 생말로(Saint Malo) 항구에 있는 화물창고를 바다 측에서 바라본 경관사례이다. 창고부근 도로상에서 느껴지는 경관이미지와 맞은편 호안 또는 배에서 바라보는 경관은 크게 다를 것으로 예상된다. 이 사례에서는 경관대상과 시점사이에 장애물이 없는 수공간이 존재함으로써, 경관저해요소가 노출되는 상태가 되어 실제보다 더 강조된 경관훼손효과가 생겨나는 것으로 보인다. 따라서 이러한 대안경이 형성되는 상황이라면, 시점과 경관대상과의 시거리를 고려한 중·원경에 대한 저감대책을 적극적으로 마련하는 것이 필요하다.

이상에서 살펴본 사례지에서와 같이 하천 및 바다 등 수공간과 마주하고 있는 경우 가장 주목해야 할 경관적 특징은, 조망되는 「대상」과 인간의 「시점」 사이의 공간이 열려있다는 점이다. 즉 개방적인 수공간이 조망대상과 인간 사이에 놓여있기 때문에 대상을 조망하기가 쉬워진다. 특히 대상과 일정거리를 확보함으로써 대상 전체의 형태나 구성 등을 인지하는 것이 가능하다는 장점이자 단점도 생겨나게 된다. 그리고 그 사이에 놓인 공간은 쉽사리 변하지 않으며 지속적으로 유지되는 경관구성 요소로써의 역할을 보유하게 된다.

이것은 경관변화 및 경관영향 등의 검토에서 뿐만 아니라, 경관계획수립의 초기단계에서부터 적극 활용하여야만 할 공간특성이자 핵심적인 경관구성요소의 하나라 볼 수 있다.

이러한 대안경을 검토하기 위한 조망점의 선정은, 가시거리, 시점의 존재여부, 차폐정도 등을 기준으로 한다. 가시거리(可視距離)는 통상적으로 근경(0.5km 이내), 중경(0.5~2.5km 이내), 원경(2.5~10km 이내)을 기준으로 하되, 대안경이 성립되는 특히 해양과 같은 지역에서는 조망가능한 가시영역이 확장된다는 점을 간과해서는 안 될 것이다.

따라서 대상지 주변의 환경여건을 고려하여 가시거리의 범위를 조정한 후, 각각의 조망점을 선정하는 것이 바람직하다. 그리고 다소 먼 곳이라 가시권에서 제외된다고 판단되는 경우라 하더라도, 해양의 기상상황에 따라 수십 km의 거리까지 조망되는 경우도 있으므로, 일단 대상범위에 포함시켜 조망가능 여부를 살펴본 후 최종판단을 내리는 것이 바람직한 방법이 되겠다.

그림 49의 사례지와 같이 해양경관을 검토대상으로 하는 경우에는, 바다에는 섬 이외에는 장애물이 거의 존재하지 않는다는 장소라는 점, 그리고 기상조건에 따라 가시상황 즉 시정(視程)이 향상될 수도 또는 악화될 수도 있다는 점을 고려하여 조망점 선정의 한계범위를 탄력적으로 선정하고 운영해야만 한다.

「시점」의 존재여부에 관해서는 이미 여러 차례 언급하였다. 기본적으로 인간이 접근할 수 없는 장소에 「시점」을 선정하는 것이 부적절하다. 따라서 해상에서는 기존 선박의 운항노선을 기준으로 조망점을 선정하고 조망분석을 시행하도록 한다. 만약 새로운 항로계획이 있다면 추가로 조망점을 선정하고 검토해야 할 것이며, 반대로 폐지가 결정되어 있는 노선이 있다면 조망점 선정대상에서 제외시켜야 할 것이다.

또 한 가지 유의해야 할 점은, 인근에 위치한 섬에서의 조망점 선정방법이다. 도서지역이든 내륙해안지역이든 배가 오가는 선착장은 경관검토에 매우 중요한 지점으로 반드시 조망점으로 선정해야 한다. 그 이유는 선착장으로 접근하거나 떠나가면서 그 주변을 바라볼 기회도 정체하는 시간도 늘어나기 때문이다.

다만 섬 지역은 환경여건상 사람이 거주하거나 도로가 개설되어 있는 장소가 제한되어 있는 경우가 많으므로, 현지조사 및 지도 등의 자료를 통해 위치를 확인한 후 조망점을 선정해야 한다. 그림 49에서도 동일한 섬에서 선정한 조망점이 적절한 경우와 부적절한 경우가 나타나 있는데, 이는 선착장이 위치한 지점과 접근이 불가능한 상태의 지점의 차이에서 기인된 것이다. 또한 인간의 거주여부, 즉 유인도이냐 무인도이냐에 따라 조망점 선정여부를 결정해야 한다는 것도 숙지해야 할 부분이다.

마지막으로 지형지세를 읽어 가시여부를 미리 예측하고 조망점 선정여부를 판단하는 것도 전문가의 역할이다. 실제 우리들이 접하는 것은 3차원 지형이며 현장여건에 따라 상황이 달라지는 경우도 생각할 수 있으나, 작업의 효율성을 위해서는 큰 틀에서 가시 및 차폐여부 정도는 판단하는 것이 좋다. 그림 49에서 대상지 남측에서 접근하는 도로선상의 조망점과 남측해상의 항로상에 선정한 조망점은 부적절한 것으로 나타나 있는데, 두 경우 모두 지형여건상 대상지가 조망되지 않을 것으로 판단하였기 때문이다.

그렇다면 이번에는 계획대상지에서 지형지세를 고려하여 조망점을 선정하는 방법에 대해 살펴보기로 하자.

그림 50은 임의로 선정한 지역의 지도로, 경관계획 대상지 A, 대상지 B와 그 주변지형을 나타낸 것이며, 그림 51과 그림 52는

대상지 A의 전경[7]
외부와는 차단된 위요공간이 형성되어 있음.

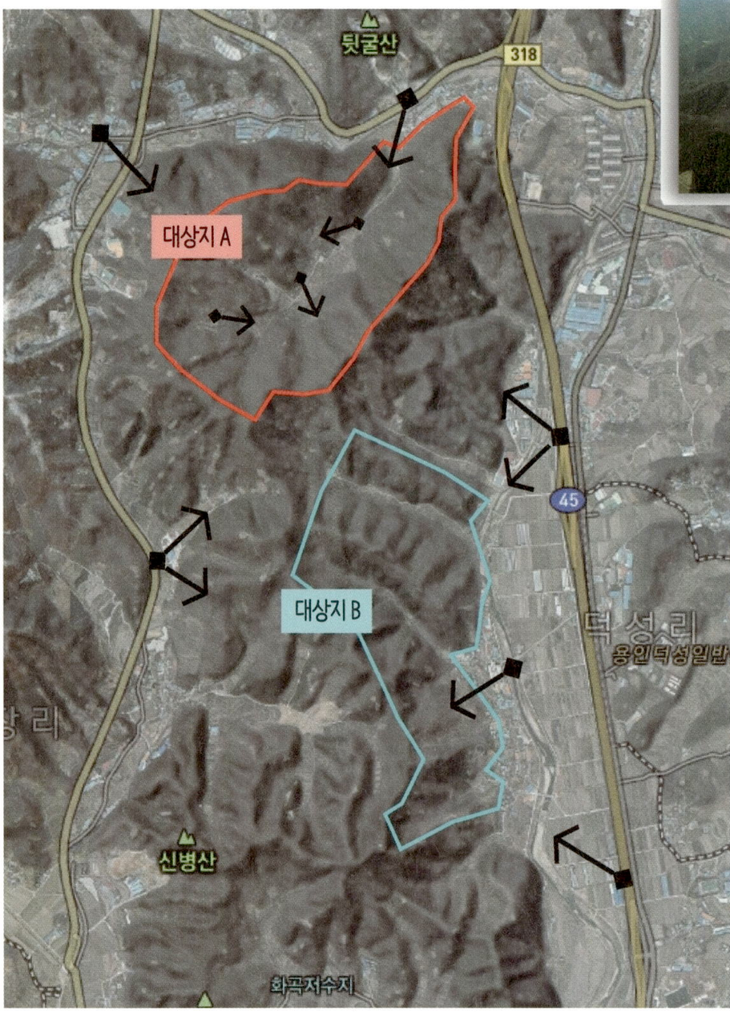

그림 50 대상지의 지형지세를 고려한 조망점 선정방법에 대한 예시

대상지 A와 대상지 B는 서로 다른 지형조건을 가지고 있는 임의의 계획지역이다. 대상지 A는 분지지형으로 위요공간을 형성하고 있으며, 대상지 B는 산능성이의 사면으로 개방된 공간이 형성되어 있다. 서로 다른 성격의 두 산지의 경우에는, 경관변화 및 영향을 살펴보기 위한 조망점 선정방법에 다소간의 차이를 두어야 할 것이다.

두 대상지의 공간구성 개념도이다.

우선 대상지 A의 지형지세를 보면, 산으로 둘러싸인 분지로 주변지역과 인접국도 및 지방도로상에서는 보이지 않는 장소라는 것을 알 수 있다. 따라서 외부에서 다수의 조망점을 근경, 중경, 원경으로 나누어 선정하고, 각 조망점에 대해서 조망분석을 하는 작업은 불필요하다. 다시 말하자면 주변에서 대상지가 보이지 않을 것이 자명한 사실인데, 굳이 외부에 조망점을 선정하고 분석하는 것은 의미가 없다고 하겠다(이는 산지전용 등에 따른 경관영향 검토 및 운영지침에, "대상지역이 분지이거나 지형 등에 의해 둘러싸여 외부에서의 조망이 불가능한 상황에서는, 중·원경의 조망점이 불필요한 경우도 있다"고 명기되어 있는 사항이기도 하다).

그림 51 대상지 A의 공간구성 개념도

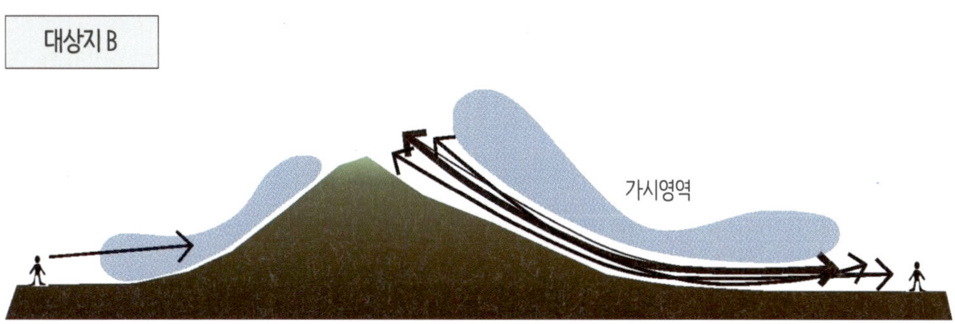

그림 52 대상지 B의 공간구성 개념도

다만 대상지가 비가시 되는 지역이라는 사실을 확인하고 근거자료를 만들어낼 수 있는 최소한의 조망점 선정과 검토만으로 충분하리라 생각된다. 그리고 이 경우에는 외부조망이 이미 차단된 상태이므로 내부조망을 살펴보는 작업이 더 중요할 것이다. 따라서 대상지 북측을 지나고 있는 도로에서 대상지로 들어가는 진입부 및 인접마을에서의 가시여부를 살펴볼 필요가 있으므로, 이곳에 조망점을 선정해야 할 것이다. 아울러 내부로 진입하는 도로에서 보면, 대상지역이 산으로 둘러싸여 아늑하고 안정된 느낌의 위요공간이 형성되어 있는 특징적인 장소이므로, 내부경관에 대해 세심한 분석과 검토가 필요한 지역이 된다고 하겠다.

정리해보면, 그림 50의 대상지 A는 지형특성상 외부에서는 조망되지 않는 비가시영역이므로, 대상지 주변에 다수의 「외부조망점」을 선정하고 조망분석을 시행하는 것은 불필요하다. 그러나 대상지의 공간특성상 내부경관에 대한 검토분석이 주도적으로 이루어져야 할 것으로 보이므로, 대상지 진입부를 시작으로 내부의 주요지점 및 경관변화가 예상되는 다수의 지점에 「내부조망점」을 선정하여 조망분석 및 상호관계를 주의깊게 검토해야만 할 것이다.

그러면 이번에는 그림 50의 대상지 B를 살펴보자. 지형지세를 보면 인접도로에서 대상지 B가 대부분 노출되는 장소이므로, 도로의 결절점, 인접마을, 사람들의 정체시간이 긴 공공공간(지방에서는 마을회관이나 버스정류장, 관공서 등) 등에 조망점을 선정하고 대상지역의 경관변화 및 영향을 살펴보아야 할 것이다. 또한 인접도로 우측의 지역에서도 대상지가 잘 조망되리라 판단되므로, 중경, 원경의 확보여부에 대해서도 검토분석이 필요할 것으로 예상된다.

대상지 B는 우리가 흔히 접하는 계획대상지의 유형으로, 법규에 규정되어 있는 조망분석의 방법 즉 근경·중경·원경에 조망점을 선정하여 조망분석 및 가시권 분석을 시행하는 방법을 충실하게 적용하는 것이 좋겠다. 다만 대상지와 같이 마을 배후에 산이 자리하고 있는 입지조건을 가진 경우, 새로운 개발계획이나 시설도입을 추진함에 있어서는, 기존 마을의 배치 및 시설들과의 조화가 경관형성에 크게 작용하게 된다. 따라서 앞서 언급한 경관디자인의 고유영역인 관계디자인 측면에서의 고려와 검토가 필수요건이 된다고 하겠다.

③ 산지경관영향 모의실험[8]

산지전용으로 인한 산지경관영향에 대한 모의실험(경관 시뮬레이션)은 다음의 순서로 진행한다.

우선 산지전용 등에 의한 계획안에 대해 시행 이전과 시행 이후의 경관변화를 선정된 「최종조망점」을 기준으로 표현한다. 조망점에서 조망되는 경관은 사람의 눈높이(Eye Level, 1.6m)를 기준으로 하며, 계획대상지와 주변지역의 경관자원, 지형, 지물 등을 가능한 사실대로 정확하게 표현하도록 한다.

산지경관영향 모의실험은 통상적으로 산지의 현황 및 전용에 따른 경관영향에 대한 판단이 용이하도록 대상지와 주변지역 모두가 나타난 현황사진과, 계획이후 예측되는 경관변화의 양상을 합성하여 제작하는 경우가 많다. 계획 전과 계획 후의 변화를 비교해보기 위해서는 바람직한 방법이라 하겠다.

단 경관 시점의 다양성, 제작과정에서의 왜곡여부에 대한 판단이 필요한 경우에는 3차원 모델링 방법으로 작성하는 것을 원칙으로 한다. 산지경관영향 모의실험의 요소별 제작기준 중 주요사항을 정리하면 다음과 같다.

㉠ 지형모델링

- 국토지리정보원의 수치지도(1:5,000 축척 이상) 사용을 원칙으로 하여 3차원 수치지형모델(Digital Elevation Modeling)을 작성한다.
- 대상지의 범위가 크고 가시거리가 원경 위주일 경우에는 1:5,000 축척 이상의 수치지도를 사용하고 50~100m 크기의 격자로 이루어진 메쉬(Mesh)로 제작한다.
- 대상지의 범위가 작고 가시거리가 근·중경 위주일 경우에는 1:1,000 축척 이상의 수치지도를 사용하고, 불규칙 삼각망(TIN, Triangulated Irregular Network)이나 20m 격자메쉬(Mesh)로 제작한다.
- 형태와 규모 등을 판단하는 경우에는 상록수는 초록색, 낙엽수는 적색과 갈색, 대지는 회갈색, 암석은 회색, 하천은 청회색 계열을 사용한다.
- 산지전용결과 기존의 자연색채에 큰 영향을 줄 것으로 예상되는 경우에는 계절에 따른 경관변화를 고려할 수 있도록 2계절 이상의 모의실험으로 표현하는 것을 원칙으로 한다.

㉡ 건조물

- 산지 스카이라인에 영향을 주거나 주변 산림에 대해 현저하게 영향을 줄 수 있는 송전탑이나 건물은 지붕의 형태 또는 철탑 및 송전선로의 형태가 나타나도록 표현한다.
- 건물의 규모와 형태를 판단하는 경우에는 층고를 판단

할 수 있는 입방체(Solid)나 표면(Surface) 모델로 작성하고 건물의 주조색을 사용하여 표현한다.

- 송전탑, 교량, 고가, 옹벽 등의 구조물은 형태가 파악될 수 있도록 세밀하게 작성한다.
- 색채변화에 따른 영향을 판단해볼 필요가 있는 경우에는, 건조물의 마감재질과 색상이 나타나도록 표현해야 한다.
- 건조물의 채색은 과장되지 않도록 하며, 실제 스케일을 알 수 있도록 표현한다.

㉢ 식생과 물, 조명 등의 표현

- 신규로 도입되거나 이식되는 식생은 형태와 크기를 반영하여 표현되도록 모델링 한다.
- 실제적인 경관연출이 가능하도록 수목이미지는 실제적으로 표현하도록 하며, 특히 수목의 스케일이나 효과가 과장되지 않도록 해야 한다. 계절에 따른 색채 등을 반영하여 계절변화를 검토할 수 있도록 하며, 장기적인 경관변화를 표현하고자 하는 경우에는 수목성장을 고려한 모의실험을 구현하도록 한다.
- 물의 표현은 유수와 낙수, 저수 등의 형태구분이 되도록 하며, 청색계열의 색상을 사용하는 등 실제와 유사한 이미지를 사용하도록 한다.
- 조명은 자연광과 인공조명을 구분하도록 하며, 태양광의 고도와 방위, 입사각, 밝기 등을 반영하여 실제와 유사하도록 구현한다.

④ 산지경관영향 검토[9)]

산지경관의 영향 검토는 경관의 변화정도 및 저감대책의 적정성 등을 기준으로 판단한다. 그러나 산지경관에 대한 영향의 정도를 판단하기 어렵거나 심대하여 전문가 판단을 필요로 하는 경우에는 중앙산지관리위원회 또는 지방산지관리위원회의 심의를 통해 판단하도록 한다. 산지경관영향의 검토는 다음의 내용을 기준으로 하여 시행한다.

㉠ 스카이라인(Skyline)의 훼손 정도

- 스카이라인의 직접적인 훼손 유무
- 스카이라인의 간접적인 훼손 유무

㉡ 산세(山勢)의 훼손 정도

- 산지의 주요 능선의 훼손–주요 능선, 2차 능선, 3차 능선의 훼손 유무
- 조망점에서의 전용지역의 형태 및 면적–전용산지형태(수직형, 기하학형)와 시각적 분포(산재형, 단일집중형) 상황 검토. 배경산지와 전용산지의 면적 비교(과소, 유사, 과다)
- 지역의 배경 산지와의 표고비

㉢ 임상(林相)의 훼손 정도

- 산지전용 지역 및 주변의 훼손
- 산지전용 이후의 임상변화

㉣ 임연부(林緣部)의 훼손 저감 정도

- 임연부의 경계형상–경계형상은 조망시를 기준으로 판단. 직선형, 곡선형, 자유형으로 구분하여 검토
- 식재양상–교란의 정도를 심함과 미약으로 검토
- 보완 여부–보완과 미보완으로 판단

㉤ 이질적 경관 형성 : 전용지역과 주변 경관과의 색채조화 여부, 도입 시설물의 형태조화

이상의 기준으로 경관영향검토를 시행한 후에, 해당 산지경관의 훼손유형에 따라 저감대책을 마련하도록 한다. 적절한 저감대책수립에 대한 확인은, 산지경관 영향 검토를 위한 체크리스트를 활용한다. 체크리스트에는 스카이라인(Skyline), 산세(山勢), 임상(林相), 임연부(林緣部)의 훼손에 대한 저감여부 그리고 이질적 경관형성에 대한 저감여부가 포함된다.

저감대책(안)이 수립되는 경우에는 대책수립에 의해 형성되는 경관영향 모의실험을 시행하여야 하며, 저감을 통한 경관개선의 효과를 비교할 수 있는 형태로 표현되어야 한다.

그리고 최종적으로 경관영향 모의실험의 검토결과를 평가하여 최종적인 저감대책 계획안을 완성하게 된다.

3. 경관심의

경관심의 역시 사업시행으로 인해 예상되는 경관영향을 사전에 평가하기 위한 과정이라는 점에서는 경관영향평가와 유사한 과정이라 할 수 있다.

경관심의에 관한 사항은 2007년 5월 경관법 제정 이후 경관법시행령, 경관심의 운영규정, 운영지침 그리고 경관관련 분야의 제반법규 등에 규정되어 있다. 그리고 2013년 8월 경관법 전부개정(2016.1.6. 타법개정)에 이르기까지 경관관련 정책과 규정 등에는 많은 변화가 있어왔다. 그 중 가장 눈에 뜨이는 것은 경관심의에 관한 강화와 현실적인 검토항목 등의 조정 그리고

경관위원회 보완에 대한 사항이라 생각된다. 시간이 조금 더 지나 경험이 쌓이다보면 보다 구체적이고 핵심적인 경관검토의 수법과 관리방안 등이 마련될 것이라 기대하고 있다.

앞서 언급하였으나, 경관심의의 대상과 검토항목, 방법 등을 살펴보는 이유는, 우리가 어떤 대상지에서 경관계획을 수행해야 하는 경우, 어떠한 방법으로 경관대상을 바라보고 계획하고 환경에 대해 어떻게 배려해야 하는가를 알려주는 핵심 포인트가 되기 때문이다. 이러한 관점에서 경관심의의 대상과 검토기준 등에 대해 법적으로 규정되어 있는 내용을 중심으로 소개하되, 그 외의 실무적인 사항 등을 추가하여 다루어보기로 한다.

경관법은(법률 제12013호, 2013.8.6. 전부개정/법률 제13726호, 2016.1.6. 타법개정) 국토의 경관을 체계적으로 관리하기 위하여 경관의 보전·관리 및 형성에 필요한 사항을 정함으로써 아름답고 쾌적하며 지역특성이 나타나는 국토환경과 지역환경을 조성하는 데 이바지함을 목적으로 제정된 것이다. 경관계획에 관여하는 입장에서 볼 때 경관법의 내용은 크게 세 가지로 나누어 생각할 수 있다.

첫 번째는 경관계획을 수립에 관한 사항이며, 두 번째는 경관사업과 경관협정에 관한 것이며, 세 번째는 사업시행 즉 주요 사회기반시설 사업, 개발사업 및 건축물에 대한 경관심의에 관한 것이다.

구체적인 경관계획의 수립방법과 기준 등에 대해서는 국토교통부 고시 제 2015-145호(2015.3.11. 경관계획 수립지침)에 상세히 나와 있으므로 이를 참고로 하기 바란다.

1) 경관심의의 대상

국토교통부에서 정하고 있는 경관심의 운영규정(국토교통부 훈령 제496호, 2015.3.5. 일부개정)은, 경관법, 경관법시행령 및 경관심의 운영지침에 따라 국토의 계획 및 이용에 관한 법률 제106조에 따른 중앙도시계획위원회가 수행하는 경관심의의 운영에 관한 사항을 정함을 목적으로 하고 있다.

경관심의의 포괄적인 종류와 범위는 다음과 같다.

① 도시의 개발, 산업단지의 조성, 특정지역의 개발, 관광단지의 개발, 항만의 건설, 교통시설의 개발사업(경관법시행령 제19조 및 지침 3-2-2 관련, 별표 1사업)으로, 사업면적이 도시지역에서는 3만m^2 이상, 비도시지역에서는 30만m^2 이상인 경우, 20만m^2 이상의 농어촌 생활환경정비사업인 경우(경관법 시행령 제19조 제1항)에 국토교통부장관이 지구의 지정이나 사업계획의 승인을 하기 전에 경관심의를 한다.

② 국토교통부장관이 경관정책기본계획을 수립 또는 변경하는 경우, 중앙행정기관장과 협의 및 공청회 등의 의견수렴 후 제29조 제1항에 따라 국토교통부장관 소속으로 설치하는 경관위원회의 심의를 거쳐야 한다(경관법 제6조 제4항).

③ 경관계획이 수립된 지역에서 중앙행정기관의 장 또는 시·도지사 외의 사람이 경관사업을 시행하고자 하는 경우 해당 경관사업의 계획서를 제출하고 경관심의를 받아야 한다(경관법 제16조 제2항, 3항, 경관법시행령 제8조 제1항).

정리하자면, ①개발사업에 대한 경관영향 검토 등을 통한 사업승인 및 지구지정 여부, ②경관정책기본계획의 수립과 변경, ③행정기관 주도가 아닌 경관사업의 시행을 검토하고자 하는 경우에 경관심의가 이루어져야 하는 것으로 나타났다.

2) 경관심의의 적용범위 및 검토내용

국토교통부에서는 경관심의대상 건축물 및 시설물 등이 주변경관과 조화를 이루어 아름답고 지역성 있는 경관을 형성할 수 있도록 계획안을 검토, 심의하는데 필요한 사항을 경관심의 운영지침(국토교통부고시 제99호, 2014.2.27., 제정)으로 정하고 있다.

지침의 적용범위는, 중앙행정기관, 지방자치단체에서 승인·인허가하거나, 건설기술관리법 제2조 제5호에 따른 발주청이 실시하는 사회기반시설사업, 개발사업 및 건축물 등이 되며, 사업시행으로 인한 경관영향에 대한 검토 및 평가 등 심의의 근거자료로의 활용가능하다.

또한 이 지침에서는 경관심의 이후 반드시 그 결과를 차후 이어지는 실시계획이나 설계, 상세계획 등에 반영하도록 정해놓고 있으며, 경관심의를 거친 사업계획이라 하더라도 도시계획위원회 심의, 건축위원회 심의, 환경영향평가 등을 통해 조정될 수 있다고 제시되어 있다.

이러한 점으로 보아 경관심의는 사업시행을 위한 단순한 통과과정으로 보아서는 안될 것이며, 대상사업계획의 보완과 조정을 통해 경관에 미치는 영향 및 훼손을 최소화하는데 그 의의를 두고 있다고 보는 것이 적절할 것이다. 따라서 계획 시작단계에서부터 경관심의에서의 검토항목이나 평가기준을 머릿속에 넣어두고 계획에 임하는 자세가 요구된다 하겠다.

이번에는 각 사업별 경관심의의 대상범위 및 검토내용에 대해 살펴보기로 하자.

a) 사회기반시설 사업에 대한 경관심의

① 경관심의 대상(경관법 제26조, 경관법시행령 제18조)

- 사업기반시설의 총사업비가 500억 원 이상인 도로, 철도, 도시철도시설사업
- 총 사업비가 300억 원 이상인 하천시설사업
- 지방자치단체 시행사업 중 조례로 정하는 일정 규모 이상의 사회기반시설사업

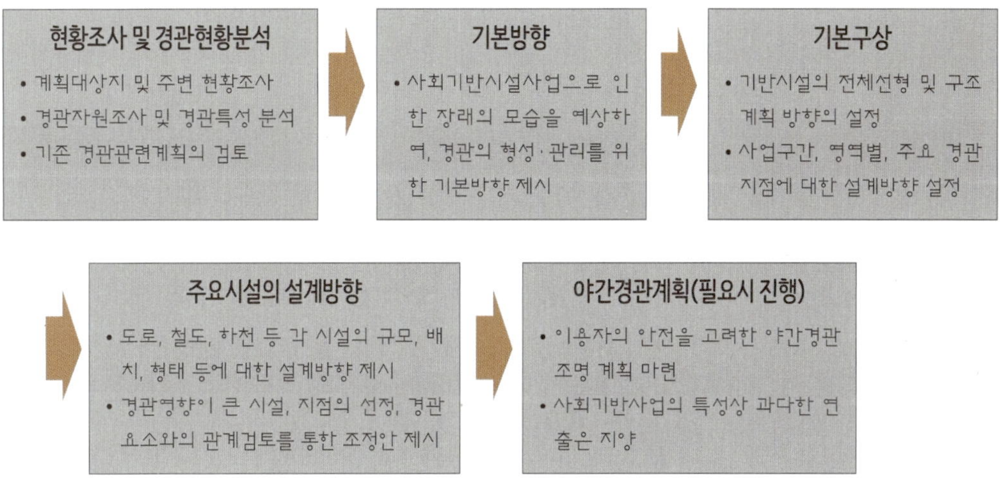

그림 53 사회기반 사업에 대한 경관검토의 내용 및 과정

② 경관검토의 내용 및 과정

검토는 경관측면의 적정성과 타당성을 중심으로 시행하되, 사회기반시설이라는 사업특상 대상지역의 환경여건 및 지역특성 등에 따라 계획방향 및 검토내용이 달라지므로 현황조사를 통해 사업대상지역의 특성을 파악하고 이해하는 것이 중요하다.

경관검토를 위한 내용 및 과정을 정리하면 그림 53과 같다.

b) 개발사업에 대한 경관심의

① 경관심의 대상(경관법 제27조, 경관법시행령 제19조)

도시개발사업 등 대통령령으로 정하는 개발사업" 이란 다음 각 호의 어느 하나에 해당하는 개발사업을 말한다.

- 도시지역에서 시행하는 개발사업의 면적 3만m^2 이상
- 비도시지역에서 시행하는 개발사업인 경우는 면적 30만 m^2 이상
- 농어촌 생활환경정비사업은 용도지역과 관계없이 사업 면적이 20만m^2 이상인 개발사업

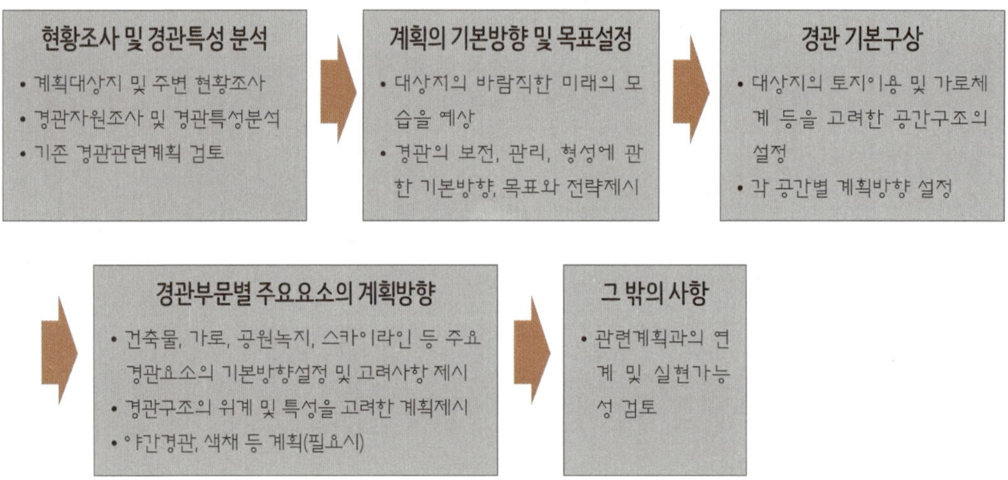

그림 54 개발사업에 대한 경관검토의 내용 및 과정

② 경관검토의 내용 및 과정

개발사업에 대한 검토 역시 경관측면의 적정성과 타당성을 중심으로 시행하되, 개발사업의 특성상 경관개발계획의 기본 방향과 목표설정이 명확하게 이루어져야 할 것이다.

경관검토를 위한 내용 및 과정을 정리하면 그림 54와 같다.

c) 건축물에 대한 경관심의

① 경관심의 대상(경관법 제28조, 경관법시행령 제21조)

- 경관지구의 건축물(해당지자체의 조례로 정하는 건축물은 제외)
- 중점경관관리구역의 건축물로서 해당지방자체단체의 조례로 정하는 건축물
- 지방자치단체 등 공공기관 또는 지방공기업이 건축하는 건축물로서 해당 지방자치단체의 조례로 정하는 건축물
- 그 밖에 관할지역의 경관관리를 위하여 필요한 건축물로서, 조례로 정하는 건축물

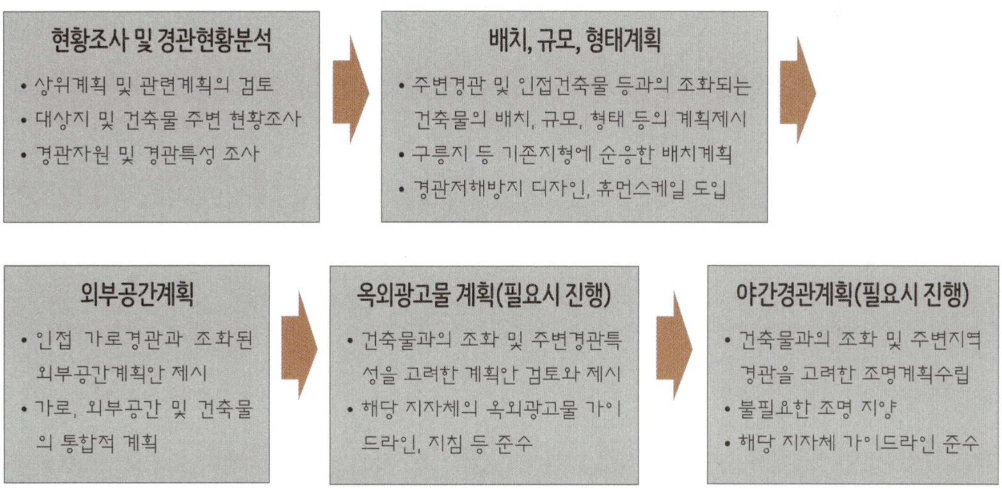

그림 55 건축물에 대한 경관검토의 내용 및 과정

② 경관검토의 내용 및 과정

건축물의 경관 심의 시에는 경관측면의 적정성과 타당성을 중심으로 검토하며, 지자체별로 해당 지역의 특성과 여건을 반영한 구체적인 건축물 경관심의기준을 작성하여 운영하도록

규정하고 있다(그림 55).

d) 사전경관계획의 수립 및 경관심의

대규모 개발사업의 경우 주위경관에 미치는 영향이 크므로, 사업의 초기단계에서 경관을 적극적으로 검토하여 고려할 수 있도록 경관계획을 수립하여 사업을 추진할 필요가 있다. 이에 개발사업에 따른 지구의 지정이나 사업계획의 승인 등을 받기 전에 수립하는 지침적 성격을 갖는 계획을 사전경관계획이라 한다.

사전경관계획 수립에 관해서는 경관법 27조와 경관법 시행령 제20조에 규정되어 있으며, 보다 구체적인 내용은 경관심의 운영지침(국토교통부고시 제99호, 2014.2.27., 제정)의 부록인 대규모 개발사업의 사전경관계획 매뉴얼에 제시되어 있다.

① 사전경관계획 심의 대상

- 개발사업 대상지역의 면적이 30만m^2 이상(환경영향평가 대상의 경우, 주택건설사업, 정비사업은 30만m^2 이상, 도시개발사업은 25만m^2 이상인 점을 고려).
- 개발사업으로 건축되는 건축물의 연면적 합계가 20만m^2 이상의 개발사업(서울시 특별건축구역 지정기준이 아파트 약 1,000세대 규모라는 점을 고려)을 시행하고자 하는 경우, 사전경관계획의 수립이 의무화되어 있다.

② 경관검토의 내용 및 과정

사전경관계획을 수립할 때에는, 대상지역이 속해있는 즉 지방자치단체의 경관계획 및 지구경관계획 등을 반영하여, 다음의 과정과 내용을 포함하도록 규정하고 있다(그림 56).

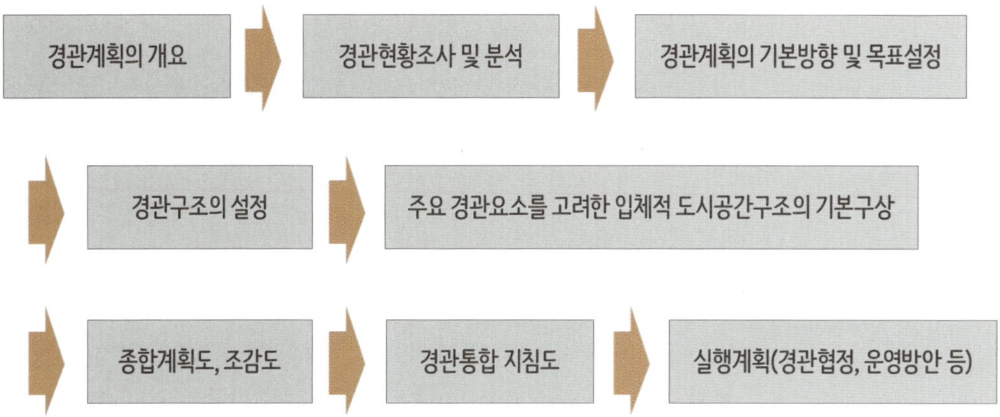

그림 56 사전경관계획의 수립과정과 내용

3) 경관과 관련된 위원회

일정규모 이상의 지방자치단체에서 경관계획의 수립이 의무화 되고, 경관에 대한 중요성과 관심이 높아지면서 경관심의제도에 대한 역할은 점차 중시되고 있다. 한편 경관분야의 특성상 경관에 관련된 다양한 분야의 참여와 검토가 이루어지면서, 기존의 심의내용과 중복되는 경향 역시 나타나고 있다. 이에 개정된 경관법에서는, 경관위원회의 구성과 범위를 조정하여 효율적인 경관심의제도를 마련하였다.

구체적인 경관위원회의 구성과 범위를 살펴보면 다음과 같다.

a) 경관위원회의 구성 및 운영

경관과 관련된 사항에 대한 심의 또는 자문을 위하여 국토교통부장관 또는 시·도지사 등 소속으로 경관위원회를 두며, 위원장과 부위원장 각 1명을 포함하여 10명 이상 70명 이내의 위원으로 구성한다.

경관위원회의 위원은, ①해당 지방자치단체 지방의회의 의

원, ②해당 지방자치단체 또는 경관계획과 관련이 있는 행정기관의 공무원, ③건축·도시·조경·토목·교통·환경·문화·농림·디자인·옥외광고 등 경관계획 관련 분야에 관한 학식과 경험이 풍부한 사람을 임명 또는 위촉한다. 단 ③에 해당하는 위원의 수가 전체 위원수의 50% 이상을 차지하도록 규정하고 있다(경관법 제29조, 경관법시행령 제25조).

그리고 심의내용의 중복방지 및 효율적 운영을 위해, 시장·군수, 행정시장, 구청장 등 또는 경제자유구역청장은 별도의 경관위원회를 구성하지 아니하고, 해당 지방자치단체가 속한 시·도에 설치된 경관위원회에서 심의하도록 시·도지사에게 요청하도록 규정하고 있다. 또한 경관관련 사항의 심의가 필요한 경우, 경관과 관련된 위원회에서 경관심의 기능을 수행하거나 경관위원회와 타 위원회 위원 중 일부를 공동위원회로 구성하여 심의할 수 있도록 하고 있다.

그 외에 국토교통부 경관심의 운영규정 제8조에서는, 중앙도시계획 위원회에 두는 전문위원 중 1인을 경관심의를 위한 전문위원(경관전문위원)으로 둘 수 있도록 하고 있다(국토교통부 훈령 제496호, 2015.3.5. 일부개정).

경관전문위원은 경관, 도시계획, 건축, 토목, 조경 등 경관심의와 관련된 분야에 관한 학식과 경험이 풍부한 자 중에서 국토교통부장관이 임명하도록 하고 있다.

b) 경관관련 위원회의 범위

경관과 관련된 위원회란 다음의 위원회를 말한다(경관법 제29조 제1항, 경관법시행령 제22조 단서).

① 국토교통부장관이 지정하는 위원회

- 국토교통부에 두는 공공주택통합심의위원회
- 「국토의 계획 및 이용에 관한 법률」에 따라 국토교통부에 두는 중앙도시계획위원회
- 「경제자유구역의 지정 및 운영에 관한 특별법」 산업통상자원부에 두는 경제자유구역위원회
- 「농어업·농어촌 및 식품산업 기본법」 농림축산식품부에 두는 중앙 농업·농촌 및 식품산업정책심의회
- 「산업단지 인·허가 절차 간소화를 위한 특례법」 국토교통부에 두는 중앙산업단지계획심의위원회
- 「연구개발특구의 육성에 관한 특별법」 미래창조과학부에 두는 연구개발 특구위원회
- 「항만법」 제4조에 따라 해양수산부장관 소속으로 두는 중앙항만정책심의회

② 해당 시·도지사 등이 지정하는 위원회

- 「건축법」 제4조에 따라 지방자치단체에 두는 건축위원회
- 「국토의 계획 및 이용에 관한 법률」 지방자치단체에 두는 지방도시계획위원회
- 「농어업·농어촌 및 식품산업 기본법」 지방자치단체에 두는 농업·농촌 및 식품산업정책심의회
- 「도시공원 및 녹지 등에 관한 법률」 지방자치단체에 두는 도시공원위원회
- 「산업단지 인·허가 절차 간소화를 위한 특례법」 지방자치단체에 두는 지방산업단지계획심의위원회
- 「옥외광고물 등 관리법」 지방자치단체에 두는 광고물관

리 및 디자인심의위원회

- 그 밖에 해당 지방자치단체의 조례로 정하는 위원회

1) 신안군, 2003, 흑산도 유배문화공원 조성 학술조사보고, 목포대학교 도서문화연구소, p.206
2) 목포시, 2008, 노적봉 예술공원 조성 기본조사 용역보고서, 목포대학교 응용과학연구원. p.15
3) 순천시, 2011, 순천만 국제습지센터 건립사업, 전라남도 공공디자인 심의자료에서 일부 인용
4) 목포시, 2004, 노적봉 예술공원 조성 기본조사 용역보고서, 목포대학교 응용과학연구원
5) 목포시, 2008, 목포시 기본경관계획, 목포대학교 산학협력단, p.195
6) 거제시, 2010, 거제도시관리계획 결정(변경)안, 중앙산지관리위원회 심의자료에서 일부 인용 후 재구성
7) 용인시, 2009, 용인도시관리계획 결정(변경)안, 중앙산지관리위원회 심의자료에서 일부 인용
8) 산림청, 2015, 산지전용 등에 따른 경관영향 검토 및 운영지침에 근거하여 작성
9) 산림청, 2015, 산지전용 등에 따른 경관영향 검토 및 운영지침(별표 2) 산지영향 검토를 위한 체크리스트에 근거하여 작성

참고문헌

광주광역시, 2006, 도시경관기본계획, 광주광역시

국토교통부, 2012, 경관심의제도 운영 및 경관계획 내실화 방안 연구, 국토교통부

국토해양부, 2011, 해안경관관리 가이드라인, 국토해양부 동서남해안 및 내륙권 발전기획단

김경인, 2003, 도시야간경관의 연출기법, 브이아이랜드

김경인·김종하 역, 2005, 수변의 경관설계, 브이아이랜드

김성균 역, 1993, 도시의 가로경관, 국제

김종하·배현미 역, 2005, 환경·경관디자인백과, 보문당

도시미래종합기술공사, 2011, 경관디자인 심의, 도시미래종합기술공사

목포시, 2004, 노적봉 예술공원 조성 기본조사 용역보고서, 목포대학교

목포시, 2008, 목포시 기본경관계획, 목포시

무안군, 2008, 무안 경관기본계획, 무안군

방재성·양병이, 2009, 도시경관계획을 위한 경관유형 분류기준에 관한 고찰. 한국조경학회지. 37(2), pp.78-89

배현미·김종하·김경인 역, 2001, 워터프론트의 경관설계, 보문당

배현미·김종하 역, 2002, 환경디자인, 보문당

배현미·김종하 역, 2010, 경관분석과 경관계획, 내하출판사

서주환, 1994, 경관색채학, 명보문화사

서주환·김상범, 1998, GIS를 활용한 경관평가방법에 관한 연구. 한국조경학회지, 26(2), pp.62-73

손원표, 2010, 도로경관계획론, 반석기술

신안군, 2003, 흑산도 유배문화공원조성 학술조사보고, 목포대학교 도서문화연구소

오덕성·문홍길, 2000, 도시설계, 기문당

오덕성 외 7인(건설교통부), 2001, 경관우수지역의 보전방안에 관한 연구, 건설교통부

유복모, 2008 경관공학, 동명사

유헌석·김시현·주용준, 2002, 자연경관 관리정책에 관한 연구, 한국환경정책평가연구원

윤정섭 역, 1992, 도시경관 방법론, 대우출판사

이도원, 2004, 전통마을 경관요소들의 생태적 의미, 서울대학교 출판부

이명우, 2011, 생태경관보전과 공원녹지조성을 위한 조경법규, 기문당

이상복·이승엽·하재명(2009) 조망점 선정을 위한 가시빈도 분석에 관한 연구, 국토계획 25(8), pp.293-300

이상석, 2005, 경관, 조형 & 디자인, 조경(환경과 조경)

이석현, 2008, 경관색채의 이론과 실천, 도서출판 미세움

이정형, 2002, 도시의 경관계획, 세진사

임승빈, 2009, 경관분석론, 서울대학교 출판부

임승빈, 2008, 도시경관계획론, 집문당

장준호 역, 1981, 환경색채디자인(日本 Color Planning Center 편), 도서출판 국제

정태일·오덕성(2003) 우리나라 경관관련 법, 제도 및 계획 속에 나타난 경관유형과 제어요소에 관한 연구. 대한건축학회논문집. 19(10), pp.111-120

조용준 외 7인 역, 1998, 도시건축의 경관창조, 기문당

주종원, 1999, 도시설계, 문운당

최지연 외, 2011, 연안경관 유형분류와 관리제도 분석 연구, 한국해양수산개발원

한국경관협의회, 2008, 경관법과 경관계획, 보문당

한국도시설계학회, 2007, 도시설계전략으로서의 도시경관계획, 도서출판 발언

한국도시설계학회, 2009, 도시경관계획, 도서출판 발언

한국수자원공사, 2000, 댐 경관설계 방안 및 경관평가 기준(안), 한국수자원공사

한국조경학회, 2004, 도시경관계획 및 관리, 문운당

한국조경학회, 2004, 자연경관계획 및 관리, 문운당

한국조경학회, 1996, 조경계획론, 문운당

황기원, 2011, 경관의 해석, 서울대학교출판문화원

藤沢 和, 2009, 景観学への道, 日本經濟評論社

小柳 武和·篠原 修 外 3人, 1977, 景觀論, 彰國社

小泉 武栄·赤坂 憲雄, 2013, 自然景観の構成を探し, 玉川大学 出版部

熊谷 洋一·若谷 佳史, 1982, 自然風景地における垂直構造物の視覺的影響 造園雜誌, 45(4)

景觀政策研究會, 2009, 景觀村つくり最前線, 学芸出版社
西村 幸夫, 2008, 風景論ノート(景觀法, 街路景觀, 再生), 鹿島出版会
中越 信和, 1995, 景観グランドデザイン, 共立出版株式會社
中村 良夫, 2010, 都市をつくる風景, 藤原書店
中島 晃, 2007, 景觀保護の法的戰略, Gamogawa出版
日本建築學會, 2013, 景觀再考, 鹿島出版會
日本建築學會, 2011, 未來の景觀を育って行く挑戰, 技報堂出版
溝尾 良隆, 2011, 觀光學と景觀, 古今書院
斎藤 潮, 1990, 視野との関係に着目した物的對象の配置に関する研究, 日本 造園雑誌, 53(5)
篠原 修, 1982, 土木景觀計劃, 技報堂出版
篠原 修 編, 2007, 景觀用語辭典, 彰國社
坂和 章平, 2012, 眺望景觀に関連する法と政策, 民事法研究會
市坪 誠 外 4人, 2006, 景観デザイン, Corona社

European Landscape Convention: http://www.coe.int/en/web/landscape/home
법제처 : http://www.moleg.go.kr/lawinfo/lawNotice
국가법령정보센터 : http://www.law.go.kr/main.html
환경부 : http://www.me.go.kr/home/web/index.do?menuId=64
자연환경보전법, 법률 제12738호, 2014.6.3. 타법개정
환경영향평가법, 법률 제13040호, 2015.1.20. 일부개정
개발사업 등에 관한 자연경관 심의지침, 환경부 예규 제561호, 2015.8.31. 일부개정
자연경관심의위원회 규정. 환경부훈령 제791호, 2008.7.30. 일부개정
지방자치단체의 자연경관 검토지침. 환경부예규 제390호, 2009.9.11. 일부개정
환경영향평가서 등 작성 등에 관한 규정, 환경부고시 제2015-141호, 2015.8.21. 일부개정
(별표) 환경영향평가서 작성방법(제33조 관련) / 전략환경영향평가서 작성방법(제23조 관련) / 소규모 환경영향평가서의 작성 방법(제37조 관련) / 경미한 소규모 환경영향평가 대상 및 평가서 작성방법(제38

조 관련)

국토교통부 : http://www.molit.go.kr/USR/I0204/m_45/lst.jsp

경관법. 법률 제13726호. 2016.1.6. 타법개정(시행 2016.7.7) / 2013.8.6, 전부개정

경관법 시행령. 대통령령 제25751호, 2014.11.19(제26762호, 2015.12.28, 타법개정)

경관심의 운영지침. 국토교통부 고시 제99호, 2014.2.27

경관계획 수립지침. 국토교통부 고시 제2015-145호, 2014.11.5

국토교통부 경관심의 운영규정. 496호, 2015.3.5

하천법 시행령. 대통령령 제25840호, 2014.12.9, 타법개정

건축법 시행령, 대통령령 제 26762호, 2015.12.28, 타법개정

국토의 계획 및 이용에 관한 법률 시행령, 대통령령 제26763호, 타법개정, 2015.12.28

산림청 : http://www.forest.go.kr/newkfsweb/kfs/idx/Index.do?mn=KFS_01

산지관리법, 법률 제13256호, 2015.3.27, 일부개정

산지관리법 시행령, 대통령령 제26627호, 2015.11.11, 일부개정

산지전용 등에 따른 경관영향 검토 및 운영지침. 2015.6.29. 개정(2012.6.28. 제정)

산지전용 허가기준 등의 세부검토기준에 관한 규정. 산림청 고시 제2009-153호, 2009.12.28